水工环地质技术发展与实践应用

刘德荣　祝虎林　王国文◎著

吉林科学技术出版社

图书在版编目（CIP）数据

水工环地质技术发展与实践应用 / 刘德荣，祝虎林，王国文著. -- 长春 : 吉林科学技术出版社，2022.4
ISBN 978-7-5578-9464-1

Ⅰ. ①水… Ⅱ. ①刘… ②祝… ③王… Ⅲ. ①水利水电工程－水文地质勘探－研究 Ⅳ. ①P641.72

中国版本图书馆 CIP 数据核字(2022)第 115995 号

水工环地质技术发展与实践应用

著　　刘德荣　祝虎林　王国文
出 版 人　宛　霞
责任编辑　高千卉
封面设计　金熙腾达
制　　版　金熙腾达
幅面尺寸　185mm×260mm
开　　本　16
字　　数　417 千字
印　　张　18.25
印　　数　1-1500 册
版　　次　2022年4月第1版
印　　次　2022年4月第1次印刷

出　　版　吉林科学技术出版社
发　　行　吉林科学技术出版社
地　　址　长春市南关区福祉大路5788号出版大厦A座
邮　　编　130118
发行部电话/传真　0431-81629529　81629530　81629531
　　　　　　　　81629532　81629533　81629534
储运部电话　0431-86059116
编辑部电话　0431-81629510
印　　刷　廊坊市印艺阁数字科技有限公司

书　　号　ISBN 978-7-5578-9464-1
定　　价　78.00 元

前　言

随着社会的不断发展进步，人们的生活水平也逐渐提升，近年来人们逐渐意识到生存环境对我们的重要性，我国在水文地质、环境地质及工程地质这几方面都有所改善。国家一路建设发展至今，人民群众的生活质量实现了质的飞跃，但是在发展过程中，对自然资源与环境都造成了很大程度的伤害与影响，生态环境一旦受到威胁，将关系到人类命运的发展。因此，在经济发展的同时，人们意识到环境保护事业的重要性，本著作对水工环现状展开分析，并探究了实现水工环地质新突破的有效策略，为推动我国生态环境保护事业发展起到积极的促进作用。

本书属于水工环地质技术方面的著作，由地层、地貌与地质构造、水文循环与径流形成、地下水的系统与结构、地下水运动、地下水资源开发与保护、地质构造及其对工程的影响、土的工程性质与分类、不良地质现象及防治、工程地质勘察、地质环境监测技术、资源与环境等部分构成。全书主要研究水工环地质勘察技术在能源开发、工程建设等方面的应用，以及为相关的结构设计、建筑设计和相关的管理工作提供的技术支持，对从事相关工程的建设者与管理工作者有学习和参考的价值。

我国国土辽阔，不同地区地质条件也存在很大差异，水工环地质勘察对相关工作开展有着较大意义。尤其在能源开发、工程建设等方面，水工环地质勘察发挥着十分重要的作用，该项勘察技术的应用，对于推动我国经济发展、环境保护均有显著的积极作用。在工程建设中，水文、工程、环境地质的勘察工作十分重要，为其基础及基坑提供地质资料，为相关的结构设计、建筑设计和相关的管理工作提供基本的依据。

目　录

第一章　地层、地貌与地质构造 ········ 1

　第一节　地壳运动及地质作用 ········ 1

　第二节　地层 ········ 3

　第三节　地貌单元类型与特征 ········ 8

　第四节　地质构造 ········ 16

第二章　水文循环与径流形成 ········ 27

　第一节　水文循环与水量平衡 ········ 27

　第二节　河流与流域 ········ 31

　第三节　降水与蒸发 ········ 38

　第四节　河川径流形成过程及影响径流的因素 ········ 43

第三章　地下水的系统与结构 ········ 46

　第一节　地下水系统的组成与结构 ········ 46

　第二节　地下水流系统 ········ 52

　第三节　地下水系统的垂向结构 ········ 54

　第四节　地下水类型 ········ 56

　第五节　地下水的循环 ········ 62

第四章　地下水运动 ········ 68

　第一节　地下水运动的分类 ········ 68

第二节　地下水运动的特点……………………………………………………………69
第三节　地下水运动的基本规律……………………………………………………70
第四节　地下水流向井的稳定流理论………………………………………………72
第五节　地下水完整井非稳定流理论………………………………………………80
第六节　地下水的动态与平衡………………………………………………………84
第七节　地下水动态的研究内容……………………………………………………87
第八节　地下水平衡……………………………………………………………………88

第五章　地下水资源开发与保护……………………………………………………92

第一节　地下水开发及其所伴生的环境地质问题…………………………………92
第二节　地下水利用及其所伴生的环境地质问题…………………………………94
第三节　地下水污染……………………………………………………………………95
第四节　地下水的保护…………………………………………………………………97

第六章　地质构造及其对工程的影响………………………………………………103

第一节　水平构造和单斜构造………………………………………………………103
第二节　褶皱构造………………………………………………………………………105
第三节　断裂构造………………………………………………………………………109
第四节　不整合…………………………………………………………………………115
第五节　岩石与岩体的工程地质性质………………………………………………117

第七章　土的工程性质与分类…………………………………………………………129

第一节　土的组成与结构、构造………………………………………………………129
第二节　土的物理力学性质及指标……………………………………………………142
第三节　土的工程分类…………………………………………………………………149
第四节　土的成因类型及特征…………………………………………………………151
第五节　特殊土的主要工程性质………………………………………………………155

第八章　不良地质现象及防治…………………………………………………………169

第一节　崩塌……………………………………………………………………………169
第二节　滑坡……………………………………………………………………………173

第三节　泥石流 …… 184
第四节　岩溶 …… 188
第五节　地面沉降 …… 197

第九章　工程地质勘察 …… 206

第一节　建筑工程地质勘察 …… 206
第二节　公路工程地质勘察 …… 220
第三节　港口工程地质勘察 …… 229

第十章　地质环境监测技术 …… 233

第一节　地下工程地下水环境动态监测技术 …… 233
第二节　岩溶塌陷监测技术 …… 235
第三节　爆破振动监测 …… 237
第四节　围岩变形及应力监测 …… 237
第五节　地下工程地质环境监测新技术 …… 239

第十一章　资源与环境 …… 249

第一节　水资源与环境 …… 249
第二节　土壤与环境 …… 263
第三节　矿产资源与环境 …… 271

参考文献 …… 282

第一章

地层、地貌与地质构造

第一节　地壳运动及地质作用

一、地壳运动

（一）地壳运动的基本形式

地球作为一个天体，自形成以来就一直不停地运动着。地壳作为地球外层的薄壳（主要指岩石圈），自形成以来也一直不停地运动着。地壳运动又称构造运动，指主要由地球内力引起岩石圈产生的机械运动。它是使地壳产生褶皱、断裂等各种地质构造，引起海、陆分布变化，地壳隆起和凹陷，以及形成山脉、海沟，产生火山、地震等的基本原因。按时间顺序，将晚第三纪以前的构造运动称为古构造运动，晚第三纪以后的构造运动称为新构造运动，人类历史时期发生的构造运动称为现代构造运动。

地壳运动有水平运动和垂直运动两种基本形式。

1. 水平运动

水平运动指地壳沿地表切线方向产生的运动，主要表现为岩石圈的水平挤压或拉伸引起岩层的褶皱和断裂，可形成巨大的褶皱山系、裂谷和大陆漂移等。例如，印度洋板块挤压欧亚板块并插入欧亚板块之下，使5000万年前还是一片汪洋的喜马拉雅山地区逐渐抬升成现在的世界屋脊。

2. 垂直运动

垂直运动指地壳沿地表法线方向产生的运动，主要表现为岩石圈的垂直上升或下降，引起地壳大面积地隆起和凹陷，形成海侵和海退等。

水平运动和垂直运动是紧密联系的，在时间和空间上往往交替发生。

一般情况下，地壳运动是十分缓慢的，人们一般难以察觉，如喜马拉雅山脉从海底上升到海平面以上 8000 多米的高山，每年平均才上升 2.4 厘米，但其长期的积累却是惊人的。有时，地壳运动可以以十分剧烈的方式表现出来，如地震、火山喷发等。

（二）地壳运动成因的主要理论

地壳运动的成因理论主要是解释地壳运动的力学机制，包括对流说、均衡说、地球自转说和板块构造说等。

1. 对流说

对流说认为地幔物质已呈塑性状态，并且上部温度低、下部温度高，在温差的作用下形成缓慢对流，从而导致上覆地壳运动。

2. 均衡说

均衡说认为地幔内存在一个重力均衡面，均衡面以上的物质重力均等，但因密度不同而表现为厚薄不一。当地表出现剥蚀或沉积时，使重力发生变化，为维持均衡面上重力均等，均衡面上的地幔物质将产生移动，以弥补地表的重力损失，从而导致上覆地壳运动。

3. 地球自转说

地球自转说认为地球自转速度产生的快慢变化导致了地壳运动。当地球自转速度加快时，一方面惯性离心力增加，导致地壳物质向赤道方向运行；另一方面切向加速度增加，导致地壳物质由西向东运动，当基底黏着力不同时，引起地壳各部位运动速度不同，从而产生挤压、拉张、抬升、下降等变形、变位。当地球自转速度减慢时，惯性离心力和切向加速度均减小，地壳又产生相反方向的恢复运动，同样因基底黏着力不同，引起地壳变形、变位，故在地壳形成一系列纬向和经向的山系、裂谷、隆起和凹陷。

4. 板块构造说

板块构造说认为地球在形成过程中，表层冷凝成地壳，以后地球内部热量在局部聚集成高热点，并将地壳胀裂成六大板块。各大板块之间由大洋中脊和海沟分开。地球内部高热点热能通过大洋中脊的裂谷得以释放。热流上升到大洋中脊的裂谷时，一部分热流通过海水冷却，在裂谷处形成新的洋壳；另一部分热流则沿洋壳底部向两侧流动，从而带动板块漂移。因此在大洋中脊不断组成新的洋壳，而在海沟处地壳相互挤压、碰撞，有的抬升成高大的山系，有的插入地幔内溶解。在挤碰撞带，因板块间的强烈摩擦，形成局部高温并积累了大量的应变能，常构成火山带和地震带。各大板块中还可划分出若干次级板块，各板块在漂移中因基底黏着力不同，运动速度不一，同样可引起地壳变形、变位。

二、地质作用

地质作用是指由自然动力引起地球(主要是地幔和岩石圈)的物质组成、内部结构和地表形态发生变化的作用,主要表现为对地球的矿物、岩石、地质构造和地表形态等进行的破坏和建造作用。

引起地质作用的能量来自地球本身和地球以外,故分为内能和外能。内能指来自地球内部的能量,主要包括旋转能、重力能、热能;外能指来自地球外部的能量,主要包括太阳辐射能、日月引力能和生物能,其中太阳辐射能主要引起大气环流和水的循环。

按照能源和作用部位的不同,地质作用又分为内动力地质作用和外动力地质作用。由内能引起的地质作用称为内动力地质作用,主要包括构造运动、岩浆活动和变质作用,在地表主要形成山系、裂谷、隆起、凹陷、火山等现象;由外能引起的地质作用称为外动力地质作用,主要有风化作用、风的地质作用、流水的地质作用、冰川的地质作用、湖海的地质作用、重力的地质作用等,在地表主要形成戈壁、沙漠、黄土塬、深切谷、冲积平原等地形并形成各种沉积物。

第二节　地层

地史学中,将各个地质历史时期形成的岩石称为该时代的地层。各地层的新、老关系在判别褶曲、断层等地层构造形态中有着非常重要的作用。确定地层新、老关系的方法有两种,即绝对年代法和相对年代法。

一、绝对年代法

绝对年代法是指通过确定地层形成的准确时间,依次排列出各地层新、老关系的方法。地层形成的准确时间,主要是通过测定地层中的放射性同位素年龄来确定。放射性同位素(母同位素)是一种不稳定元素,在天然条件下发生蜕变,自动放射出某些射线(α、β、γ射线)而蜕变成另一种稳定元素(子同位素)。放射性同位素的蜕变速度是恒定的,不受温度、压力、电场、磁场等因素的影响,即以一定的蜕变常数进行蜕变,主要用于测定地质年代的放射性同位素及其蜕变常数。

二、相对年代法

相对年代法是通过比较各地层的沉积顺序、古生物特征和地层接触关系来确定其形成先后顺序的一种方法。因无需精密仪器,故被广泛采用。

(一)地层层序法

沉积岩能清楚地反映岩层的叠置关系。一般情况下,先沉积的老岩层在下,后沉积的新岩层在上。只要把一个地区所有地层按由下向上的顺序衔接起来,就可确定其新老关系。当地层挤压使地层倒转时,新老关系相反,在地层排序时应弄清楚。

一个地区在地质历史上不可能永远处在沉积状态,常常是一个时期下降沉积,另一个时期抬升发生剥蚀。因此,现今任何地区保存的地质剖面中都会缺失某些时代的地层,造成地质记录不完整。故须对各地地层层序剖面进行综合研究,把各个时期出露的地层拼接起来,建立较大区域乃至全球的地层顺序系统,称为标准地层剖面。通过标准地层剖面的地层顺序,对照某地区的地层情况,也可排列出该地区地层的新老关系。

沉积岩的层面构造也可作为鉴定其新老关系的依据,如泥裂开口所指的方向、虫迹开口所指的方向、波痕的波峰所指的方向均为岩层顶面,即新岩层方向,并可据此判定岩层的正常与倒转。

(二)古生物法

在地质历史上,地球表面的自然环境总是不停地出现阶段性变化。地球上的生物为适应地球环境的改变,也不得不逐渐改变自身的结构,称为生物演化,即地球上的环境改变后,一些不能适应新环境的生物大量灭亡,甚至绝种;而另一些生物则通过改变自身的结构,形成新的物种,以适应新环境,并在新环境下大量繁衍。这种演化遵循由简单到复杂、由低级到高级的原则,即地质时期越古老,生物结构越简单;地质时期越新,生物结构越复杂。因此,埋藏在岩石中的生物化石结构也反映了这一过程。化石结构越简单,地层时代越老;化石结构越复杂,地层时代越新。可依据岩石中的化石种属来确定岩石的新老关系。标志化石是在某一环境阶段,能大量繁衍、广泛分布,从发生、发展到灭绝的时间短的生物化石,在每一地质历史时期都有其代表性的标志化石,如寒武纪的三叶虫、奥陶纪的珠角石、志留纪的笔石、泥盆纪的石燕、二叠纪的大羽羊齿、侏罗纪的恐龙等。

(三)地层接触关系法

地层间的接触关系,是构造运动、岩浆活动和地质发展历史的记录。沉积岩、岩浆岩及其相互间均有不同的接触类型,据此可判别地层间的新老关系。

1. 沉积岩间的接触关系

沉积岩间的接触,基本上可分为整合接触与不整合接触两大类型:

(1)整合接触

一个地区在持续稳定的沉积环境下,地层依次沉积,各地层之间彼此平行,地层间的这种连续、平行的接触关系称为整合接触。其特点是沉积时间连续,上、下岩层产状基本一致。

(2)不整合接触

当沉积岩地层之间有明显的沉积间断时,即沉积时间明显不连续,有一段时期没有沉积,称为不整合接触,其又可分为平行不整合接触和角度不整合接触两类。

①平行不整合接触

又称假整合接触,指上、下两套地层间有沉积间断,但岩层产状仍彼此平行的接触关系。它反映了地壳先下降接受稳定沉积,然后抬升到侵蚀基准面以上接受风化剥蚀,之后地壳又均匀下降接受稳定沉积的历史过程。

②角度不整合接触

指上、下两套地层间,既有沉积间断,岩层产状又彼此呈角度相交的接触关系。它反映了地壳先下降沉积,然后挤压变形和上升剥蚀,再下降沉积的历史过程。角度不整合接触关系容易与断层混淆,二者的区别标志是:角度不整合接触界面处有风化剥蚀形成的底砾岩;而断层界面处则无底砾岩,一般为构造岩,或没有构造岩。

2. 岩浆岩间的接触关系

岩浆岩间的接触关系主要表现为岩浆岩间的穿插接触关系。后期生成的岩浆岩常插入早期生成的岩浆岩中,将早期岩脉或岩体切隔开。

3. 沉积岩与岩浆岩之间的接触关系

沉积岩与岩浆岩之间的接触关系可分为侵入接触和沉积接触两类。

(1)侵入接触

指后期岩浆岩侵入早期沉积岩的一种接触关系。早期沉积岩受后期岩浆熔蚀、挤压和烘烤并进行化学反应,在沉积岩与岩浆岩交界带附近形成一层接触变质带,称为变质岩。

(2)沉积接触

指后期沉积岩覆盖在早期岩浆岩上的沉积接触关系。早期岩浆岩表层风化剥蚀,在后期沉积岩底部常形成一层含岩浆岩砾石的底砾岩。

三、地质年代表

根据地层形成顺序、生物演化阶段、构造运动、古地理特征及同位素年龄测定,对全球性地层进行划分和对比,综合得出地质年代表,见表1-1。表中将地质历史(时代)划分为太古宙、元古宙和显生宙三大阶段,宙再细分为代,代再细分为纪,纪再细分为世,世再细分为期,期再细分为时。每个地质时期形成的地层,又赋予相应的地层单位,即宇、界、系、统、阶、带,分别与地质历史宙、代、纪、世、期、时相对应。它们经国际地层委员会通过并在世界通用。在此基础上，各国结合自己的实际情况，都建立了自己的地层年代表。

表 1-1　地质年代表

<table>
<tr><th colspan="5">地质时代(地层系统代号)</th><th rowspan="2">同位素年龄值/Ma</th><th colspan="3">生物界</th><th rowspan="2" colspan="2">构造阶段(构造运动)</th></tr>
<tr><th>宙(宇)</th><th>代(界)</th><th colspan="2">纪(系)</th><th>世(统)</th><th>植物</th><th colspan="2">动物</th></tr>
<tr><td rowspan="15">显生宙(宇)</td><td rowspan="7">新生代(界 K_2)</td><td colspan="2" rowspan="2">第四纪系(Q)</td><td>全新世(统 Q_h)</td><td rowspan="2">2</td><td rowspan="7">被子植物繁盛</td><td rowspan="2">出现人类</td><td rowspan="7">无脊椎动物继续演化发展</td><td rowspan="7" colspan="2">新阿尔卑斯构造阶段(喜马拉雅构造阶段)</td></tr>
<tr><td>更新世(统 Q_p)</td></tr>
<tr><td rowspan="5">第三纪(系R)</td><td rowspan="2">晚第三纪(系N)</td><td>上新世(统 N_2)</td><td rowspan="2">26</td><td rowspan="5">哺乳动物与鸟类繁盛</td></tr>
<tr><td>中新世(统 N_1)</td></tr>
<tr><td rowspan="3">早第三纪(系E)</td><td>渐新世(统 E_3)</td><td rowspan="3">65</td></tr>
<tr><td>始新世(统 E_2)</td></tr>
<tr><td>古新世(统 E_1)</td></tr>
<tr><td rowspan="8">中生代(界Mz)</td><td colspan="2" rowspan="2">白垩纪(系K)</td><td>晚白垩世(统 K_2)</td><td rowspan="2">137</td><td rowspan="8">裸子植物繁盛</td><td rowspan="8">爬行动物与鸟类繁盛</td><td rowspan="8"></td><td rowspan="8">阿尔卑斯构造阶段</td><td rowspan="4">燕山构造阶段</td></tr>
<tr><td>早白垩世(统 K_1)</td></tr>
<tr><td colspan="2" rowspan="3">侏罗纪(系J)</td><td>晚侏罗世(统 J_3)</td><td rowspan="3">195</td></tr>
<tr><td>中侏罗世(统 J_2)</td></tr>
<tr><td>早侏罗世(统 J_1)</td><td rowspan="4">印支构造阶段</td></tr>
<tr><td colspan="2" rowspan="3">三叠纪(系T)</td><td>晚三叠世(统 T_3)</td><td rowspan="3">230</td></tr>
<tr><td>中三叠世(统 T_2)</td></tr>
<tr><td>早三叠世(统 T_1)</td></tr>
</table>

续表

地质时代(地层系统代号)				同位素年龄值/Ma	生物界		构造阶段(构造运动)
宙(宇)	代(界)	纪(系)	世(统)		植物	动物	
	古生代(界 Pz)	二叠纪(系 P)	晚二叠世(统 P_2)	285	蕨类及原始裸植物繁盛	两栖动物繁盛	(海西)华力西构造阶段
			中二叠世(统 P_1)				
		石炭纪(系 C)	晚石炭纪(C_3)	350			
			中石炭纪(C_2)				
			早石炭纪(C_1)				
		泥盆纪(系 D)	晚泥盆纪(D_3)	400	裸蕨植物繁盛	鱼类繁盛	
			中泥盆纪(D_2)				
			早泥盆纪(D_1)				
		志留纪(系 S)	晚志留纪(S_3)	435		海生无脊椎动物繁盛	加里东构造阶段
			中志留纪(S_2)				
			早志留纪(S_1)				
		奥陶纪(系 O)	晚奥陶纪(O_3)	500	藻类及菌类植物繁盛		
			中奥陶纪(O_2)				
			早奥陶纪(O_1)				
		寒武纪(第 E)	晚寒武纪(E_3)	570			
			中寒武纪(E_2)				
			早寒武纪(E_1)				
元古宇宙(宇 P_t)	晚元古代(界 P_{t3})	震旦纪(系 Z)	晚震旦世(统 Z_2)	800		裸露无脊椎动物出现	晋宁运动、吕梁运动、五台运动、阜平运动
			早震旦世(统 Z_1)				
	中元古代(界 P_{t2})			1000			
	早元古代(界 P_{t1})			1900			

续表

地质时代(地层系统代号)				同位素年龄值/Ma	生物界		构造阶段(构造运动)
宙(宇)	代(界)	纪(系)	世(统)		植物	动物	
太古宙(宇 Ar)	太古代			2500		地球形成	

我国在区域地质调查中常采用多重地层划分原则,即除上述地层单位外,主要使用岩石地层单位。

岩石地层单位是以岩石学特征及其相对应的地层位置为基础的地层单位。没有严格的时限,往往呈现有规则的穿时现象。岩石地层最大单位为群,群再细分为组,组再细分为段,段再细分为层。

(一)群

包括两个以上的组。群以重大沉积间断或不整合界面划分。

(二)组

以同一岩相,或某一岩相为主,夹有其他岩相,或不同岩相交互构成。其中,岩相是指岩石形成环境,如海相、陆相、潟湖相、河流相等。

(三)段

段为组的组成部分,由同一岩性特征构成。组不一定都划分出段。

(四)层

指段中具有显著特征,可区别于相邻岩层的单层或复层。

第三节　地貌单元类型与特征

一、地貌的概念

地貌是地壳表面各种不同成因、不同类型、不同规模的起伏形态。地貌形态由地貌基本要素构成，地貌基本要素包括地形面、地形线和地形点，它们是地貌地形的最简单的几何组分，决定了地貌形态的几何特性。

（一）地形面

地形面可能是平面、曲面或波状面，如山坡面、阶地面、山顶面和平原面等。

（二）地形线

两个地形面相交组成地形线（或一个地带），或者是直线，或者是弯曲起伏线，如分水线、谷底线、破折线等。

（三）地形点

地形点是两条（或几条）地形线的交点，孤立的微地形体也属于地形点。因此地形点实际上是大小不同的一个区域，如山脊线相交构成山峰点或山鞍点、山坡转折点和河谷裂点等。

不同地貌有着不同的成因，但概括地讲，地貌是由两种原因造成的，一是地球的内力作用，二是外力作用。地貌是内外营力共同作用的结果，内营力作用造就地表的起伏，外营力作用使地表原有的起伏不断平缓，因此地貌形成过程中的内外营力是一对矛盾。地貌的形成不仅取决于内外营力作用类型的差异，而且还取决于内外营力作用过程的对比。

二、地貌单元分类

地貌单元主要包括剥蚀地貌、山麓斜坡堆积地貌、河流地貌、湖积地貌、海岸地貌、冰川地貌和风成地貌等。

（一）剥蚀地貌

剥蚀地貌包括山地、丘陵、剥蚀残山和剥蚀平原。各地貌单元的主要地质作用和地貌特征见表1-2。

表 1-2　剥蚀地貌特征

成因	地貌单元		主要地质作用	地貌特征
剥蚀地貌	山地	高山	构造作用为主,强烈的冰山剥蚀作用	山地地貌的特点是具有山顶、山坡、山脚等明显的形态要素
		中山	构造作用为主,强烈的剥蚀切割作用和部分冰山剥蚀作用	
		低山	构造作用为主,长期强烈的剥蚀切割作用	
	丘陵		中等强度的构造作用,长期剥蚀切割作用	丘陵是经过长期剥蚀切割,外貌呈低矮而平缓的起伏地形
	剥蚀残山		构造作用微弱,长期剥蚀切割作用	低山在长期的剥蚀过程中,极大部分的山地被夷平成准平原,但在个别地段形成了比较坚硬的残丘,称为剥蚀残山。一般常成几个孤零屹立的小丘,有时残山与河谷交错分布
	剥蚀平原		构造作用微弱,长期剥蚀和堆积作用	剥蚀平原是在地壳上升微弱、地表岩层高差不大的条件下,经外力的长期剥蚀夷平所形成。其特点是地形面与岩层面不一致,上覆堆积物很薄,基岩常裸露于地表,在低洼地段有时覆盖有厚度稍大的残积物、坡积物和洪积物等

(二)山麓斜坡堆积地貌

山麓斜坡堆积地貌包括洪积扇、坡积裙、山前平原和山间凹地。其地貌单元的主要地质作用和地貌特征见表 1-3。

表 1-3　山麓斜坡堆积地貌特征

成因	地貌单元	主要地质作用	地貌特征
山麓斜坡堆积地貌	洪积扇	山谷洪流洪积作用	山区河流自山谷流入平原后,流速减低,形成分散的漫流,流水携带的碎屑物质开始堆积,形成由顶端(山谷出口处)向边缘缓慢倾斜的扇形地貌
	坡积裙	山坡面流坡积作用	坡积裙是由山坡上的水流将风化碎屑物质携带到山坡下,并围绕坡脚堆积,形成的裙状地貌

续表

成因	地貌单元	主要地质作用	地貌特征
山麓斜坡堆积地貌	山前平原	山谷洪流洪积作用为主,夹有山坡面流坡积作用	山前平原由多个大小不一的洪(冲)积扇互相连接而成,因而呈高低起伏的波状地形
	山间凹地	周围的山谷洪流洪积作用和山坡面流坡积作用	被环绕的山地所包围而形成的堆积盆地,称为山间凹地。山间凹地由周围的山前平原继续扩大所组成,凹地边缘颗粒粗大,一般呈三角形,凹地中心颗粒逐渐变细,地下水位浅,有时形成大片沼泽洼地

(三)河流地貌

河流所流经的槽状地形称为河谷,它是在流域地质构造的基础上,经河流的长期侵蚀、搬运和堆积作用逐渐形成和发展起来的一种地貌,凡由河流作用形成的地貌,称为河流地貌。河流地貌包括河床、河漫滩和阶地。

1. 河流的地质作用

河水在流动时,对河床进行冲刷破坏,并将所侵蚀的物质带到适当的地方沉积下来,故河流的地质作用可分为侵蚀作用、搬运作用和沉积作用。

河流水流有破坏地表并掀起地表物质的作用。水流破坏地表有三种方式,即冲蚀作用、磨蚀作用和溶蚀作用,总称为河流的侵蚀作用。

河流在其自身流动过程中,将地面流水及其他地质营力破坏所产生的大量碎屑物质和化学溶解物质不停地输送到洼地、湖泊和海洋的作用称为河流的搬运作用。河流的搬运作用按其搬运方式可分为机械搬运和化学搬运两类。

河流的沉积作用是指当河流的水动力状态改变时,河水的搬运能力下降,致使搬运物堆积下来的过程。河流的沉积作用一般以机械沉积作用为主。

2. 河床

河谷中枯水期水流所占据的谷地部分称为河床。河床横剖面呈一低凹的槽形。从源头到河口的河床最低点连线称为河床纵剖面,它呈一不规则的曲线。山区河床较狭窄,两岸常有许多山嘴凸出,使河床岸线犬牙交错,纵剖面较陡,浅滩和深槽彼此交替,且多跌水和瀑布。平原地区河床较宽、浅,纵剖面坡度较缓,有微微起伏。

河床发展过程中,由于受不同因素的影响,在河床中形成各种地貌,如河床中的浅滩与深槽、沙波,山地基岩河床中的壶穴和岩槛等。

3. 河漫滩

河流洪水期淹没河床以外的谷底部分，称为河漫滩。平原河流河漫滩发育宽广，常在河床两侧分布，或只分布在河流的凸岸。山地河谷比较狭窄，洪水期水位较高，河漫滩的宽度较小，相对高度比平原河流的河漫滩要高。

4. 阶地

阶地是在地壳的构造运动与河流侵蚀、堆积的综合作用下形成的。由于构造运动和河流地质过程的复杂性，阶地的类型是多种多样的。

(四)湖积地貌

湖积地貌包括湖积平原和沼泽地。其地貌单元的主要地质作用和地貌特征见表1-4。

表1-4　湖积地貌特征

成因	地貌单元	主要地质作用	地貌特征
湖积地貌	湖积平原	湖泊堆积作用	地表水流将大量的风化碎屑物带到湖泊洼地，使湖岸堆积和湖心堆积不断地扩大和发展，形成了大片向湖心倾斜的平原，称为湖积平原
	沼泽地	沼泽堆积作用	湖泊洼地中水草茂盛，大量有机物在洼地中积聚，久而久之产生了湖泊的沼泽化。当喜水植物渐渐长满了整个湖泊洼地时，便形成了沼泽地。在平原上河流弯曲的地段，容易产生沼泽地，大多曾是河漫滩湖泊或牛轭湖的地方。另外，当河流流经沼泽地时，由于沼泽地的土质松软，侧向侵蚀强烈，河道往往迂回曲折，有时形成许多小的牛轭湖

(五)海岸地貌

海岸是具有一定宽度的陆地与海洋相互作用的地带，其上界是风暴浪作用的最高位置，下界为波浪作用开始扰动海底泥沙处。现代海岸带由陆地向海洋可划分为滨海陆地、海滩和水下岸坡三部分。海岸地貌包括海岸侵蚀地貌和堆积地貌。海岸地貌特征见表1-5。

表 1-5　海岸地貌特征

成因	地貌单元	主要地质作用	地貌特征
海岸地貌	海岸侵蚀地貌	海水冲蚀作用	海岸侵蚀地貌主要包括海蚀崖、海蚀穴、海蚀洞、海蚀窗、海蚀拱桥、海蚀柱、海蚀平台
	海岸堆积地貌	海水堆积作用	根据外海波浪向岸作用方向与岸线走向之间的角度关系,泥沙横向移动过程可形成各种堆积地貌:水下堆积阶地、水下沙坝、离岸堤、潟湖和海滩等。岸线走向变化使波浪作用方向与岸线夹角增大或减小,以致泥沙流过饱和而发生堆积,形成各种堆积地貌,如凹形海岸堆积地貌、凸形海岸堆积地貌和岸外岛屿等

(六)冰川地貌

在高山和高纬地区,气候严寒,年平均气温在0℃以下,常年积雪,当降雪的积累大于消融时,地表积雪逐年增厚,经一系列物理过程,积雪就逐渐变成淡蓝色的透明冰川冰。冰川冰是多晶固体,具有塑性,受自身重力作用或冰层压力作用沿斜坡缓慢运动,就形成冰川。冰川进退或积消引起海面升降和地壳均衡运动,从而使海陆轮廓发生较大的变化。此外,冰川对地表塑造是很强烈的,仅次于河流的作用,所以冰川也是塑造地形的强大外营力之一。因此,凡是经冰川作用过的地区,都能形成一系列冰川地貌。

冰川地貌包括冰蚀地貌、冰碛地貌和冰水堆积地貌三部分。冰川地貌特征见表1-6。

表 1-6　冰川地貌特征

成因	地貌单元	主要地质作用	地貌特征
冰川地貌	冰蚀地貌	冰川剥蚀作用	冰蚀地形是由冰川的侵蚀作用所塑造的地形,如围谷、角峰、刀脊、冰斗、冰窖、冰川槽谷和悬谷
	冰碛地貌	冰川堆积作用	冰川融化使冰川携带的碎屑物质堆积下来,形成冰碛物。往往是巨砾、角砾、砾石、砂、粉砂和黏土的混合堆积,粒度相差悬殊,明显缺乏分选性。冰碛地貌主要有冰碛丘陵、冰碛平原、终碛堤和侧碛堤
	冰水堆积地貌	冰水堆积侵蚀作用	冰川附近的冰融水具有一定的侵蚀搬运能力,能将冰川的冰碛物再经冰融水搬运堆积,形成冰水堆积物。在冰川边缘由冰水堆积物组成的各种地貌,称为冰水堆积地貌,如冰水扇和外冲平原、冰水湖、冰砾埠阶地、冰砾埠、锅穴和蛇行丘等

(七)风成地貌

风成地貌是指由风力作用而形成的地貌。在风力作用地区,在同一时间内,一个地区是风蚀区,另一个地区则是风积区,其间的过渡性地段为风蚀、风积区,各地区将相应发育不同数量的风蚀地貌和风积地貌。风成地貌特征见表1-7。

表1-7　风成地貌特征

成因	地貌单元	主要地质作用	地貌特征
风成地貌	风蚀地貌	风的吹蚀和堆积作用	风蚀地貌形态主要见于风蚀区,有时沙漠中也有一定数量存在,如风蚀石窝、风蚀蘑菇、风蚀柱、雅丹地貌和风蚀盆地等
	风积地貌	风的堆积作用	风积地貌形态主要包括沙地、沙丘和沙城

三、不同地貌地区工程建设时应注意的问题

(一)剥蚀地貌地区工程建设时应注意的问题

第一,在山地地区进行大型水电站、大型构筑物和隧道工程施工时,需要注意高边坡稳定性、地质构造稳定性及地质灾害(崩塌、滑坡和泥石流等)评价。在海拔较高的山上进行施工时,要注意工程的抗冻性和岩土中水的膨胀性。

第二,在丘陵地带建设时,工程选址可行性论证阶段应避开地质灾害高发地段和地质构造不稳定地段。在工程施工时,要密切注意恶劣气象条件带来的地质灾害,同时注意保护丘陵的原生态环境,做到人与自然和谐相处。

第三,剥蚀残山和剥蚀平原由于剥蚀程度的不同和原始地形的不同,岩土体残积的厚度不同,岩土体的性状也不同。因此,在工程建设时必须进行详细的工程地质勘察。

(二)山麓斜坡堆积地貌地区工程建设时应注意的问题

第一,在洪积扇堆积的多是分选性较差的洪积土,多为碎石土。一般上游堆积的颗粒较大,呈角砾状;下游堆积的颗粒相对较细,呈圆砾状,一般工程性较好;但其间也有可能夹有黏性土或淤质土,造成软夹层。所以工程建设时必须注意地层的均匀性。

第二,坡积裙和山前堆积平原堆积较多的是分选性很差的坡积土、残积土和冲积土,颗粒大小不一,一般孔隙大,厚度受地形影响,所以在工程建设时应注意堆积斜坡的稳定性、堆积颗粒的密实度及地下水的冲刷性。

第三,山前堆积平原其颗粒多为砾石、砂、粉土或黏性土,而且堆积的厚度不一致,工程

建设时必须注意沉降的均匀性，必须进行详细的工程地质勘察。

（三）河流地貌地区工程建设时应注意的问题

第一，在工程选址论证阶段，必须注意该地河流的最高洪水位、河流的冲刷规律、河岸的稳定性和地基发生管涌的可能性。一般不得在谷地、谷边及河岸冲刷岸建筑。

第二，在河流阶地建筑时，必须详细了解阶地的稳定性和地层情况，以及上游发生滑坡、泥石流等地质灾害的可能性，以确保工程安全。

第三，河流阶地的冲积土层往往具有不均匀性和丰富的储水性，要注意建筑物的不均匀沉降。

第四，古代河流和现代河流的流向往往不一致，所以在建设时要注意了解古河道的走向，以减少建筑物的差异沉降。

（四）湖积与海岸地貌地区工程建设时应注意的问题

第一，湖积地貌往往堆积的是湖积土，海岸地貌往往堆积的是海积土，这两类土统称淤积土，其工程性状往往较差，一般是压缩层。

第二，湖积土和海积土在其他条件一定时，一般堆积年代越早，固结程度越好，工程性状要好一些；堆积年代越晚，固结程度越差，工程性状相对也差一些。

第三，湖积土、海积土在同一地区堆积的厚度不一样，均匀性也不一样，所以工程建设时必须考虑建筑物沉降的稳定性和均匀性。

（五）冰川地貌地区工程建设时应注意的问题

第一，冰川地貌形成的冰水堆积物是冰积岩土，在常年冻土地区建设时应注意冰积岩土的分选性、稳定性和发生冰川雪崩地质灾害的可能性。

第二，季节性冻土地区要注意冰积岩土的冻胀性和冻融性。

第三，冻土及寒冷地区施工混凝土要注意热胀冷缩问题。

（六）风成地貌地区工程建设时应注意的问题

第一，工程建设中要注意风成地貌的干缩性和浸水后的湿陷性。

第二，风沙地区选址时要注意沙尘暴的地质灾害和风成地貌的滑坡崩塌的地质灾害。

第三，风沙地区选址和建设中要了解地下水的分布规律和水土保持工作。

第四节　地质构造

构造运动引起地壳岩石圈变形和变位，这种变形、变位被保留下来的形态称为地质构造。地质构造有三种主要类型：岩层、褶皱和断裂。

一、岩层及岩层产状

（一）岩层

岩层的空间分布状态称为岩层产状。岩层按其产状可分为水平岩层、倾斜岩层和直立岩层。

1. 水平岩层

水平岩层指岩层倾角为0°的岩层。绝对水平的岩层很少见，习惯上将倾角小于5°的岩层都称为水平岩层，又称水平构造。岩层沉积之初顶面总是保持水平的，所以水平岩层一般出现在构造运动轻微的地区或大范围内均匀抬升、下降的地区，一般分布在平原、高原或盆地中部。水平岩层中新岩层总是位于老岩层之上，当岩层受切割时，老岩层出露于河谷低洼区，新岩层出露于高岗上。在同一高程的不同地点，出露的是同一岩层。

2. 倾斜岩层

倾斜岩层指岩层面与水平面有一定夹角的岩层。自然界绝大多数岩层是倾斜岩层，倾斜岩层是构造挤压或大区域内不均匀抬升、下降，使岩层向某个方向倾斜而成的。一般情况下，倾斜岩层仍然保持顶面在上、底面在下，新岩层在上、老岩层在下的产出状态，称为正常倾斜岩层。当构造运动强烈，使岩层发生倒转，出现底面在上、顶面在下，老岩层在上、新岩层在下的产出状态时，称为倒转倾斜岩层。

岩层的正常与倒转主要依据化石确定，也可依据岩层层面构造特征（如岩层面上的泥裂、波痕、虫迹、雨痕等）或标准地质剖面来确定。

倾斜岩层按倾角 a 的大小又可分为缓倾岩层（$a<30°$）、陡倾岩层（$30°\leqslant a<60°$）和陡立岩层（$a\geqslant 60°$）。

3. 直立岩层

直立岩层指岩层倾角等于90°的岩层。绝对直立的岩层也较少见，习惯上将岩层倾角大于85°的岩层都称为直立岩层。直立岩层一般出现在构造强烈、紧密挤压的地区。

（二）岩层产状

1. 产状要素

岩层在空间分布状态的要素称为岩层产状要素。一般用岩层面在空间的水平延伸方向、倾斜方向和倾斜程度进行描述，分别称为岩层的走向、倾向和倾角，见图1-1。

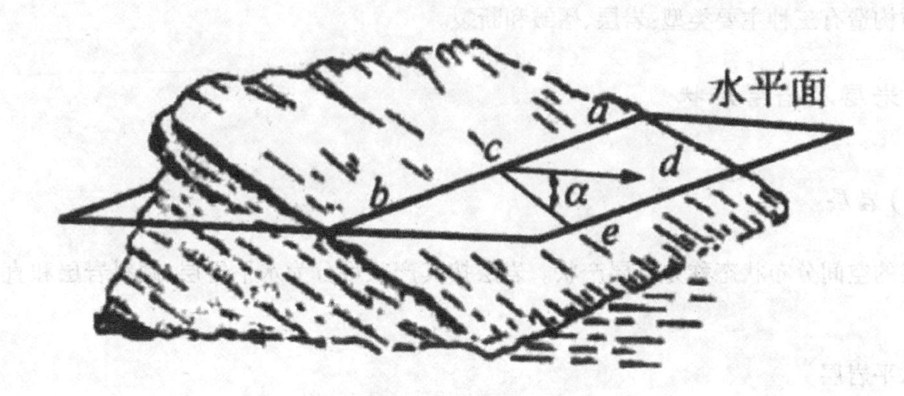

图1-1　岩层产状要素

ab:走向线;*ce*:倾斜线;*cd*:倾向线;*a*:倾角

（1）走向

走向指岩层面与水平面的交线所指的方向（*cb* 和 *ca*），该交线是一条直线，称为走向线，它有两个方向，相差180°。

（2）倾向

倾向指岩层面上最大倾斜线在水平面上投影所指的方向（*cd*）。该投影线是一条射线，称为倾向线，只有一个方向。倾向线与走向线互为垂直关系。

（3）倾角

倾角指岩层面与水平面的交角，一般指最大倾斜线与倾向线之间的夹角，又称真倾角，如图1-1中的 *a*。

当观察剖面与岩层走向斜交时，岩层与该剖面的交线称为视倾斜线。视倾斜线在水平面的投影线称为视倾向线。视倾斜线与视倾向线之间的夹角称为视倾角。视倾角小于真倾角。视倾角与真倾角的关系为

$$\tan\beta = \tan\alpha \cdot \sin\theta \quad (1\text{-}1)$$

式中，θ——视倾向线（观察剖面线）与岩层走向线之间的夹角。

2. 产状要素的测量、记录和图示

(1)产状要素的测量

岩层各产状要素的具体数值，一般在野外用地质罗盘仪在岩层面上直接测量和读取。

(2)产状要素的记录

由地质罗盘仪测得的数据，一般有两种记录方法，即象限角法和方位角法。

①象限角法

以东、南、西、北为标志，将水平面划分为四个象限，以正北或正南方向为0°，正东或正西方向为90°，再将岩层产状投影在该水平面上，将走向线和倾向线所在的象限，以及它们与正北或正南方向所夹的锐角记录下来。一般按走向、倾角、倾向的顺序记录。

②方位角法

将水平面按顺时针方向划分为360°，以正北方向为0°，再将岩层产状投影到该水平面上，将倾向线与正北方向所夹角度记录下来，一般按倾向、倾角的顺序记录。

二、褶皱构造

在构造运动作用下岩层产生的连续弯曲变形形态称为褶皱构造。褶皱构造的规模差异很大，大型褶皱构造延伸几十千米，小型褶皱构造在标本上也可见到。

(一)褶曲构造

褶皱构造中任何一个单独的弯曲都称为褶曲，褶曲是组成褶皱的基本单元。褶曲有背斜和向斜两种基本形态。

1. 背斜

岩层弯曲向上凸出，核部地层时代老，两翼地层时代新。正常情况下，两翼地层相背倾斜。

2. 向斜

岩层弯曲向下凹陷，核部地层时代新，两翼地层时代老。正常情况下，两翼地层相向倾斜。

(二)褶曲要素

为了描述和表示褶曲在空间的形态特征，对褶曲各个组成部分给予一定的名称，称为褶曲要素。褶曲要素如下：

1. 核部

褶曲中心部位的岩层。

2. 翼部

褶曲两侧部位的岩层。

3. 轴面

通过核部大致平分褶曲两翼的假想平面。根据褶曲的形态,轴面可以是一个平面,也可以是一个曲面;可以是直立的面,也可以是一个倾斜、平卧或卷曲的面。

4. 轴线

轴面与水平面或垂直面的交线,代表褶曲在水平面或垂直面上的延伸方向。根据轴面的情况,轴线可以是直线,也可以是曲线。

5. 枢纽

褶曲中同一岩层面上最大弯曲点的连线。根据褶曲的起伏形态,枢纽可以是直线,也可以是曲线;可以是水平线,也可以是倾斜线。

6. 脊线

背斜横剖面上弯曲的最高点称为顶,背斜中同一岩层面上最高点的连线称为脊线。

7. 槽线

向斜横剖面上弯曲的最低点称为槽,向斜中同一岩层面上最低点的连线称为槽线。

(三)褶曲分类

褶曲的形态多种多样,不同形态的褶曲反映了褶曲形成时不同的力学条件及成因。为了更好地描述褶曲在空间的分布,研究其成因,常以褶曲的形态为基础,对褶曲进行分类。下面介绍两种形态分类。

1. 褶曲按横剖面形态分类

褶曲按横剖面形态分类即按横剖面上轴面和两翼岩层产状分类。

(1)直立褶曲

轴面直立,两翼岩层产状倾向相反,倾角大致相等。

(2)倾斜褶曲

轴面倾斜,两翼岩层产状倾向相反,倾角不相等。

(3)倒转褶曲

轴面倾斜,两翼岩层产状倾向相同,其中一翼为倒转岩层。

(4)平卧褶曲

轴面近水平,两翼岩层产状近水平,其中一翼为倒转岩层。

2. 褶曲按纵剖面形态分类

褶曲按纵剖面形态分类即按枢纽产状分类。

(1)水平褶曲

枢纽近于水平,呈直线状延伸较远,两翼岩层界线基本平行。若褶曲长宽比大于10∶1,在平面上呈长条状,则称为线状褶曲。

(2)倾伏褶曲

枢纽向一端倾伏,另一端昂起,两翼岩层界线不平行。在倾伏端交会成封闭弯曲线。若枢纽两端同时倾伏,则岩层界线呈环状封闭,其长宽比在3∶1~10∶1时,称为短轴褶曲;其长宽比小于3∶1时,背斜称为穹窿构造,向斜称为构造盆地。

(四)褶曲的岩层分布判别

岩层受力挤压弯曲后,形成向上隆起的背斜和向下凹陷的向斜,但经地表营力的长期改造,或地壳运动的重新作用,原有的隆起和凹陷在地表面有时可能看不出来。为对褶曲形态做出正确鉴定,此时应主要根据地表面出露岩层的分布特征进行判别。一般来讲,当地表岩层出现对称重复时,则有褶曲存在。如核部岩层老,两翼岩层新,则为背斜;如核部岩层新,两翼岩层老,则为向斜。然后,根据两翼岩层产状和地层界线的分布情况,则可具体判别其横、纵剖面上褶曲形态的具体名称。

(五)褶曲构造的类型

有时,褶曲构造在空间不是呈单个背斜或单个向斜出现,而是以多个连续的背斜和向斜的组合形态出现。其按组合形态的不同可分为以下类型:

1.复背斜和复向斜

复背斜和复向斜是由一系列连续弯曲的褶曲组成的一个大背斜或大向斜,前者称为复背斜,后者称为复向斜。复背斜和复向斜一般出现在构造运动作用强烈的地区。

2.隔挡式和隔槽式

隔挡式和隔槽式褶皱由一系列轴线在平面上平行延伸的连续弯曲的褶曲组成。当背斜狭窄、向斜宽缓时,称为隔挡式;当背斜宽缓、向斜狭窄时,称为隔槽式。这两种褶皱多出现在构造运动相对缓和的地区。

三、断裂构造

岩层受构造运动作用,当所受的构造应力超过岩石强度时,岩石的连续完整性遭到破坏,产生断裂,称为断裂构造。按照断裂后两侧岩层沿断裂面有无明显的相对位移,又分节理和断层两种类型。断裂构造在岩体中又称结构面。

(一)节理

节理是指岩层受力断开后,断裂面两侧岩层沿断裂面没有明显的相对位移时的断裂构造。节理的断裂面称为节理面。节理分布普遍,绝大多数岩层中有节理发育。节理的延伸范围变化较大,由几厘米到几十米不等。节理面在空间的状态称为节理产状,其定义和测量方法与岩层面产状类似。节理常把岩层分割成形状不同、大小不等的岩块,小块岩石的强度与包含节理的岩石的强度明显不同。岩石边坡失稳和隧道洞顶坍塌往往与节理有关。

1. 节理分类

节理可按成因、力学性质、与岩层产状的关系和张开程度等分类。

(1)按成因分类

节理按成因可分为原生节理、构造节理和表生节理;也有人分为原生节理和次生节理,次生节理再分为构造节理和非构造节理。

①原生节理

岩石形成过程中形成的节理,如玄武岩在冷却凝固时体积收缩形成的柱状节理。

②构造节理

由构造运动产生的构造应力形成的节理。构造节理常常成组出现,可将其中一个方向的一组平行破裂面称为一组节理。同一期构造应力形成的各组节理有成因上的联系,并按一定规律组合,不同时期的节理对应错开。

③表生节理

由卸荷、风化、爆破等作用形成的节理,分别称为卸荷节理、风化节理、爆破节理等。常称这种节理为裂隙,为非构造次生节理。表生节理一般分布在地表浅层,大多无一定方向性。

(2)按力学性质分类

①剪节理

一般为构造节理,由构造应力形成的剪切破裂面组成。一般与主应力呈($45°-\varphi/2$)角度相交,其中 φ 为岩石内摩擦角。剪节理一般成对出现,相互交切为 X 形。剪节理面多平直,常呈密闭状态,或张开度很小,在砾岩中可以切穿砾石。

②张节理

张节理可以是构造节理,也可以是表生节理、原生节理等,由张应力作用形成。张节理张开度较大,透水性好,节理面粗糙不平,在砾岩中常绕开砾石。

(3)按与岩层产状的关系分类

①走向节理

节理走向与岩层走向平行。

②倾向节理

节理走向与岩层走向垂直。

③斜交节理

节理走向与岩层走向斜交。

(4)按张开程度分类

①宽张节理

节理缝宽度大于5mm。

②张开节理

节理缝宽度为3～5mm。

③微张节理

节理缝宽度为1～3mm。

④闭合节理

节理缝宽度小于1mm。

2.节理发育程度分级

按节理的组数、密度、长度、张开度及充填情况，将节理发育程度分级，见表1-8。

表1-8　节理发育程度分级

发育程度等级	基本特征
节理不发育	节理1～2组，规则，为构造型，间距在1m以上，多为闭合节理，岩体切割成大块状
节理较发育	节理2～3组，呈X形，较规则，以构造型为主，多数间距大于0.4m，多为闭合节理，部分为微张节理，少有充填物。岩体切割成块石状
节理发育	节理3组以上，不规则，呈X形或“米”字形，以构造型或风化型为主，多数间距小于0.4m，大部分为张开节理，部分有充填物。岩体切割成块石状
节理很发育	节理3组以上，杂乱，以风化型和构造型为主，多数间距小于0.2m，以张开节理为主，有个别宽张节理，一般均有充填物。岩体切割成碎裂状

3.节理的调查内容

节理是广泛发育的一种地质构造，工程地质勘察应对其进行调查，包括以下内容：

一是节理的成因类型、力学性质；二是节理的组数、密度和产状。节理的密度一般采用线密度或体积节理数表示。线密度以“条/m”为单位计算。体积节理数(J_v)用单位体积内的节理数表示；三是节理的张开度、长度和节理面的粗糙度；四是节理的充填物质及厚度、含水情况;五是节理发育程度分级。

此外,对节理十分发育的岩层,在野外许多岩体露头上,可以观察到数十条以至数百条节理。它们的产状多变,为了确定它们的主导方向,必须对每个露头上的节理产状逐条进行测量统计,编制该地区节理玫瑰花图、极点图或等密度图,由图确定节理的密集程度及主导方向。一般在 $1m^2$ 露头上进行测量统计。

(二)断层

断层是指岩层受力断开后,断裂面两侧岩层沿断裂面有明显相对位移时的断裂构造。断层广泛发育,规模相差很大。大的断层延伸数百千米甚至上千千米,小的断层在手标本上就能见到。有的断层切穿了地壳岩石圈,有的则发育在地表浅层。断层是一种重要的地质构造,对工程建筑的稳定性起着重要作用。地震与活动性断层有关,滑坡、隧道中大多数的坍方、涌水均与断层有关。

1. 断层要素

为阐明断层的空间分布状态和断层两侧岩层的运动特征,给断层各组成部分赋予一定名称,称为断层要素。

(1)断层面

断层中两侧岩层沿其运动的破裂面。它可以是一个平面,也可以是一个曲面。断层面的产状用走向、倾向和倾角表示,其测量方法同岩层产状。有的断层面由一定宽度的破碎带组成,称为断层破碎带。

(2)断层线

断层面与地平面呈垂直面的交线,代表断层面在地面或垂直面上的延伸方向。它可以是直线,也可以是曲线。

(3)断盘

断层两侧相对位移的岩层称为断盘。当断层面倾斜时,位于断层面上方的称为上盘,位于断层面下方的称为下盘。

(4)断距

岩层中同一点被断层断开后的位移量。其沿断层面移动的直线距离称为总断距,其水平分量称为水平断距,其垂直分量称为垂直断距。

2. 断层常见分类

(1)按断层上、下两盘相对运动方向分类

这种分类是主要的分类方法。

①正断层

上盘相对向下滑动,下盘相对向上滑动的断层。正断层一般受地壳水平拉张力作用或重力作用而形成,断层面多陡直,倾角大多在45°以上。正断层可以单独出露,也可以多个连续组合形式出现,形成地堑、地垒和阶梯状断层。走向大致平行的多个正断层,当中间地层为共同的下降盘时,称为地堑;当中间地层为共同的上升盘时,称为地垒。组成地堑或地垒两侧的正断层,可以单条产出,也可以由多条产状近似的正断层组成,形成依次向下断落的阶梯状断层。

②逆断层

上盘相对向上滑动、下盘相对向下滑动的断层。逆断层主要受地壳水平挤压应力形成,常与褶皱伴生。按断层面倾角可将逆断层划分为逆冲断层、逆掩断层和辗掩断层。

逆冲断层是断层面倾角大于45°的逆断层。

逆掩断层是断层面倾角在25~45°的逆断层,常由倒转褶曲进一步发展而成。

辗掩断层是断层面倾角小于25°的逆断层。一般规模巨大,常有时代老的地层被推覆到时代新的地层之上,形成推覆构造。

当一系列逆断层大致平行排列,在横剖面上看,各断层的上盘依次上冲时,其组合形式称为叠瓦式逆断层。

③平移断层

断层两盘主要在水平方向上相对错动的断层。平移断层主要由地壳水平剪切作用形成,断层面常陡立,断层面上可见水平的擦痕。

(2)按断层面走向与褶曲轴走向的关系分类

①纵断层

断层走向与褶曲轴走向平行的断层。

②横断层

断层走向与褶曲轴走向垂直的断层。

③斜断层

断层走向与褶曲轴走向斜交的断层。

当断层面切割褶曲轴时,在断层上、下盘同一地层出露界线的宽窄常发生变化,背斜上升盘核部地层变宽,向斜上升盘核部地层变窄。

(3)按断层力学性质分类

①压性断层

由压应力作用形成,其走向垂直于主压应力方向,多呈逆断层形式,断面为舒缓波状,断裂带宽大,常有断层角砾岩。

②张性断层

在张应力作用下形成，其走向垂直于张应力方向，常为正断层形式，断层面粗糙，多呈锯齿状。

③扭性断层

在切应力作用下形成，与主压应力方向交角小于45°，常成对出现。断层面平直光滑，常有大量擦痕。

3. 断层存在的判别

(1)构造线标志

同一岩层分界线、不整合接触界面、侵入岩体与围岩的接触带、岩脉、褶曲轴线、早期断层线等，在平面或剖面上出现了不连续，即突然中断或错开，则有断层存在。

(2)岩层分布标志

一套顺序排列的岩层，由于走向断层的影响，常造成部分地层的重复或缺失现象，即断层使岩层发生错动，经剥蚀夷平作用使两盘地层处于同一水平面时，会使原来顺序排列的地层出现部分重复或缺失。

(3)断层的伴生现象

当断层通过时，在断层面(带)及其附近常形成一些构造伴生现象，也可作为断层存在的标志。

①擦痕、阶步和摩擦镜面

断层上、下盘沿断层面做相对运动时，因摩擦作用，在断层面上形成一些刻痕、小阶梯或磨光的平面，分别称为擦痕、阶步和摩擦镜面。

②构造岩(断层岩)

因地应力沿断层面集中释放，常造成断层面处岩体十分破碎，形成一个破碎带，称为断层破碎带。破碎带宽几十厘米至几百米不等，破碎带内碎裂的岩、土体经胶结后称为构造岩。构造岩中碎块颗粒直径大于2mm时称为断层角砾岩；当碎块颗粒直径为0.01~2mm时称为碎裂岩；当碎块颗粒直径更小时称为糜棱岩；当颗粒均研磨成泥状时称为断层泥。

③牵引现象

断层运动时，断层面附近的岩层受断层面上摩擦阻力的影响，在断层面附近形成弯曲现象，称为断层牵引现象，其弯曲方向一般为本盘运动方向。

(4)地貌标志

在断层通过地区，沿断层线常形成一些特殊地貌现象。

①断层崖和断层三角面

在断层两盘的相对运动中，上升盘常常形成陡崖，称为断层崖，如峨眉山金顶舍身崖、昆明滇池西山龙门陡崖。当断层崖受到与崖面垂直方向的地表流水侵蚀切割,使原崖面形成一排三角形陡壁时,称为断层三角面。

②断层湖、断层泉

沿断层带常形成一些串珠状分布的断陷盆地、洼地、湖泊、泉水等,可指示断层延伸方向。

③错断的山脊、急转的河流

正常延伸的山脊突然被错断,或山脊突然断陷成盆地、平原,正常流经的河流突然产生急转弯,一些顺直深切的河谷,均可指示断层延伸的方向。

判断一条断层是否存在,主要依据地层的重复、缺失和构造不连续这两个标志。其他标志只能作为辅证,不能依其下定论。

4.断层运动方向的判别

判别断层性质,首先要确定断层面的产状,从而确定出断层的上、下盘,再确定上、下盘的运动方向,进而确定断层的性质。断层上、下盘运动方向可由以下几点判别:

(1)地层时代

在断层线两侧,通常上升盘出露地层较老,下降盘出露地层较新。地层倒转时相反。

(2)地层界线

当断层横截褶曲时,背斜上升盘核部地层变宽,向斜上升盘核部地层变窄。

(3)断层伴生现象

刻蚀的擦痕凹槽较浅的一端、阶步陡坎方向,均指示对盘运动方向。牵引现象弯曲指示本盘运动方向。

第二章

水文循环与径流形成

第一节　水文循环与水量平衡

地球上现有约13.9亿km^3的水，它以液态、固态和气态分布于地面、地下和大气中，形成河流、湖泊、沼泽、海洋、冰川、积雪、地下水和大气水等水体，构成一个浩瀚的水圈。水圈处于永不停息的运动状态，水圈中各种水体通过蒸发、水汽输送、降水、地面径流和地下径流等水文过程紧密联系，相互转化，不断更新，形成一个庞大的动态系统。在这个系统中，海水在太阳辐射下蒸发成水汽升入大气，被气流带至陆地上空，在一定的天气条件下，形成降水落到地面。降落的水一部分重新蒸发返回大气；另一部分在重力作用下，或沿地面形成地面径流，或渗入地下形成地下径流，通过河流汇入湖泊，或注入海洋。从海洋或陆地蒸发的水汽上升凝结，在重力作用下直接降落在海洋或陆地上。水的这种周而复始不断转化、迁移和交替的现象称水文循环。在地面以上平均约11km的大气对流层顶至地面以下1~2km深处的广大空间，无处不存在水文循环的行踪。全球每年约有57.7万km^3的水参加水文循环。水文循环的内因，是水在自然条件下能进行液态、气态和固态三相转换的物理特性，而推动如此巨大水文循环系统的能量，是太阳的辐射能和水在地球引力场所具有的势能。

水和水的循环对于生态系统具有特别重要的意义，不仅生物体的大部分（约70%）是由水构成的，而且各种生命活动都离不开水。水在一个地方将岩石侵蚀，而在另一个地方又将侵蚀物沉降下来，久而久之就会带来明显的地理变化。水中携带着大量的多种化学物质（各种盐和气体）周而复始地循环，极大地影响着各类营养物质在地球上的分布。除此之外，水对于能量的传递和利用也有着重要影响。地球上大量的热能用于将冰融化为水使水温升高和将水化为蒸汽。因此，水有防止温度发生剧烈波动的重要生态作用。

不同纬度带的大气环流使一些地区成为蒸发大于降水的水汽源地，而使另一些地区成为降水大于蒸发的水汽富集区；不同规模的跨流域调水工程能够改变地面径流的路径，全球任何一个地区或水体都存在着各具特色的区域水文循环系统，各种时间尺度和空间尺度的水文循环系统彼此联系着、制约着，构成了全球水文循环系统。

一、自然界的水文循环

（一）含义

地球上的水在太阳辐射作用下，不断地蒸发成水汽进入大气，随气流输送到各地；输送中，遇到适当的条件，凝结成云，在重力作用下降落到地面，即降水；降水直接地或以径流的形式补给地球上的海洋、河流、湖泊、土壤、地下和生态水等，如此永不停止的循环运动，称为水文循环。

水的循环过程具体可以分为以下三个步骤：

第一步是蒸发和蒸腾的水分子进入大气。吸收太阳辐射热后，水分子从海洋、河流、湖泊、潮湿土壤和其他潮湿表面蒸发到大气中去；生长在地表的植物，通过茎叶的蒸发将水扩散到大气中，植物的这种蒸发作用通常又称为蒸腾。通过蒸发和蒸腾的水，水质都得到了纯化，是清洁水。

第二步是以降水形式返回大地。水分子进入大气后，变为水汽随气流运动，在适当条件下，遇冷凝结形成降水，以雨或雪的形式降落到地面。降水不但给地球带来淡水，养育了千千万万的生命，同时，还能净化空气，把一些天然的和人为的污物从大气中洗去。降水是陆地水资源的根本来源。

第三步是重新返回蒸发点。当降水到达地面，一部分渗入地下，补给地下水；一部分从地表流掉，补给河流。地表的流水，即径流可以带走泥粒，导致侵蚀；也可以带走细菌、灰尘和化肥、农药等，因而径流常常被污染。最后流归大海，水又回到海洋以及河流、湖泊等蒸发点。这就是地球上的水分循环。

有时水循环会出现一些较特殊的情况。在高纬度和高海拔区，自大气层降下的不是水而是雪。落在极地区或山地的雪积久可成冰，水因此得到保存，即退出水文循环，退出时间一般为几十年、几百年或几千年。因此，冰雪的固结与消融，影响着参与水循环的水的总量，进而影响全球海面变化。南极冰盖和格陵兰冰盖是世界上最大的冰库，如果全部融化，海洋的水位就会上升大约60m，这意味着各大洲的沿海地区包括许多世界级大城市都将被淹没。水分循环把地球上所有的水，无论是大气、海洋、地表还是生物圈中的水，都纳入了一个综合的自然系统中，水圈内所有的水都参与水的循环。像人体中，从饮水到水排出体外只要几个小时；大气中的水，从蒸发进入大气，到形成降水离开大气，平均来说，完成一次循环要8～10

天;世界大洋中的水,如果都要蒸发进入大气,完成一次水分循环的过程,需要3000~4000年。

水循环的另一个重要特点是每年降到陆地上的雨雪大约有35%又以地表径流的形式流入了海洋。值得特别注意的是,这些地表径流能够溶解和携带大量的营养物质,因此它们常常把各种营养物质从一个生态系统搬运到另一个生态系统,这对补充某些生态系统营养物质起着重要作用。由于携带着各种营养物质的水总是从高处往低处流动,所以高地往往比较贫瘠,而低地比较肥沃,例如沼泽地和大陆架就是这种最肥沃的低地,也是地球上生产力最高的生态系统之一。

(二)分类

水分循环的过程是非常复杂的。除了这种海陆之间的水分循环外,海洋有自己的洋流等水圈内部的水循环;大气圈里有随着大气环流进行的大气内部水循环;大气圈与陆地之间,大气圈与洋面之间,有着水汽形成降水,降落的水分又被蒸发的直接循环;岩石圈上存在着地表水与地下水之间的转换与循环;生物体内也有着生物水的循环等。根据水文循环过程的整体性和局部性,可把水文循环分为大循环和小循环。大循环是指海洋蒸发的水汽降到大陆后又流归海洋,它是发生在海洋与陆地之间的水文循环,是形成陆地降水、径流的主要形式;小循环是指海洋蒸发的水汽凝结后成为降水又直接降落在海洋上,或者陆地上的降水在流归海洋之前,又蒸发到空中去的局部循环。

(三)与水资源的关系

水文循环供给陆地源源不断的降水、径流,某一区域多年平均的年降水量或年径流量,即该地区的水资源量,因此水文循环的变化将引起水资源的变化。水文循环是联系地球系统地圈—生物圈—大气圈的纽带,是认识地球系统自然科学规律的重要方面。水资源问题直接关系到国计民生和社会经济可持续发展的基本需求,水资源时间与空间的变化又直接取决于水文循环规律的认识。因此,陆地水文水资源学科在地球地理学科占据十分重要的地位。

二、地球上的水量平衡

水量平衡是水文学的基础,一般可用下式来反映:

径流量=降水量-蒸发量±蓄水量的变化

流域的总水量平衡可以用流域内各种水源(如地表水、地下水、土壤水、河槽蓄水等)水量平衡之和来计算。不同水源的划分,根据其对流域的出口断面,径流量的影响大小,随流域而异。然而，对每一种水源都可用一个非线性水库来概化。该水库接纳各种水量输入并产生其输出，这些输入可能为正也可能为负，比如，降水对任何水源都是正的收入，蒸发则为支出。

水文循环过程中，对任一地区、任一时段进入的水量与输出的水量之差，必等于其蓄水量的变化量，这就是水量平衡原理，是水文计算中始终要遵循的一项基本原理。依此，可得任一地区、任一时段的水量平衡方程。

(一)对于某一时段 Δt

就全球的整个大陆，其方程为

$$P_c - R - E_c = \Delta S_c \tag{2-1}$$

就全球的海洋，其方程为

$$P_0 + R - E_0 = \Delta S_0 \tag{2-2}$$

式中，P_c 、P_0——大陆和海洋在时段间的降水量；E_c 、E_0——大陆和海洋在时段间的蒸发量；R ——流入海洋的径流量；ΔS_c 、ΔS_0——大陆和海洋在时段 Δt 间的蓄水变量，等于时段末的蓄水量减时段初的蓄水量。

对于全球，显然为式 2-1 和式 2-2。

$$P_c - P_0 - (E_c + E_0) = \Delta S_c + \Delta S_0 \tag{2-3}$$

(二)对于多年平均

由于每年的 ΔS_c 、ΔS_0 有正、有负，多年平均趋于零，故有

大陆：$P_c - R = E_c$ (2-4a)

海洋：$P_0 + R = E_0$ (2-4b)

全球：$P_c + P_0 = E_c + E_0$ (2-5)

即全球多年平均的蒸发量等于多年的降水量，为 577 000 km^3/年。

降水、蒸发和径流是水循环过程中的三个最重要环节，并决定着全球的水量平衡。假如将水从液态变为气态的蒸发作用作为水的支出(E)，将水从气态转变为液态(或固态)的大气降水作为收入(P)，径流是调节收支的重要参数。根据水量平衡方程全球一年中的蒸发量应等于降水量，即 $E_{全球} = P_{全球}$。对任一流域、水体或任意空间，在一定时段内，收入水量等于支出水量与时段始末蓄水变量的代数和。例如，多年平均的大洋水量平衡方程为降水量+径流量=蒸发量；陆地水量平衡方程为降水量=径流量+蒸发量。但是，无论是在海洋上或陆地上，降水量和蒸发量因纬度不同而有较大差异。赤道地区，特别是北纬 0 ~ 10°之间水分过剩；在南北纬 10 ~ 40°一带，蒸发超过降水；在 40 ~ 90°之间，南、北半球的降水均超过蒸

发,又出现水分过剩;在两极地区降水和蒸发都较少,趋于平衡。降水和蒸发的相对和绝对数量以及周期性对生态系统的结构和功能有着极大影响,世界降水的一般格局与主要生态系统类型的分布密切相关。而降水分布的特定格局又主要由大气环流和地貌特点所决定的。

地球表面及其大气圈的水只有大约5%是处于自由的可循环状态,其中99%都是海水。令人惊异的是,地球上95%的水不是海水,也不是淡水,而是被结合在岩石圈和沉积岩里的水,这部分水不参与水循环。地球上的淡水大约只占地球总水量(不包括岩石圈和沉积岩里的结合水)的3%,其中3/4被冻结在两极的冰盖和冰川里。如果地球上的冰雪全部融化,其水量可满盖地球表面50m厚。虽然地球上全年降水量多达5.2×10^{17}kg(或5.2×10^{8}km^3),但是大气圈中的含水量和地球总水量相比却是微不足道的。地球全年降水量约等于大气圈含水量的35倍,这说明,大气圈含水量足够11天降水用,平均每隔11天,大气圈中的水就得周转一次。

第二节 河流与流域

一、河流

(一)河流及其分段

在陆地表面上接纳、汇集和输送水流的通道称为河槽,河槽与在其中流动的水流统称为河流。河流是地球上水分循环的重要路径,是与人类关系最密切的一种天然水体。它是自然界中脉络相通的排泄降水径流的天然输水通道,其中分为各级支流及干流。河流的干流及其全部支流,构成脉络相通的河流系统,称为河系或水系。具有同一归属的水体所构成的水网系统称水系。组成水系的水体有河流、湖泊、水库和沼泽等。河流的干流及其各级支流构成的网络系统又称河系。一般水系和河系经常通用。

一个流域的水系,由干流和各级支流组成。直接汇集水流注入海洋或内陆湖泊的河流称为干流,直接流入干流的支流称一级支流,流入一级支流的支流称二级支流,依次类推。也有把接近源头的最小的支流叫一级支流,一级支流注入的河流叫二级支流,随着汇流的增加,支流的级别增多。不同水系的支流级别多少是不同的,这和水系的发展阶段有关。

每条河流一般可分为河源、上游、中游、下游、河口五个分段,各个分段都有其不同的特点。

1. 河源

河流开始的地方,可以是溪涧、泉水、冰川、沼泽或湖泊等。

2. 上游

直接连着河源,在河流的上段,它的特点是落差大,水流急,下切力强,河谷狭,流量小,河床中经常出现急滩和瀑布。

3. 中游

中游一般特点是河道比降变缓,河床比较稳定,下切力量减弱而旁蚀力量增强,因此河槽逐渐拓宽和曲折,两岸有滩地出现。

4. 下游

下游的特点是河床宽,纵比降小,流速慢,河道中淤积作用较显著,浅滩到处可见,河曲发育。

5. 河口

河口是河流的终点,也是河流流入海洋、湖泊或其他河流的入口,泥沙淤积比较严重。

(二)河流基本特征

1. 河长

自河源沿干流到流域出口的流程长度称为河长,是确定河流落差、比降和能量的基本参数,以 km 计。河槽中沿流向各最大水深点的连线,叫作溪线,也称为深泓线。河流各横断面表面最大流速点的连线为中泓线。测定河长,就要在精确的地形图上画出河道深泓线,用两脚规逐段量测。

2. 弯曲系数

弯曲系数是河流平面形状的弯曲程度,是河源至河口的河长 L 与两地间的直线长度 l 之比,用字母 φ 表示。

$$\varphi = \frac{L}{l} \tag{2-6}$$

据此也可求出任意河段的弯曲系数。显然 $\varphi \geqslant 1$, φ 值越大,河流越弯曲;当 $\varphi = 1$ 时,河流顺直。一般平原地区的 φ 值比山区的大,下游的 φ 值比上游的大。

3. 平面形态

在平原河道,由于河中水流发生环流的作用,泥沙的冲刷与淤积,使平原河道具有蜿蜒曲折的形态。由于在河流横断面上存在水面横比降,使水流在向下游流动过程中,产生一种横向环流,这种横向环流与纵向水流相结合,形成河流中常见的螺旋流。在河道弯曲的地方,这种螺旋流冲刷凹岸,使其形成深槽或使凸岸淤积,形成浅滩,直接影响着水源取水口位置的选择。两反向河湾之间的河段水深相对较浅，称之为浅槽，深槽与浅槽相互交替出现，表现出河床深度的分布与河流平面形态的密切关系。

在山区，河流一般为岩石河床，平面形态异常复杂，并无上述规律，其河岸曲折不齐，深度变化剧烈，等深线也不匀调缓和。

4. 河流断面

(1)河流的横断面

河槽中某处垂直于流向的断面称为在该处河流的横断面。它的下界为河底，上界为水面线，两侧为河槽边坡，有时还包括两岸的堤防。不同水位有不同的水面线。某一时刻的水面线与河底线包围的面积称过水断面。河槽横断面是决定河道输水能力、流速分布等的重要特征，也是计算流量的重要参数。过水断面面积(F)随水位(H)的变化而变。过水断面上，河槽被水流浸湿部分的周长称为湿周(P)，过水断面面积与湿周之比值称为水力半径(F_R)，即 $F_R = F / P$ 。河槽上的泥沙、岩石、植物等对水流阻碍作用的程度称为河槽的糙度，其大小对河流流速有很大影响。河槽的糙度多用粗糙系数 n 表示。过水断面面积(F)与水面宽度(B)的比值称平均水深 h ，即 $h = F / B$ 。

(2)河流的纵断面

河流的纵断面是指河底或水面高程沿河长的变化。河底高程沿河长的变化称河槽纵断面；水面高程沿河长的变化称水面纵断面。沿河流中线(也有取沿程各横断面上的河床最低点)的剖面，测出中线以上(或河床最低点)地形变化转折的高程，以河长为横坐标，高程为纵坐标，即可绘出河流的纵断面图。纵断面图可以表示河流的纵坡及落差的沿程分布。

5. 河道坡度(河道纵比降)

河槽或水面的纵向坡度变化可用比降表示，河槽纵比降是指河段上下游河槽上两点的高差(又称落差)与河段长度的比值。水面纵比降是指河段上下游两点同时间的水位差与河段长度的比值。河槽(或水面)纵比降可用下式计算：

$$i = (H_{上} - H_{下})/L \tag{2-7}$$

式中 i ——河槽(或水面)纵比降； $H_{上}$ 、 $H_{下}$ ——河段上、下游两点的高程(或同时间的水位)； L ——河段长度。

6. 河流侵蚀基准面

河流在冲刷下切过程中其侵蚀深度并非无限度，往往受某一基面所控制，河流下切到这一基面后侵蚀下切即停止，此平面成为河流侵蚀基准面。它可以是能控制河流出水口水面高程的各种水面，如海面、湖面、河面等，也可以是能限制河流向纵深方向发展的抗冲岩层的相应水面。这些水面与河流水面的交点成为河流的侵蚀基点。河流的冲刷下切幅度受制于侵蚀基点。所谓的侵蚀基点并不是说在此点之上的床面不可能侵蚀到低于此点，而只是说在此点之上的水面线和床面线都要受到此点高程的制约,在特定的来水来沙条件下,侵蚀基点的情况不同,河流总剖面的形态、高程及其变化过程,也可能有明显的差异。

(三)河流的水情要素

1. 水位

水位是指河流某处的水面高程。它以一定的零点作为起算的标准,该标准称为基面,我国目前统一采用青岛基面。在生产和研究中,常用的特征水位有平均水位、最高水位和最低水位。平均水位是指研究时段内水位的平均值。如月平均水位、年平均水位、多年平均水位。最高水位和最低水位是指研究时段内水位的最大值和最小值。如月最高和最低水位、年最高和最低水位、多年最高和最低水位等。

2. 流速

流速的脉动现象,流速是指河流中水质点在单位时间内移动的距离。即

$$V = x/T \tag{2-8}$$

式中 V——流速,m/s; x——距离,m; T——时间,s。

河水的流动属紊流运动。紊流的特性之一是水流各质点的瞬时流速的大小和方向都随时间不断变化,称为流速脉动。

河道中流速的分布,天然河道中流速的分布十分复杂,在垂线上(水深方向),从河底至水面,流速随着糙度影响的减小而增大,最小流速在河底,最大流速在水面下某一深度。河流横断面上各点流速,随着在深度和宽度上的位置以及水力条件变化而不同,一般都由河底向水面,由两岸向河心逐渐增大,最大流速出现在水流中部。

二、流域

(一)流域及其分类

流域是指河流某一断面来水的集水区域,即该断面(称流域出口断面)以上地面、地下分水线包围的区域,地面分水线包围区域为地面集水区,地下分水线包围区域为地下集水区。分隔两个相邻流域的山岭或河间高地叫分水岭。分水岭上最高点的连线叫分水线,是流域的边界线。分水线所包围的面积称为流域面积或集水面积。

流域分为闭合流域和非闭合流域两类。

闭合流域是指河床切割较深,在垂直方向地面、地下分水线重合,地面集水区上降水形成的地面、地下径流正好由流域出口断面流出,一般的大中流域均属此类。

非闭合流域是指地面、地下分水线不重合的流域,非闭合流域与相邻流域发生水量交

换,如岩溶地区的河流和一些很小的流域。

实际上,很少有严格意义上的闭合流域,对一般流域面积较大、河床下切较深的流域,因地面和地下集水区不一致而产生的两相邻流域的水量交换量比流域总水量小得多,常可忽略不计。因此,可用地面集水区代表流域。但是对于小流域或者流域内有岩溶的石灰岩地区,有时交换水量站流域总水量的比重相当大,把地面集水区看作流域,会造成很大的误差。这就必须通过地质、水文地质调查及枯水报告、泉水调查等来确定地面及地下集水区范围,估算相邻流域水量交换的大小。

(二)流域基本特征

流域面积 F:在地形图上绘出流域的分水线,用求积仪量出分水线包围的面积,即流域面积,以 km^2 计。

流域长度 LF:从流域出口到流域最远点的流域轴线长度,以 km 计。

平均宽度 B:流域面积与流域长度之比,以 km 计。

$$B = F/LF \tag{2-9}$$

流域形状系数 K:流域平均宽度除以流域长度,为无量纲数。

$$K = B/LF \tag{2-10}$$

流域的平均高度和平均坡度:将流域地形图划分为100个以上的正方格,依次定出每个方格交叉点上的高程以及等高线正交方向的坡度,取其平均值即为流域的平均高度和平均坡度。

河网密度:河系中河道的密集程度可用河网密度(用 D 表示,单位为 km/km^2)表示。河网密度等于河系干、支流的长度之和与流域面积之比。反映流域的自然地理条件,河网密度越大,排水能力越强。我国东南部的水乡,河网密度远高于北方地区。

流域的地理特征:流域的地理位置、气候、地形、地质、地貌等,都是与流域水文特性密切相关的地理特征。

1. 地理位置

该流域的经纬度范围,以及与其他流域的相对位置关系等。

2. 气候条件

该流域的气候条件,包括降水、风、气温、湿度、日照、气压等。

3. 下垫面特征

包括地形地貌以及地质构造等,下垫面对径流产生重要影响。

(三)我国的主要河流

我国是一个河流众多、径流资源十分丰富的国家。据统计,我国大小河流总长度约42

万 km,其中流域面积在 100km^2 以上的河流达 50 000 多条,1000km^2 以上的河流有 1580 多条,超过 10 000km^2 的河流有 79 条。以径流资源来说,全国径流总量约 26 000 亿 m^3,占世界河川径流总量的 6.8%,为亚洲全部径流量的 20.1%,仅次于巴西和俄罗斯,居世界第三位。如此众多的河流,丰富的径流资源,为灌溉、航运、发电、城市供水等提供了有利条件。

我国虽然河流众多,径流量十分丰富,但空间分布却呈现出东多西少、南丰北欠的不平衡性。我国东部湿润地区的河流,其径流量占全国总径流量的 95.55%。在秦岭—桐柏山—大别山以南,武陵山—雪峰山以东地区,河网密度一般都在 0.5km/km^2 以下,但在滇西南局部地区达到 1.0km/km^2,这在少数民族地区是河网密度较大的。在秦岭—桐柏山—大别山以北,大部分地区的河网密度在 0.3km/km^2;地势低平的松嫩平原、西辽河平原一般都在 0.1km/km^2 以下,甚至个别地段出现无流区。我国西部广阔的干燥和半干燥地区的河流,径流量仅占全国总径流量的 4.55%,河网密度几乎都在 0.1km/km^2 以下。在塔里木盆地、准噶尔盆地、柴达木盆地和内蒙古西部的阿拉善高原存在着大面积的无流区。阿尔泰山、天山、帕米尔高原一带降水比较丰富,河网密度甚至超过 0.5km/km^2。

我国的河流按其径流的循环形式,可分为注入海洋的外流河和不与海洋沟通的内流河两大区域。注入海洋的外流河,流域面积约占全国陆地总面积的 64%。长江、黄河、黑龙江、珠江、辽河、海河、淮河等向东流入太平洋;西藏的雅鲁藏布江向东流出国境再向南注入印度洋,河流的上游是长 504.6km、最深达 6009m 的世界第一大峡谷——雅鲁藏布江大峡谷。流入内陆湖或消失于沙漠、盐滩之中的内流河,流域面积约占全国陆地总面积的 36%。新疆南部的塔里木河是中国最长的内流河,全长 2179km。

1. 主要外流河

我国主要外流河的上游几乎都在民族地区,流向除东北和西南地区的部分河流外,受我国地形西高东低的总趋势控制,干流大都自西向东流。外流河的干流,大部分发源于三大阶梯隆起带上:第一带是青藏高原的东部、南部边缘。这里发育的都是源远流长的巨川,如长江、黄河、澜沧江、怒江、雅鲁藏布江等。这些河流不仅是我国著名的长川大河,而且也是世界上的大河,许多国际性河流,如流经缅甸入海的萨尔温江(上源怒江);流经老挝、缅甸、泰国、柬埔寨、越南而入海的湄公河(上源澜沧江);流经印度的布拉马普特拉河(上源雅鲁藏布江)和印度河(上源狮泉河)也都发源于此。第二带是发源于第二阶梯边缘的隆起带,即大兴安岭、冀晋山地和云贵高原一带,如黑龙江、辽河、海河、西江等,也都是重要的大河。第三带是长白山地,主要有图们江和鸭绿江,它们邻近海洋,流程短,落差大,水力资源丰富。

长江是中国第一大河,全长 6300km,流域面积 180 万 km^2,平均每年入海总径流量 9793.5 亿 m^3,仅次于非洲的尼罗河和南美洲的亚马孙河,为世界第三大河。其上游穿行于高山深谷之间,蕴藏着丰富的水力资源。长江从河源到河口,可分为上游、中游和下游,宜昌以上为上游，宜昌至湖口为中游，湖口以下为下游。上游河段又可分为沱沱河、通天河、金沙江和川江四部分，其中沱沱河、通天河和金沙江位于民族地区，流域面积50多万km^2。长江也是中国东西水上运输的大动脉，天然河道优越，有"黄金水道"之称。长江中下游地区气候温暖湿润、雨量充沛、土地肥沃，是中国重要的农业区。黄河为中国第二长河，发源于青海省巴颜喀拉山北麓各恣各雅山下的卡日曲，流经青海、四川、甘肃、宁夏、内蒙古、陕西、山西、河南、山东9个省区，在山东垦利县流入渤海，全长5464km，流域面积75万km^2。黄河流域牧场丰美、农业发达、矿藏富饶，是中国古代文明的发祥地之一。黄河含沙量居世界大河之冠，黄河泥沙主要来自黄土高原，这个地区年输沙量占整个干流的90%。在黄河上游，龙羊峡以上水流很清，到了贵德以下流域内渐渐有黄土分布，黄河出青铜峡到河口镇段，水流平稳，泥沙有所沉积，宁夏平原和河套平原就是黄河泥沙冲积而成的。黑龙江是中国北部的大河，是一条国际河流，全长4350km，流域面积162万km^2，其中有3101km流经中国境内，由于水中溶解了大量的腐殖质，水色黝黑，犹如蛟龙奔腾，故此得名。黑龙江，满语称萨哈连乌拉，即黑水之意。珠江全长2217km，流域面积约44万km^2。珠江包括西江、北江和东江三大支流，其中西江最长，通常被称为珠江的主干。珠江流域雨量充沛，是河川径流量特别丰富的典型雨型河。

2. 主要内流河

内流河往往源出冰峰雪岭的山区，以冰雪融水为主要的补给来源。河流上游位于山区，支流多，流域面积广，水量充足，流量随干旱程度的变化而变化。河流下游流入荒漠地区，支流很少或没有，由于雨水补给小，加之沿途蒸发渗漏，流量渐减，有的河流多流入内陆湖泊，有的甚至消失在荒漠之中。塔里木河、伊犁河、格尔木河是内流区域的主要河流，对民族地区经济发展有着十分重要的作用。

(1)塔里木河

塔里木河是我国最长的内流河，上源接纳昆仑山、帕米尔高原、天山的冰雪融水，流量较大支流很多。"塔里木"，维吾尔语就是河流汇集的意思。塔里木河的主源叶尔羌河发源于喀喇昆仑山主峰乔戈里峰附近的冰川地区，若从叶尔羌河上源起算，至大西海子，全长约2000km，流域面积为19.8万km^2。塔里木河上游支流很多，几乎包括塔里木盆地中的大部分河流，主要有阿克苏河、和田河、叶尔羌河，长度分别是110km、1090km、1037km。塔里木河干流水量全部依赖支流供给，近年由于上中游灌溉用水增多，加之渗漏和蒸发，使下游水量锐减，逐渐消失在沙漠中。

(2)伊犁河

伊犁河上游有特克斯河、巩乃斯河和喀什河三大支流，主源特克斯河源于汗腾格里峰北侧，东流与巩乃斯河汇合后称为伊犁河；西流至雅马渡有喀什河注入，以下进入宽大的河谷平原，在接纳霍尔果斯河后进入俄罗斯，流入巴尔喀什湖。伊犁河在我国境内长441km，流域面积约5.7万km^2，是我国西北地区水量最丰富的河流，年径流量达123亿m^3，占新疆径流总量的1/5，其中特克斯河占63%。伊犁河最大流量多出现在7月、8月，最小流量出现在冬季，这和冰雪融水和雨水补给有密切关系。伊宁市附近河宽1km以上，每年5—10月可通行180~250吨级船只。

除天然河流外，中国还有一条著名的人工河，那就是贯穿南北的大运河。它始凿于公元前5世纪，北起北京，南抵浙江杭州，沟通海河、黄河、淮河、长江、钱塘江五大水系，全长1801km，是世界上开凿最早、最长的人工河。

第三节　降水与蒸发

一、降水的形成

降水是云中的水分以液态或固态的形式降落到地面的现象，它包括雨、雪、雨夹雪、米雪、霜、冰雹、冰粒和冰针等降水形式。形成降水的条件有三个：一是要有充足的水汽；二是要使气块能够抬升并冷却凝结；三是要有较多的凝结核。当大量的暖湿空气源源不断地输入雨区，如果这里存在使地面空气强烈上升的机制，如暴雨天气系统，使暖湿空气迅速抬升，上升的空气因膨胀做功消耗内能而冷却，当温度低于露点后，水汽凝结为愈来愈大的云滴，云滴凝结，合并碰撞增大，相互吸引，上升气流不能浮托时，便造成降水。即：地面暖湿空气—抬升冷却—凝结为大量的云滴—降落成雨。

降雨的强度可划分为小雨、中雨、大雨、暴雨、大暴雨和特大暴雨等。同样，降雪的强度也可按每12小时或24小时的降水量划分为小雪（包括阵雪）、中雪、大雪和暴雪几个等级。

二、降水的种类

降水根据其不同的物理特征可分为液态降水和固态降水。液态降水有毛毛雨、雨、雷阵雨、冻雨、阵雨等；固态降水有雪、雹、霰等；还有液态固态混合型降水，如雨夹雪等。

（一）雨

降落到地面的液态水称为雨，按其性质可分为：

一是连续性降水，持续时间较长、强度变化较小的降水。通常降自雨层云或低而厚的高层云。

二是阵性降水，时间短，强度大，降雨时大时小，或雨水下降和停止都很突然，一日内降水时间不超过3小时。

三是毛毛雨，指水滴随空气微弱运动飘浮下降，肉眼几乎不能分辨其下降情况，形如牛毛。

根据其强度可分为：小雨、中雨、大雨、暴雨、大暴雨、特大暴雨，小雪、中雪、大雪和暴雪等。具体通过降水量来区分：

一是小雨，雨点清晰可见，没飘浮现象，下地不四溅，洼地积水很慢，屋上雨声微弱，屋檐只有滴水，12h内降水量小于5mm或24h内降水量小于10mm的降雨过程。

二是中雨，雨落如线，雨滴不易分辨，落硬地四溅，洼地积水较快，屋顶有沙沙雨声，12h内降水量5～15mm或24h内降水量10～25mm的降雨过程。

三是大雨，雨降如倾盆，模糊成片，洼地积水极快，屋顶有哗哗雨声，12h内降水量15～30mm或24h内降水量25～50mm的降雨过程。

四是暴雨，凡24h内降水量超过50mm的降雨过程统称为暴雨。根据暴雨的强度可分为：暴雨、大暴雨、特大暴雨三种。暴雨是12h内降水量30～70mm或24h内降水量50～100mm的降雨过程；大暴雨是12h内降水量70～140mm或24h内降水量100～250mm的降雨过程；特大暴雨是12h内降水量大于140mm或24h内降水量大于250mm的降雨过程。

大气中气流上升的方式不同，导致降水的成因亦不同。按照气流上升的特点，降水可分为三个基本类型。

1. 对流雨

由于近地面气层强烈受热，造成不稳定的对流运动，使气块强烈上升，气温急剧下降，水汽迅速达到过饱和而产生降水，称为对流雨。对流雨常以暴雨形式出现，并伴随雷电现象，故又称热雷雨。从全球范围来说，赤道地区全年以对流雨为主，我国通常只见于夏季。

2. 地形雨

暖湿气流运动中受到较高的山地阻碍被迫抬升而绝热冷却，当达到凝结高度时，便产生凝结降水，也就是地形雨。地形雨多发生在山地的迎风坡。在背风的一侧，因越过山顶的气流中水汽含量已大为减少，加之气流越山下沉而绝热增温，以致气温增高，所以背风一侧降水很少，形成雨影区。

3. 锋面雨

当两种物理性质不同的气团相接触时，暖湿气流交界面上升而绝热冷却，达到凝结高度时便产生降水，称为锋面雨。锋面雨一般具有雨区广、持续时间长的特点。在温带地区，包括我国绝大部分地区，锋面雨占有重要地位。

（二）雪

小雪是12h内降雪量小于1.0mm（折合为融化后的雨水量，下同）或24h内降雪量小于2.5mm的降雪过程。

中雪是12h内降雪量1.0～3.0mm或24h内降雪量2.5～5.0mm或积雪深度达3cm的降雪过程。

大雪是12h内降雪量3.0～6.0mm或24h内降雪量5.0～10.0mm或积雪深度达5cm的降雪过程。

暴雪是12h内降雪量大于6.0mm或24h内降雪量大于10.0mm或积雪深度达8cm的降雪过程。

（三）霰

白色不透明的小冰球，其径小于1mm称霰，大于1mm称“雪子”或“米雪”。

三、降水的特性

（一）降水量

指单位时间降落到单位面积上未蒸发渗透的水层厚度，以mm表示，称降水量。广义降水包括水平方向上的露、霜、雾。

（二）降水强度

单位时间内的降水量以mm/d表示。小雨0.0～10.0mm/d，中雨10.1～25.0mm/d，大雨25.1～50.0mm/d，暴雨50.1～100.0mm/d，大暴雨100.1～200.0mm/d。

（三）降水变率

表示降水量年际之间变化程度的统计量称变率。

1.绝对变率

绝对变率=某地某年或某月实际降水量-历年平均降水量。有正负值，用绝对值相加，求平均，得出平均绝对变率。

2.相对变率

相对变率=绝对变率/历年平均降水量×100%。相对变率>25%，干旱或洪涝采取预防措施；相对变率>50%，特大干旱或洪涝，什么措施都不用采取，徒劳无功。

（四）降水保证率

某一界限的降水量在某一段时间内出现的次数与该时段内降水总次数的百分比，叫作降水频率，降水量高于（或低于）某一界限值的累计频率，叫作降水保证率，保证率是表示某一界限降水量出现可靠程度的高低。为防旱防涝提供了依据，要求资料在25年以上。

四、降水量的分布

降水量的空间分布受多种因素的制约，如地理纬度、海陆位置、大气环流、天气系统和地形等。根据降水量的纬度分布，可将全球划分为四个降水带。

（一）赤道多雨带

赤道及其两侧地带是全球降水最多的地带，年降水量一般为2000～3000mm。在一年内，春分和秋分附近降水量最多，夏至和冬至附近降水量较少。

（二）副热带少雨带

地处南北纬15～30°之间。这个地带因受副热带高压带控制，以下沉气流占优势，是全球降水量稀少带。大陆两岸和大陆内部降水最少，年雨量一般不足500mm，不少地方仅为100～300mm，是全球荒漠相对集中分布的地带。不过，该降水带并非到处都少雨，因受地理位置、季风环流和地形等因素影响，某些地区降水很丰富。例如，喜马拉雅山南坡印度的乞拉朋齐年均降水量高达12 665mm。我国大部分属于该纬度带，因受季风和台风的影响，东南沿海一带年降水量在1500mm左右。

（三）中纬多雨带

本带锋面、气旋活动频繁，所以年降水量多于副热带，一般在500～1000mm。大陆东岸还受到季风影响，夏季风来自海洋，使局部地区降水特别丰富。例如，智利西海岸年降水量达3000～5000mm。

（四）高纬少雨带

本带因纬度高、气温低，使蒸发极小，故降水量偏少，全年降水量一般不超过300mm。

五、我国降水的时空分布

（一）年降水量地理分布

根据多年平均雨量、雨日等，全国大体上可分为五个带。

1. 十分湿润带

雨量>1600mm、雨日>160d，分布在广东、海南、福建、台湾、浙江大部、广西东部、云南西南部、西藏东南部、江西和湖南山区、四川西部山区等地。

2. 湿润带

雨量=800~1600mm、雨日=120~160d，分布在秦岭—淮河以南的长江中下游地区，云、贵、川和广西的大部分地区。

3. 半湿润带

雨量=400~800mm、雨日=80~100d，分布在华北平原、东北、山西、陕西大部、甘肃、青海东南部、新疆北部、四川西北部和西藏东部等地。

4. 半干旱带

雨量=200~400mm、雨日=60~80d，分布在东北西部、内蒙古、宁夏、甘肃大部、新疆西部等地。

5. 干旱带

雨量<200mm，雨日≤60d，分布在内蒙古、宁夏、甘肃沙漠区、青海柴达木盆地、新疆塔里木盆地和准噶尔盆地、藏北羌塘地区等。

（二）降水量的年内、年际变化

我国降水量的年内分配很不均匀，主要集中在春夏季，例如长江以南地区，3—6月或4—7月雨量占全年的50%~60%；华北、东北地区，6—9月雨量占全年的70%~80%。降水量的年际变化很大，并有连续枯水年组和丰水年组的交替。年降水量越小的地方往往年际间变化越大。

（三）我国大暴雨时空分布

4—6月，大暴雨主要出现在长江以南地区，其量级明显自南向北递减，山区往往高于丘陵区与平原区。7—8月，大暴雨分布很广，全国许多地方都出现过历史上罕见的特大暴雨。9—11月，东南沿海、海南、台湾一带，受台风和南下冷空气影响而出现大暴雨。

第四节 河川径流形成过程及影响径流的因素

一、径流的形成

由流域上降水所形成的、沿着流域地面和地下向河川、湖泊、水库、洼地流动的水流称为径流,其中被流域出口断面截获的部分称为河川径流。从降水到达地面至水流汇集,流经流域出口断面的整个过程,称为径流形成过程。径流形成过程可概括为如下的形式:降水过程—扣除损失—净雨过程—流域汇流—流量过程。

径流的形成是一个极为复杂的过程,为了在概念上有一定的认识,可把它概化为两个阶段,即产流阶段和汇流阶段。其中降水转化为净雨的过程称产流过程;净雨转化为河川流量的过程称汇流过程。

(一)产流阶段

这是降水开始以后发生在流域坡地上的水文过程,最初一段时间内的降水,除河槽、湖泊、水库水面等不透水面积上的那部分直接参与径流形成外,大部分流域面积上将不产生径流,而是消耗于植物截留、下渗、填洼和蒸散发。当降水满足了植物截留、洼地蓄水和表层土壤储存后,后续降水强度又超过下渗强度,其超过下渗强度的雨量,降到地面以后,开始沿地表坡面流动称为坡面漫流,是产流的开始。如果雨量继续增大,漫流的范围也就增大,形成全面漫流,这种超渗雨沿坡面流动注入河槽,称为坡面径流。地面漫流的过程,即为产流阶段。

在流域产流过程中,不能产生河川径流的那部分降水量称为损失量,它包括蒸散发量、植物截留量、填洼及土层中的持水量。降雨过程减去损失过程,即得净雨过程。净雨又可分为地面净雨、表层流净雨和地下净雨,前两项分别形成从地面汇入河流的地面径流和从地表相对不透水层汇入河流的表层流,为简化计算,还常常将前两项合在一起,仍称地面净雨;后者从地下潜水层汇入江河,形成地下径流。

(二)汇流阶段

降水产生的径流,汇集到附近河网后,又从上游流向下游,最后全部流经流域出口断面,叫作河网汇流,这种河网汇流过程,即为汇流阶段。

净雨沿坡地汇入河网,称坡地汇流,然后沿河网汇集到流域出口,称河网汇流。

1. 坡地汇流

地面净雨从坡地表面汇入河网,速度快、历时短,是形成洪水的主体,一般由坡面漫流、壤中径流汇流和地下径流汇流组成。坡面漫流开始于地面产生积水时,并随地面径流的增加而发展,属于明渠水流。壤中径流和地下径流的汇流分别开始于相对不透水层和地下水面以上土层含水量达到田间持水量之时,它们是不同土深处的渗流现象,地下净雨沿地下潜水层流入河网,流速很小,形成比较稳定的地下径流,是无雨期的基本径流,称基流。

2. 河网汇流

降雨形成的径流,经过坡地汇流即注入河网,开始河网汇流过程。进入河网的坡地径流,首先汇入附近的小河或溪沟,再汇入较大的支流,最后汇集至流域出口断面,形成了流域出口断面的流量过程线。

二、影响径流的因素

进行年径流分析计算的时候,要分析和掌握影响年径流的因素,以及各因素对年径流的影响状况。

径流是自然界水循环的组成环节,影响年径流的因素实际上就是影响流域产流和汇流的因素,主要包括:一是气象因素,包括降水特性、太阳辐射、气温、风速等;二是自然地理因素,包括流域面积、地质、地貌特征、植被及土壤条件、河槽特性等;三是人类活动影响,包括土地利用、农业措施和兴修水利工程等。

就气象因素来说,影响径流的气候因素主要是降水和蒸发。在湿润地区,降水量大,蒸发量相对较小,降水对年径流起决定性作用。在干旱地区,降水量小,蒸发量大,降水中的大部分消耗于蒸发,所以降水和蒸发均对年径流有相当大的影响。

流域的下垫面也是影响年径流的一个重要因素之一。流域的下垫面因素包括地形、地质、土壤、植被,流域中的湖泊、沼泽、湿地等。下垫面因素可能直接对径流产生影响,也可能通过影响气候因素间接地影响流域的径流。

在下垫面因素中,流域地形主要通过影响气候因素对年径流发生影响。比如,山地对于水汽运动有阻滞和抬升作用,使山脉的迎风坡降水量和径流量大于背风坡。

植物覆被(如树木、森林、草地、农作物等)能阻滞地表水流,同时植物根系使地表土壤更容易透水,加大了水的下渗。植物还能截留降水,加大陆面蒸发。植被增加会使年际和年内径流差别减少,使径流变化趋于平缓,使枯水径流量增加。

流域的土壤岩石状况和地质构造对径流下渗具有直接影响。如流域土壤岩石透水性强,降水下渗容易,会使地下水补给量加大,地面径流减少。同时因为土壤和透水层起到地下水库的作用,会使径流变化趋于平缓。当地质构造裂隙发育,甚至有溶洞的时候,除了会使下渗量增大,还可能形成不闭合流域,并影响流域的年径流量和年内分配。

流域大小和形状也会影响年径流。流域面积大,地面和地下径流的调蓄作用强,而且由于大河的河槽下切深,地下水补给量大,加上流域内部各部分径流状况不容易同步,使得大流域径流年际和年内差别比较小,径流变化比较平缓。流域的形状会影响汇流状况,比如流域形状狭长时,汇流时间长,相应径流过程线较为平缓,而支流呈扇形分布的河流,汇流时间短,相应径流过程线则比较陡峻。

流域内的湖泊和沼泽相当于天然水库,具有调节径流的作用,会使径流过程的变化趋于平缓。在干旱地区,会使蒸发量增大,径流量减少。

第三章
地下水的系统与结构

第一节　地下水系统的组成与结构

埋藏在地表以下岩石孔隙、裂隙及溶隙中的水称为地下水，其主要来源有天然补给和人工补给，天然补给包括大气降水向地下渗透、河水及湖水的渗透流入及地下水的径流补给；人工补给是指农田灌溉、水库、运河的向下渗透及通过注水井渗入地下水体。天然的地下水排泄包括流向河渠、地下水径流流出、泉水排出、蒸发和蒸腾等；人工排泄通常表现为抽取井水。地下水系统同时也是自然界水循环大系统的重要亚系统。

地下水作为地球上重要的水体，与人类社会有着密切的关系，地下水以其稳定的供水条件、良好的水质，而成为农业灌溉、工矿企业以及城市生活用水的重要水源，成为人类社会必不可少的重要水资源。我国有着一定数量的地下水，其开采利用量占全国总用水量的10%~15%，北方地区由于比较干旱，地表水较少，地下水常常是重要的供水水源，而在地表水比较丰富的南方地区，由于地表水体污染严重，而地下水有水质好、水温低、不易污染和比较经济的特点，一般优先利用地下水作为给水水源，尤其是饮用水水源。

地下水形成及储存的最重要和基本条件是岩层必须具有相互联系在一起的空隙，地下水可以在这些空隙中自由运动。这样的岩层在储备有地下水时就称为含水层，每个含水层的特性取决于组成含水层的物质成分、空隙特征、距地表的相对位置、与补给源的相互关系及其他因素等。而地下水的分布、运动和水的性质同样要受到岩土的特性以及储存它的空间特性的影响。

一、岩石的空隙特证和地下水的储存

自然界的岩石，无论是松散堆积物还是坚硬的岩石，都是多孔介质，在它们的固体骨架

间都存在着数量及大小不等、形状不一的空隙,没有空隙的岩石极为少见,但随着岩石性质和受力作用的不同,空隙的形状、多少、大小、连通程度以及分布状况等特征都有很大的差别,其中有的空隙中含水,有的不含水,有的虽然含水但难以透水。通常把既能透水又饱含水的多孔介质称为含水介质,这是地下水存在的首要条件。

对于那些虽然含水但几乎不透水或透水能力很弱的岩体,称为隔水层,如质地致密的火成岩、变质岩以及孔隙细小的页岩和黏土层均可成为良好的隔水层。实际上,含水层与隔水层之间没有截然的界限,它们的划分是相对的,并在一定的条件下可以转化,如饱含结合水的黏土层,在寻常条件下不能透水与给水,成为良好的隔水层,但在较大的水头作用下,由于部分结合水发生运动,黏土层就可以由隔水层转化为含水层。

二、地下水的储存空间

(一)孔隙率

又称孔隙度,它是反映松散岩石孔隙多少的重要指标,即

$$\text{孔隙率} = \frac{\text{孔隙的体积}}{\text{松散岩石的总体积}} \tag{3-1}$$

孔隙率的大小取决于岩石的密实程度、颗粒的均匀性、颗粒的形状以及颗粒的胶结程度。岩石越松散孔隙率越大,然而松散与密实只是表面现象,其实质是组成岩石的颗粒的排列方式不同,例如一些大小相等的圆球,当球作为立方体形式排列时,其孔隙率为47.64%,当球作为四面体形式排列,其孔隙率显著减少,只有26.18%,自然界中均匀颗粒的普遍排列方式是介于二者之间,即孔隙率平均值应为37%,实际上自然界一般较均匀的松散岩石,其孔隙率大多在30%~35%之间,基本上接近理论平均值;颗粒的均匀性常常是影响孔隙的主要因素,颗粒大小越不均一,其孔隙率就越小,这是由于大的孔隙被小的颗粒所填充的结果。例如较均匀的砾石孔隙率可达35%~40%,而砾石和砂混合后,其孔隙率减少到25%~30%,当砂砾中还有黏土时,其孔隙率尚不足20%;一般松散岩石颗粒的浑圆度越好,孔隙率越小,而当松散岩石被泥质等其他物质胶结时,其孔隙率就大大降低。

(二)裂隙率

坚硬岩石的容水空隙主要是指岩石的裂隙和断层,其中裂隙发育广泛,一般呈裂缝状,其长度、宽度、数量、分布及连通性等各地差异很大,在数值上用裂隙率表示:

$$\text{裂隙率} = \frac{\text{裂隙的体积}}{\text{岩石的总体积}} \times 100\% \tag{3-2}$$

裂隙率的测定多在岩石出露处后坑道中进行，量得岩石露头的面积 F，逐一测量该面积上的裂隙长度 L 与平均宽度 b，则 $K_T = \frac{\sum L \cdot b}{F} \times 100\%$。

(三)岩溶率

可溶岩石中的各种裂隙，被水流溶蚀扩大成为各种形态的溶隙，甚至形成巨大溶洞，这种现象称为岩溶或喀斯特，这是石灰岩、白云岩、硬石膏、石膏、岩层等可溶岩层的普遍现象，其空隙性在数量上用岩溶率来表示：

$$岩溶率 = \frac{空隙的体积}{可溶岩石的总体积} \times 100\% \tag{3-3}$$

溶隙与裂隙相比在形状、大小等方面显得更加千变万化，细小的溶蚀裂隙常和体积达数百乃至数十万立方米的巨大地下水库或暗河纵横交错在一起，它们有的互相穿插，连通性好；有的互相隔离，各自孤立，溶隙的另一个特点是岩溶率的变化范围很大，从小于百分之一到百分之几十，而且在同一地点的不同深度上亦有极大变化，因此岩溶率在空间上极不均匀。

三、地下水的储存形式

地下水的储存形式是多种多样的，主要包括液态水(重力水)、固态水、气态水、结合水(吸着水、薄膜水)、毛细管水和矿物水等，各种形态水的物理性质差别很大，不过都可成为补给液体水的源泉。

(一)气态水

呈水蒸气状态储存和运动于未饱和的岩石空隙之中，它可以是地表大气中的水汽移入的，也可是岩石中其他水分蒸发而成的。气态水既随空气流动，也遵循从水汽压力高的地方向水汽压力低的地方流动的规律。同时，受饱和压力差的作用，气态水从温度高处向温度低处运移。在一定的压力温度条件下，气态水和液态水之间可相互转化，保持动态平衡。气态水本身不能直接开采利用，亦不能被植物吸收。

(二)吸着水

由于分子引力及静电引力的作用，使岩石的颗粒表面具有表面能，因而水分子能被牢固地吸附在颗粒表面，并在颗粒周围形成极薄的一层水膜，称为吸着水，它与颗粒表面之间的吸附力达10 000大气压，因此也称为强结合水，其特点是：不受重力支配，只有变为水汽时才能移动;冰点降低至-78℃以下;不能溶解盐类,无导电性,不能传递静水压力;具有极大的黏滞性和弹性;密度很大,平均值为2.0g/cm³。

(三)薄膜水

在紧紧包围颗粒表面的吸着水层的外面,还有很多水分子亦受到颗粒静电引力的影响,吸附着第二层水膜,这个水膜就称为薄膜水。其特点是:两个质点的薄膜水可以互相移动,由薄膜厚的地方向薄处转移,这是由于引力不等而产生的;不受重力的影响;不能传递静水压力;薄膜水的密度虽和普通水差不多,但黏滞性仍然较大;有较低的溶解盐的能力。

(四)毛细管水

储存于岩石的毛细管孔隙和细小裂隙之中,基本上不受颗粒静电引力场的作用,它同时受到表面张力和重力作用,当两种作用达到平衡时便按一定高度停留在毛细管孔隙或小裂隙中,但基本不受颗粒表面静电场引力的作用。毛细水只做垂直运动,可传递静水压力。在位于固、水、气三界面的潜水面以上的松散岩石中广泛存在着毛细管通道,地下水沿此通道上升,往往形成一层毛细带。

(五)重力水

当薄膜水的厚度不断增大时,引力不能再支持水的重量,液态水在重力作用下就会向下运动,在包气带的非毛细管孔隙中形成的能自由向下流动的水称为重力水。只用重力水才能从井中汲取或从泉水流出,因此地下水主要是指重力水,也是我们研究的主要对象,它只受重力作用的影响,可以传递静水压力,有冲刷、侵蚀作用,能溶解岩石。

(六)固态水

当岩石的温度低于水的冰点时,储存于岩石空隙中的水便冻结成冰,称为固态水,大多数情况下,固态水是一种暂时现象。我国东北地区和青藏高原寒冷地带岩层中空隙水常常形成季节性冻土和多年冻土层,以固态水的形式赋存在冻土层中。

除上述各种储存于岩石空隙中的水之外,尚有存在于组成岩石的矿物之中的水,这种水本身就是矿物的成分,如沸石水、结晶水、结构水,这些水统称为矿物水。

四、岩石的水理性质

岩石的水理性质是指水进入岩石空隙后,岩石空隙所表现出的与地下水存储、运移有关的一些物理性质。由于岩石的空隙大小、空隙分布和连同程度的均匀程度不同,岩石中水的存在形式也不同。

岩土的空隙虽然为地下水的储存和运动提供了存在的空间条件，但水是否能自由地进出这些空间，以及进入这些空间的地下水能否自由地运动和被取出，与岩土表面控制水分活动的条件、性质有很大关系，这些与水分的储存、运移有关的岩石控制水活动的性质称为岩石的水理性质，包括容水性、持水性、给水性、透水性及毛细管性等。

（一）容水性

指在常压下岩土空隙能容纳一定水量的性能，在数量上用容水度（W_n）来表示，容水度等于岩石中所能容纳的水的体积（V）与岩石总体积（V）之比：

$$W_n = \frac{V_n}{V} \tag{3-4}$$

它的大小取决于岩土空隙的多少和水在空隙中充填的程度，可见岩石中的空隙完全被水饱和时，水的体积就等于岩石空隙的体积，因此容水度在数值上就等于岩石的孔隙度、裂隙率或岩溶率。

但应考虑到，若空隙中有气体无法排除时，或者有些具膨胀性的土充水后体积要膨胀若干倍，这时的容水度可能会小于或大于空隙度。

（二）持水性

在重力作用下，饱水岩土依靠分子力和毛管力仍然保持一定水分的能力称持水性，它在数量上用持水度来表示，即为饱水岩土经重力排水后所保持水的体积和岩土总体积之比：

$$W_m = \frac{V_m}{V} \tag{3-5}$$

其值大小取决于岩体颗粒表面对水分子的吸附能力及颗粒大小的影响，岩石颗粒愈细小，分子持水度就愈大。

岩土的持水度与颗粒大小有密切关系，大空隙岩石持水度很小，而细颗粒岩土中的细颗粒具有较大的比表面积，结合水和毛细水较多，水不容易在重力作用下完全释出，具有较大的持水度。例如，有的黏土的持水度几乎与容水度相等。

（三）给水性

各种岩石饱水后在重力作用下能流出一定水量的性能称为岩石的给水性，在数量上用给水度（μ）来表示，定义为饱水岩土在重力作用下，能自由排出水的体积和岩土总体积之比，以小数或百分数表示，给水度的最大值也就等于岩石的容水度减去持水度。

$$\mu = \frac{V_g}{V} \quad (3-6)$$

松散岩石的给水度与其粒径大小有明显的关系，颗粒越粗，给水度越大，有些粗颗粒岩石的给水度甚至与容水度相接近，这就表明粗颗粒孔隙中的水，大都呈重力水的形式，可以取出来利用。

给水度是描述岩石给水能力的一个重要水文地质参数。岩石中空隙的多少、空隙的大小及地层结构对给水度影响很大。大孔隙的砂砾石层给水能力强，而细颗粒土层虽然含水量较大，但其中靠重力作用释出的水量较少，持水性强，给水能力较弱。

依据上述容水度、持水度和给水度三者基本概念，不难得到以下关系式：

$$\mu = W_n - W_m \quad (3-7)$$

（四）透水性

指在一定条件下，岩土允许水通过的性能。衡量透水性能强弱的参数是渗透系数（K），它是含水层最重要的水文地质参数之一。其大小首先决定于岩石空隙的直径大小和连通性，其次是空隙的多少及其形状等。空隙越小，空隙的容积大部分都被结合水所占据，因此透水性也就愈弱，甚至完全可以不透水；相反，当水在大的空隙中流动时，所受到的阻力将大大减少，水流很容易通过，岩石的透水性能就很好。透水层与隔水层虽然没有严格的界限，不过常常将渗透系数小于 0.001m/d 的岩土列入隔水层，大于或等于此值的岩土属透水层。

渗透系数的定义是多样的，从物理意义上来讲，是指在单位时间内一定的流量、通过横断面为 A、长度为 L 的岩石时相对应的水头损失为 h，在此条件下地下水的流动速度在数值上就等于 K，那么 K 可以表示为

$$K = \frac{Q}{A} \cdot \frac{L}{h} \quad (3-8)$$

另外，K 值也被看成地下水流动场介质的阻水能力，表示为

$$K = Cd^2 \quad (3-9)$$

式中 d——松散岩层颗粒或孔隙的直径；C——孔隙介质的几何特征（无量纲）。

在水文地质工作中，经常使用均质岩层和非均质岩层、各向同性岩层和各向异性岩层的概念。我们根据岩层的渗透系数是否随空间坐标发生变化，将其分为均质岩层和非均质岩层。均质岩层是指岩层的渗透系数不随空间坐标位置发生变化，也就是说不同点的渗透系数是相同的，否则称为非均质岩层。根据岩层任一点不同方向上的渗透系数是否相等，将其分为各向同性岩层和各向异性岩层。各向同性岩层是指任一点不同方向上的渗透系数是相

等的,也就是该点不同方向上岩层的透水能力相同,否则称为各向异性岩层。严格地讲,自然界岩层的透水性往往具有各向异性的特点,沿不同方向岩层的渗透系数有很大的差异。例如层状黏性土层,顺层方向上的渗透系数较垂直方向上的渗透系数要大一个数量级以上;基岩裂隙的渗透性各向异性更为突出,沿张开裂隙走向的渗透系数远大于垂直于该走向的渗透系数。

(五)贮水性

对于埋藏较深的承压水层来说,在高压条件下释放出来的水量,与承压含水介质所具有的弹性释放性能以及来自承压水自身的弹性膨胀性有关,因此就不能用容水性和给水性来表述,为此引入贮水性的概念,其大小值用贮水系数或释水系数(s)来表示,定义为当水头变化为一个单位时,从单位面积含水介质柱体中释放出来的水的体积,它是一个无量纲数,大部分承压含水介质的 s 值大约从 10^{-5} 变化到 10^{-3}。

第二节　地下水流系统

地下水虽然埋藏于地下,难以用肉眼观察,但它与地表上河流湖泊一样,存在集水区域,在同一集水区域内的地下水流,构成相对独立的地下水流系统。

一、地下水流系统的基本特征

在一定的水文地质条件下,汇集于某一排泄区的全部水流,自成一个相对独立的地下水流系统,又称地下水流动系。处于同一水流系统的地下水,往往具有相同的补给来源,相互之间存在密切的水力联系,形成相对统一的整体;而属于不同地下水流系统的地下水,则指向不同的排泄区,相互之间没有或只有极微弱的水力联系。

此外,与地表水系相比较,地下水流系统具有如下的特征:

(一)空间上的立体性

地表上的江河水系基本上呈平面状态展布;而地下水流系统往往自地表面起可直指地下几百上千米深处,形成空间立体分布,并自上到下呈现多层次的结构,这是地下水流系统与地表水系的明显区别之一。

（二）流线组合的复杂性和不稳定性

地表上的江河水系，一般均由一条主流和若干等级的支流组合形成有规律的河网系统。而地下水流系统则是由众多的流线组合而成的复杂的动态系统，在系统内部不仅难以区别主流和支流，而且具有多变性和不稳定性。这种不稳定性，可以表现为受气候和补给条件的影响呈现周期性变化；亦可因为开采和人为排泄，促使地下水流系统发生剧烈变化，甚至在不同水流系统之间造成地下水劫夺现象。

（三）流动方向上的下降与上升的并存性

在重力作用下，地表江河水流总是自高处流向低处；然而地下水流方向在补给区表现为下降，但在排泄区则往往表现为上升，有的甚至形成喷泉。

除上述特点外，地下水流系统涉及的区域范围一般比较小，不可能像地表江河那样组合成面积广达几十万乃至上百万平方千米的大流域系统。根据研究，在一块面积不大的地区，由于受局部复合地形的控制，可形成多级地下水流系统，不同等级的水流系统，它们的补给区和排泄区在地面上交替分布。

二、地下水域

地下水域就是地下水流系统的集水区域。它与地表水的流域亦存在明显区别，地表水的流动主要受地形控制，其流域范围以地形分水岭为界，主要表现为平面形态；而地下水域则要受岩性地质构造控制，并以地下的隔水边界及水流系统之间的分水界面为界，往往涉及很大深度，表现为立体的集水空间。

如以人类历史时期来衡量，地表水流域范围很少变动或变动极其缓慢，而地下水域范围的变化则要快速得多，尤其是在大量开采地下水或人工大规模排水的条件下，往往引起地下水流系统发生劫夺，促使地下水域范围产生剧变。

通常，每一个地下水域在地表上均存在相应的补给区与排泄区，其中补给区由于地表水不断地渗入地下，地面常呈现干旱缺水状态；而在排泄区则由于地下水的流出，增加了地面上的水量，因而呈现相对湿润的状态。如果地下水在排泄区以泉的形式排泄，则可称这个地下水域为泉域。

第三节　地下水系统的垂向结构

一、基本模式

典型水文地质条件下,地下水垂向层次结构的基本模式是:自地表面起地下某一深度出现不透水基岩为止,可分为包气带和饱水带两部分,其中包气带又可进一步分为土壤水带、中间过渡带及毛细水带三个亚带;饱水带则可以分为潜水带和承压水带两个亚带。从贮水形式看,与包气带对应的是结合水(包括吸湿水和薄膜水)和毛管水;与饱水带对应的是重力水(包括潜水和承压水)。

在具体的水文地质条件下,各地区地下水的实际层次结构不尽一致,有的层次可能充分发展,有的则不发育,如在严重干旱的沙漠地区,包气带很厚,饱水带深埋在地下,甚至基本不存在;反之,在多雨的湿润地区,尤其是在地下水排泄不畅的低洼易涝地带,包气带往往很薄,甚至地下潜水面出露地表,所以地下水层次结构亦不明显。

二、地下水不同层次的力学结构

地下水在垂向上的层次结构,还表现为在不同层次的地下水所受到的作用力亦存在明显的差别,形成不同的力学性质。如包气带中的吸湿水和薄膜水,均受分子吸力的作用而结合在岩土颗粒的表面。通常,岩土颗粒越细小,其颗粒的比表面积越大,分子吸附力亦越大,吸湿水和薄膜水的含量便越多。其中吸湿水又称强结合水,水分子与岩土颗粒表面之间的分子吸引力可达到几千甚至上万个大气压,因此不受重力的影响,不能自由移动,密度大于1,不溶解盐类,无导电性,也不能被植物根系所吸收。

(一)薄膜水

又称弱结合水,它们受分子力的作用,但薄膜水与岩土颗粒之间的吸附力要比吸湿水弱得多,并随着薄膜的加厚,分子力的作用不断减弱,直至向自由水过渡。所以薄膜水的性质介于自由水和吸湿水之间,能溶解盐类,但溶解力低。薄膜水可以从薄膜厚的颗粒表面向薄膜薄的颗粒表面移动,直到两者薄膜厚度相当时为止,而且其外层的水可被植物根系吸收。当外力大于结合水本身的抗剪强度(指能抵抗剪应力破坏的极限能力)时,薄膜水不仅能运动,并可传递静水压力。

（二）毛管水

当岩土中的空隙大于1mm，空隙之间彼此连通，就像毛细管一样，这些细小空隙贮存液态水时，就形成毛管水。如果毛管水是从地下水面上升上来的，称为毛管上升水；如果与地下水面没有关系，水源来自地面渗入而形成的毛管水，称为悬着毛管水。毛管水受重力和负的静水压力的作用，其水分是连续的，并可以把饱和水带与包气带连起来。毛管水可以传递静水压力，并能被植物根系所吸收。

（三）重力水

当含水层中空隙被水充满时，地下水分将在重力作用下在岩土孔隙中发生渗透移动，形成渗透重力水。饱和水带中的地下水正是在重力作用下由高处向低处运动，并传递静水压力。

综上所述，地下水在垂向上不仅形成结合水、毛细水与重力水等不同的层次结构，而且各层次上所受到的作用力存在差异，形成垂向力学结构。

三、地下水体系作用势

所谓"势"是指单位质量的水从位势为零的点，移到另一点所需的功，它是衡量地下水能量的指标。根据理查德的测定，发现势能是随距离呈递减趋势，并证明势能梯度是地下水在岩土中运动的驱动力，总是由势能较高的部位向势能较低的方向移动。地下水体系的作用势可分为重力势、静水压势、渗透压势、吸附势等分势，这些分势的组合称为总水势。

（一）重力势（Φ_g）

指将单位质量的水体，从重力势为零的某一基准面移至重力场中某给定位置所需的能量，并定义为 $\Phi_g = Z$，式中 Z 为地下水位置高度。具体计算时，一般均以地下水位的高度作为比照的标准，并将该位置的重力势视为零，则地下水位以上的重力势为正值，地下水面以下的重力势为负值。

（二）静水压势（Φ_p）

连续水层对它层下的水所产生的静水压力，由此引起的作用势称静水压势，由于静水压势是相对于大气压而定义的，所以处于平衡状态下地下水自由水面处静水压力为零。位于地下水面以下的水则处于高于大气压的条件下，承载了静水压力，其压力的大小随水的深度而增加，以单位质量的能量来表达，即为正的静水压势；反之，位于地下水面以上非饱和带中地下水则处于低于大气压的状态条件下。由于非饱和带中有闭蓄气体的存在,以及吸附力和毛管力对水分的吸附作用,从而降低了地下水的能量水平,产生了负压效应,称为负的静水压势,又称基模势。

(三)渗透压势(Φ_0)

又称溶质势,它是由于可溶性物质在溶于水形成离子时,因水化作用将其周围的水分子吸引并做走向排列,部分地抑制了岩土中水分子的自由活动能力,这种由溶质产生的势能称为溶质势,其势值的大小恰与溶液的渗透压相等,但两者的作用方向正好相反,显然渗透压势为负值。

(四)吸附势(Φ_a)

岩土作为吸水介质,所以能够吸收和保持水分,主要是由吸附力的作用,水分被岩土介质吸附后,其自由活动的能力相应减弱,如将不受介质影响的自由水势作为零,则由介质所吸附的水分,其势值必然为负值,这种由介质吸附而产生的势值称为吸附势或介质势。

(五)总水势

总水势就是上述分势的组合,即$\Phi = \Phi_g + \Phi_p + \Phi_0 + \Phi_a$,但处于不同水带的地下水其作用势并不相等,对于包气带中地下水而言,其总的作用势Φ_N为

$$\Phi_N = \Phi_g + \Phi_p + \Phi_0 + \Phi_a \tag{3-10}$$

式中,Φ_p为负的静水压力势。对于位于地下饱水带中地下水来说,Φ_p为正静水压力势,而渗透压势Φ_0和吸附势均可不考虑,所以其总势

$$\Phi_s = \Phi_g + \Phi_p \tag{3-11}$$

第四节　地下水类型

地下水存在于各种自然条件下,其聚集、运动的过程各不相同,因而在埋藏条件、分布规律、水动力特征、物理性质、化学成分、动态变化等方面都具有不同特点。地下水的这种多样性和变化复杂性,是地下水类型划分的基础,而地下水的分类,又是揭示地下水内在的差异性,充分认识和把握地下水的特性及其动态变化规律的有效方法和手段,因而具有十分重要的理论意义和实际价值。

目前采用较多的一种分类方法是按地下水的埋藏条件把地下水分为三大类:上层滞水、

潜水、承压水。如根据地下水的起源和形成,可分为渗入水、凝结水、埋藏水、原生水和脱出水等;按地下水的力学性质可分为结合水、毛细水和重力水;按岩土的贮水空隙的差异可分为孔隙水、裂隙水和岩溶水。将埋藏条件和贮水空隙两种基本分类类型组合起来就可得到多种复合类型的地下水,每种类型都有各自的特征,如表3-1所示。

表3-1　地下水综合分类表

按埋藏条件	按含水层空隙性质		
	孔隙水	裂隙水	岩溶水
上层滞水	季节性存在于局部隔水层上的重力水,如沼泽水、土壤水、沙漠及滨海砂丘水	出露于地表的裂隙岩层中季节性存在的水	裸露岩溶化岩层中季节性存在的悬挂水
潜水	上部无连续完整隔水层存在的各种松散岩层中的水,如冲积、坡积、洪积、湖积、冰积物中的水	基岩上部裂隙中的无压水	裸露岩层上部层压水、未被充满的层间岩溶水、未被充满溶洞的地下暗河水等无压水
承压水	松散岩层构成的向斜、单斜和山前平原的深部水	构造盆地及向斜、单斜岩层中的裂隙承压水、断层破碎带深部的局部承压水	向斜及单斜岩溶岩层中的承压水

现将上层滞水、潜水和承压水分述如下:

一、上层滞水

贮存在地下自由水面以上包气带中的水,称为包气带水。广义地说,所有包气带中的地下水都称为上层滞水,这里只讨论分布于包气带中局部不透水层或弱透水层表面上的上层滞水。

上层滞水埋藏的共同特点是在透水性较好的岩层中夹有不透水岩层。在下列条件下常常形成上层滞水。

一是在较厚的砂层或砂砾石层中夹有黏土或亚黏土透镜体时,降水或其他方式补给的地下水向深处渗透过程中,因受相对隔水层的阻挡而滞留和聚集于隔水层之上,便形成了上层滞水。

二是在裂隙发育、透水性好的基岩中有顺层侵入的岩床、岩盘时,由于岩床、岩盘的裂隙发育程度较差,亦起到相对隔水层的作用,则同样可形成上层滞水。

三是在岩溶发育的岩层中夹有局部非岩溶化的岩层时,如果局部非岩溶化的岩层具有相当的厚度,则可能在上下两层岩溶化岩层中各自发育一套溶隙系统,而上层的岩溶水则具有上层滞水的性质。

四是在黄土中夹有钙质板层时,常常形成上层滞水。我国西北黄土高原地下水埋藏一般较深,几十米甚至超过百米,但有些地区在地下不太深的地方有一层钙质板层,可成为上层滞水的局部隔水层,这种上层滞水往往是缺水的黄土高原地区宝贵的生活水源。

五是在寒冷地区有永冻层时,夏季地表解冻后永冻层就起到了局部隔水的作用,而在永冻层表面形成上层滞水。如在大小兴安岭等地,一些森林、铁路的中小型供水就常以此作为季节性水源。

上层滞水因完全靠大气降水或地下水体直接渗入补给,水量受季节控制特别显著,一些范围较小的上层滞水旱季往往干枯无水,当隔水层分布较广时可作为小型生活水源。这种水的矿化度一般较低,但因接近地表,水质容易被污染,作为饮用水源时必须加以注意。

二、潜水

(一)潜水的主要特征

饱水带中自地表向下第一个具有自由水面的含水层中的重力水,称为潜水。它的上部没有连续完整的隔水顶板,通过上部透水层可与地表相通,其自由表面称为潜水面。潜水面距地表的铅直距离称为潜水位埋藏深度,也叫潜水位埋深;潜水面至隔水底板的距离称为潜水含水层的厚度;潜水面上任一点距基准面的绝对标高称为潜水位,亦称潜水位标高。

潜水的这种埋藏条件,决定了潜水以下的基本特点:

一是由于潜水面上一般没有稳定的隔水层存在,潜水面通过包气带中的孔隙与大气相连通,因此具有自由表面,潜水面上任一点的压强等于大气压强,所以潜水面不承受静水压力。但有时潜水面上有局部的隔水层,且潜水充满两隔水层之间,在此范围内的潜水将承受静水压力,而呈现局部的承压现象。

二是潜水在重力作用下自水位高处向水位低处流动,形成潜水流,其流动的快慢取决于含水层的渗透性能和水力坡度。

三是潜水含水层通过包气带与地表水及大气圈之间存在密切联系,大气降水、凝结水、地表水通过包气带的空隙通道直接渗入补给潜水,所以在一般情况下,潜水分布区与补给区基本一致。同时,潜水含水层也深受外界气象、水文因素的影响,动态变化比较大,呈现明显的季节变化。丰水季节潜水补给充足,贮量增加,潜水面上升,厚度增大,埋深变浅,水质冲淡,矿化度降低;枯水季节,补给量减少,潜水位下降,埋深加大,水中含盐量浓度增大,矿化度提高。

四是潜水的水位、流量和化学成分都随着地区和时间的不同而变化。

（二）潜水面的形状及其表示方法

1. 潜水面的形状

它是潜水外在的表征，一方面反映外界因素对潜水的影响，另一方面又可反映潜水本身的流向、水力坡度以及含水层厚度等一系列特性。潜水面是一个自由表面，但由于受到埋藏地区的地形、岩性等因素的制约，它的形状可以是倾斜的、抛物线型的，或者在特定条件下是水平的，也可以是上述各种形状的组合。潜水自补给区向排泄区汇集的过程中，其潜水面随地形条件变化，上下起伏，形成向排泄区斜倾的曲面，但曲面的坡度比地面起伏要平缓得多。其次含水层的岩性、厚度变化等对潜水面的形状也有一定的影响。如当潜水流由细颗粒的含水层进入粗颗粒含水层后，因粗颗粒含水层透水性好，即阻力较小，因此水力坡度变小，潜水面变得平缓。当含水层变厚时，则潜水流过水断面突然加大，渗流速度降低，水力坡度变小，则潜水面也会变得平缓一些。一般规律是若岩性颗粒变粗，则含水层透水性增强，潜水面坡度趋向平缓，当含水层沿潜水流向增厚，潜水面坡度也变缓，反之则变陡。如隔水底板向下凹陷，潜水汇集可形成潜水湖，此时潜水面基本呈水平状，在人工大规模抽水的条件下，一旦潜水补给速度低于抽水速度，潜水位逐步下降可使潜水面形成一个以抽水井为中心的漏斗状曲面。

某些情况下地表水体的变化也改变着潜水的形状。当潜水向河水排泄时，其潜水面为倾向河谷的斜面；但当河水位升高，河水反补给潜水时，则潜水面可以出现凹形曲线，最后变成从河水倾向潜水的曲面。

2. 潜水面表示方法

潜水面在图上有两种表示方法：一是水文地质剖面图，即在研究区域内选择代表性剖面线，再将剖面线上各点的有关资料按一定的比例绘制在图上，并将岩性相同的地层和各点的同一时期的潜水位相连，就可得潜水面的形状；另一种是以平面图的形式表示，即等水位线图（潜水面等高线图），绘制方法类似于绘制地形图，先以一定比例尺的地形图作为底图，而后按一定的水位间隔，将某一时间潜水位相同的各点连成等水位线。

潜水等水位线图具有重要的实用价值，可以研究和解决以下问题：

①确定潜水流向

潜水总是沿着潜水面坡度最大的方向流动，所以垂直于等水位线，并从高水位指向低水位的方向，即为潜水的流向。

②确定潜水的水力坡度

当潜水面的倾斜坡度不大时（千分之几），两等水位线之高差被相应的两等水位线间的

距离所除，即得两等水位线间的平均水力坡度。

③确定潜水的埋藏深度

一般是将地形等高线和等水位线绘于同一张图上，地形等高线与等水位线相交之点二者的高差即为该点潜水的埋藏深度，并由此可绘出潜水埋藏深度图。

④提供合理的取水位置

取水点常常定在地下水流汇集处，取水构筑物排列的方向往往垂直于地下水的流向。

⑤推断含水层的岩性与厚度变化

当地形坡度变化不大，而等水位线间距有明显的疏密不等时，一种可能是含水层的岩性发生了变化，另一种是岩性未变而含水层厚度有了变化。岩性结构由细变粗时，即透水性由差变好，其潜水等水位线之间的距离相应变疏，反之则变密；当含水层厚度增大时，等水位线间距则加大，反之则缩小。

此外在等水位线图上还可确定地下水与地表水的相互补给关系，以及确定泉水出露点和沼泽化的范围等。潜水在自然界分布范围大、补给来源广，所以水量一般较丰富，特别是当潜水与地表常年性河流相连通时，水量更为丰富。加之潜水一般埋藏不深，因而是便于开采的供水水源。但由于含水层之上无连续的隔水层分布，水体易受污染和蒸发，水质容易变坏，选作供水水源时应全面考虑。

三、承压水

承压水是指充满于两个稳定隔水层之间的含水层中的地下水。倘若含水层没有完全被水充满，且像潜水那样具有自由水面，则称为无压层间水。

（一）承压水的特点

1.承压性

承压水的主要特点是有稳定的隔水顶板存在，没有自由水面，水体承受静水压力，与有压管道中的水流相似。承压水的上部隔水层称为隔水顶板，下部隔水层称为隔水底板；两隔水层之间的含水层称为承压含水层；隔水顶板到底板的垂直距离称为含水层厚度；当钻孔穿透隔水层顶板时才能见到承压水，此时水面的高程称为初见水位；承压水沿钻孔上升最后稳定的高程，即为该点的承压水位或测压水位；地面至承压水位的距离称为承压水位的埋深；自隔水顶板底面到承压水位之间的垂直距离称为承压水头。在地形条件适合时，承压水位若高于地面高程，承压水就可喷出地表面而成为自流水。如果用许多钻孔来揭露承压水，便可把所有钻孔中的承压水位连成一个面，这个面称为水压面。

2. 承压水的分布区与补给区不一致

承压水由于有稳定的隔水顶板和底板，因而与外界的联系较差，与地表的直接联系大部分被隔绝，所以它的分布区与补给区是不一致的，这也是承压水区别于潜水的又一特征。

3. 受水文气象因素、人为因素及季节变化的影响较小

由于承压含水层的埋藏深度一般都较潜水为大，并且由于隔水层顶板的存在，在相当大的程度上阻隔了外界气候、水文因素对地下水的影响，因此承压水的水位、温度、矿化度等均比较稳定。但在参与水循环方面，承压水就不似潜水那样活跃，因此承压水一旦被大规模开发，水的补充和恢复就比较缓慢，若承压水参与深部的水循环，则水温因明显增高可以形成地下热水和温泉。

4. 水质类型多样

承压水的水质从淡水到矿化度极高卤水都有，可以说具备了地下水各种水质类型。

（二）承压水的形成条件

承压水的形成主要取决于地层、岩性和地质构造条件，只要有适合的地质构造，无论是孔隙水、裂隙水或岩溶水都可以形成承压水。

最适合形成承压水的地质构造条件主要是下列两种：

1. 向斜盆地构造

向斜盆地在水文地质学中被称为自流盆地或承压盆地，一般包括补给区、承压区及排泄区三个组成部分。补给区一般地势较高，没有隔水顶板，处于盆地的边缘，实际上是潜水区，具有地下自由水面，不受静水压力，直接接受大气降水和地表水的入渗补给。承压区一般位于盆地中部，分布范围较大，上部覆有稳定的隔水顶板，地下水承受静水压力，具有压力水头。在承压水位高于地表高程的范围内，则承压水可喷出地表形成自流区；在地形较低的排泄区，承压水通过泉、河流等形式由含水层中排出，这个区实际上已具有潜水的特征。排泄区一般位于被河谷切割的相对低洼的地区，在这种情况下，地下水常以上升泉的形式出露地表，补给河流。

2. 单斜地层构造

由透水岩层和隔水层所组成的单斜构造，在适宜的地质条件下可以形成单斜承压含水层，也称为承压斜地或自流斜地。它的重要特征是含水层的倾末端具有阻水条件，造成阻水条件的成因归纳起来有三种：一是透水层和隔水层相间分布，并向一个方向倾斜，地下水进入两隔水层之间的透水层后便会形成承压水。这类承压水常出现在倾斜的基岩中和第四纪松散堆积物组成的山前斜地中。二是含水层发生相变形成承压斜地，含水层上部出露地表，下部在某一深度处尖灭，即岩性发生变化，由透水层逐渐转化为不透水层。三是含水层被断

层所阻形成承压斜地，单斜含水层下部被断层所截断时，则上部出露地表部分就成为含水层的补给区。

(三)承压水等水压线

所谓等水压线，就是某一含水层中承压水位相等的各点的连线。根据若干井孔中承压水位的高程资料就可绘制出承压水等水压线图，来反映承压水位的变化情况。根据等水压线图可以判断承压水的流向、含水层岩性和厚度的变化、水压面的倾斜坡度等，以此确定合理的取水地段。

用等水压线所表示的承压水面不同于潜水面，它是一个理想中的水面，实际上并不真正存在。在潜水含水层中只要开凿到等水位线图所示高度，就可以见到潜水面，但钻孔钻到承压水位处是见不到水的，必须凿穿隔水顶板才能见到水，这时承压水才可沿井孔上升到与水压面相应的高度，因此，通常在等水压线图上要附以含水层顶板等高线。为了便于应用，同时还将地形等高线图也叠置在一起，对照等水压线图和地形等高线图就可得知自流区和承压区的范围及承压水位的埋深，若再与顶板等高线对照就能知道各地段压力水头及承压含水层的埋藏深度，另外还可分析出承压水与潜水的互相补给关系和补给情况。

第五节　地下水的循环

地下水的循环是指地下水的补给、径流和排泄过程，含水层从大气降水、地表水及其他水源获得补给后，在含水层中经过一段距离的径流再排出地表，重新变成地表水和大气水，这种补给、径流、排泄无限往复进行就形成了地下水的循环。循环系统的强度规模主要决定于补给与排泄这两方面，如果补给充足、排泄畅通，地下水径流过程就强烈；如果补给来源充足，但排泄不畅，必然促使地下水位抬升，甚至溢出地表，并在一定的环境条件下使地表沼泽化。反之排泄通畅，但补给水源不足，迫使含水层中的地下水逐渐减少，甚至形成枯竭，地下水循环受到抑制，以致中断。由此可见，地下水的补给和排泄，是决定地下水循环的两个基本环节，是地下径流形成的基本因素，补给来源和排泄方式的不同，以及补给量和排泄量的时空变化，直接影响到地下径流过程以及水量、水质的动态变化。

一、地下水的补给

含水层自外界获得水量的过程称为补给，地下水的补给来源主要为大气降水和地表水的渗入、大气中水汽和土壤中水汽的凝结，以及在一定条件下尚有人工补给，因此补给也可分为大气降水渗入补给、地表水补给、凝结水补给、来自其他含水层的补给以及人工补给等。

(一)大气降水补给

大气降水包括雨、雪、雹,在很多情况下是地下水的主要补给来源。当大气降水降落到地表后,一部分变为地表径流,一部分蒸发重新回到大气圈,剩下一部分渗入地下成为地下水。

其入渗的一般过程为:下渗的降水先被土壤颗粒表面吸附力所吸引,形成薄膜水;随着降水量的增大,薄膜水达到最大持水量,这时继续下渗的雨水将被吸入细小的毛管孔隙,形成毛管悬着水;当包气带土层中的结合水、毛管悬着水达到极限后,后续的雨水将在重力作用下,通过静水压力的传递,不断而稳定地补给地下水。可见,降水的入渗过程是在分子力、毛管力以及重力的综合作用下进行的。而地下水的补给量受到很大因素的影响,与降水的强度及形式、降水总量、植被、地下水的埋深、土层蓄水能力等密切相关,只有降水入渗量超过土层的蓄水能力,多余的降水才能补给潜水。一般当降水量大、降水过程长、地形平坦、植被繁茂、上部岩层透水性好、地下水埋藏深度不大时,大气降水才能大量下渗补给地下水。这些影响因素中起主导作用的常常是包气带的岩性。

(二)地表水的补给

地表水的江河、湖泊、水库、池塘、水田以及海洋等,都有可能成为地下水的补给水源。

河流对地下水的补给主要取决于河水位与地下水位的关系。往往只有在河水高于岸边的地下水位时,河水才会补给地下水,通常是在某些大河流的中下游和河流上游的洪水期。在上游山区河段,河流深切,河水水位常年低于地下水位,河水无法补给地下水;进入中下游地区,堆积作用加强,河床抬高,地下水埋藏深度加大,河水位一旦高于地下水位,即可发生补给地下水的现象。如黄河下游郑州市以东的冲积平原,黄河河床高出两岸3~5m,在河水充分的补给下,河间洼地潜水埋深一般只有2~3m。而补给量的大小及持续时间,除了与河床的透水性能、河床的周界有关外,主要取决于江河水位高低、河水流量、河水的含沙量、高水位持续时间的长短以及地表水体与地下水联系范围的大小等。

在干旱地区,降水量极微,河水的渗漏常常是地下水的主要或唯一补给源,如河西走廊的武威地区,与地下水有关的河流有六条,这些河流流经几千米的砂砾石层河床之后,分别有8%~30%的河水被漏失,地下水由河水获得的补给占该地区地下水径流量的99%。

(三)凝结水的补给

对于广大的沙漠区,大气降水和地表水体的渗入补给量都很少,而凝结水往往是其主要的补给来源。在一定的温度下空气中只能含有一定量的水蒸气,如每立方米的空气在10℃时最大含水量为9.3g,而在5℃时最大含水量为6.8g。多于以上数量的水分就会凝结成为液态从空气中分离出去。沙漠地区昼夜温差很大,白天空气中含水量可能还不足,但在夜晚温度很低时空气中的水汽却出现过饱和现象,多余的水汽就从空气中析离出来,在沙粒的表面凝结成液态水渗入地下补给地下水。

(四)人工补给

地下水的人工补给就是借助于某些工程措施,人为地将地表水自流或用压力引入含水层,以增加地下水的补给量。人工补给在地下水各种补给源中越来越重要,它具有占地少、造价低、易管理、蒸发少等优点,不仅可增加地下水资源,而且可以改善地下水的水质,调节地下水的温度,阻拦海水的地下倒灌,减小地面下沉。人工补给可分为两大类:一类是人类修建水库、引水灌溉农田,城市工矿企业排放工业废水以及城镇生活污水排放,因渗漏而补给地下水,这是一种无计划的盲目补给,虽然可以增加地下水的贮量,但常常引起土壤发生次生盐渍化,地下水遭到污染的矛盾;另一类是人类为了有效地保护和改善地下水资源,改善水质,控制地下渗漏以及地面沉降现象的出现,而采取的一种有计划、有目的的人工回灌。目前有些国家用人工回灌补给的地下水量已占到地下水利用总量的30%左右。在我国水资源供需矛盾比较突出的一些北方地区,以及过量开采地下水的大中城市,也已经开始了这方面的工作。如上海市采用人工回灌方法,控制由于过量开采深层地下水而引起的地面沉降,取得了举世瞩目的成就。

二、地下水的排泄

含水层失去水量的过程称为排泄。在排泄过程中,地下水的水量、水质及水位都会发生变化。地下水的排泄方式根据排泄状态可分为点状排泄(泉)、线状排泄(向河流泄流)及面状排泄(蒸发)三种,根据排泄形式可分为泉、河流、蒸发、人工排泄等。

(一)泉水排泄

泉是地下水的天然露头,是含水层或含水通道出露地表发生地下水涌出的现象。泉的形成主要是由于地形受到侵蚀,使含水层暴露于地表;其次是由于地下水在运动过程中岩石透水性变弱或受到局部隔水层阻挡,使地下水位抬高溢出地表;如果承压含水层被断层切割,切断层又导水,则地下水能沿断层上升到地表亦可形成泉。

泉的分类方法有多种,按照泉水出露时水动力学性质可将泉水分为上升泉和下降泉两大类,上升泉一般是承压含水层排泄承压水的一种方式,泉水在静水压力的作用下,呈上升运动，相对来说这种泉水的流量比较稳定，水温年变化较小；下降泉是无压含水层排泄地下水的一种方式，地下水在重力作用下溢出地表，水量水温等往往呈现明显的季节性变化。泉按其补给来源又可分为上层滞水泉、潜水泉和承压水泉，根据泉的出露原因又可分为侵蚀泉、接触泉、溢出泉和断层泉。

泉水的出露及其特点可以反映出有关岩石富水性、地下水类型、补给、径流、排泄、动态均衡等一系列特征，如通过岩层中泉的出露及涌水量大小，可以确定岩石的含水性和含水层的富水程度；通过泉的分布可以反映含水层和含水通道的分布，以及补给区和排泄区的位置；通过对泉的运动性质和动态的研究，可以判断地下水的类型，如下降泉一般来自潜水的排泄，动态变化较大，而上升泉一般来自承压水的排泄，动态较稳定；泉的水温反映了地下水的埋藏条件，如水温接近于气温，说明含水层埋藏较浅，补给源不远，如果是温泉，一般则来自地下深处。

（二）蒸发排泄

地下水，特别是潜水可通过土壤蒸发、植物蒸发而消耗，成为地下水的一种重要排泄方式，其蒸发的强度、蒸发量的大小主要取决于温度、湿度、风速等自然气象条件，同时亦受地下水埋藏深度和包气带岩性等因素的控制。气候越干燥，相对湿度越小，岩土中水分蒸发便越强烈，而且蒸发作用可深入岩土几米乃至几十米的深处。如在新疆，不仅埋藏在3～5m内的潜水有强烈的蒸发，而且在7～8m甚至更大的深度内部都受到强烈蒸发作用的影响。

（三）向地表水的排泄

当地下水水位高于地表水水位时，地下水可直接向地表水体进行排泄，特别是切割含水层的山区河流，往往称为排泄中心。排泄量的大小决定于含水层的透水性能、河床切穿含水层的面积，以及地下水位与地表水位之间的高差。

三、地下水的径流

地下水在岩石空隙中的流动过程称为径流，是地下水循环系统的重要环节，它将地下水的补给区和排泄区紧密地联系在一起，形成统一的整体。径流的强弱影响着含水层的水量与水质的形成过程。

（一）地下水径流产生的原因及影响因素

大气降水或地表水通过包气带向下渗漏，补给含水层成为地下水，地下水又在重力作用下由水位高处向低处流动，最后在低洼处以泉的形式排出地表或直接排入地表水体，如此反复循环就是地下水径流的根本原因。因此天然状态下和开采状态下的地下水都是流动的。

影响地下水径流方向、速度、类型、径流量的主要因素有：含水层的空隙性、地下水的埋藏条件、补给量、地形、地下水的化学成分以及人为因素等。空隙发育越大，地形陡峻，径流速度就快，径流量也大；而地下水中的化学成分和含盐量的不同，其重率和黏滞性也随之改变，黏滞性越大，流速也就越缓；地下水因埋藏条件不同可表现为无压流动和承压流动，无压流动（潜水流动）只能在重力作用下由高水位向低水位流动，而深层地下水多为承压流动，它们不单有下降运动，因承受压力也会产生上升运动。

（二）地下水径流方向与径流强度

地下水的径流方向与地表上的河川径流总是沿着固定的河床汇流不同，呈现复杂多变的特性，具体形式则视沿程的地形、含水层的条件而定。当含水层分布面积广，大致水平，地下径流可呈平面式的运动；在山前洪积扇中的地下水则呈现放射式的流动，具有分散多方向的特点；在带状分布的向斜、单斜含水层中的地下水，如遇断层或横沟切割，则可形成纵向或横向的径流。但这种复杂多变性，总离不开地下水从补给区向排泄区汇集，并沿着路径中阻力最小的方向前进，即自势能高处向势能低处运动，反映在平面上，地下水流方向总是垂直于等水位线的方向。

地下水的径流强度，也就是地下水的流动速度，基本上与含水层的透水性、补给区与排泄区之间水力坡度成正比，对承压水来说，还与蓄水构造的开启与封闭程度有关。

（三）地下水径流类型

1. 畅流型

地下水流线近于平行，水力坡度较大，补给排泄条件良好，径流通畅，地下水交替积极，水的矿化度低，水质好。

2. 汇流型

地下水的流线呈汇集状，水力坡度常由小变大，汇流型的地下水一般交替积极，常形成可利用的地下水资源。

3. 散流型

流线呈放射状，水力坡度由大变小，呈现集中补给、分散排泄。

4. 缓流型

地下水面近于水平，水力坡度小，水流缓慢，通常矿化度较高，水质欠佳。沉降平原中的孔隙水及排水不良的自流水盆地，是此类的代表。

5. 滞流型

水力坡度趋近于零，径流停滞。对于潜水表现为渗入补给和蒸发排泄，对于承压水可以有垂直越流补给与排泄。

在自然条件下，地下径流类型复杂多变，往往出现多种组合类型。

四、地下径流量的表示方法

地下径流量常用地下径流率 M 表示，其意义是 1 平方千米含水层面积上的地下水流量（$m^3 \cdot s^{-1} \cdot km^{-2}$），也称为地下径流模数。年平均地下径流率可按下式计算为

$$M = \frac{Q}{365 \times 86\,400 \times F} \qquad (3-12)$$

式中 F——地下水径流面积，km^2；Q——一年内在 F 面积上的地下水径流量，m^3。

地下水径流率是反映地下径流量的一种特征值，受到补给、径流条件的控制，其数值大小是随地区性和季节性而变化的，因此，只要确定某径流面积在不同季节的径流量，就可计算出该地区在不同时期的地下径流率。

第四章

地下水运动

第一节　地下水运动的分类

一、层流与湍流

渗流的运动状态有两种类型，即层流与湍流。在岩石空隙中，渗流的水质点有秩序地呈相互平行而不混杂的运动，称为层流；湍流则不然，在运动中水质点运动无秩序，且相互混杂，其流线杂乱无章。

层流和湍流两种状态，取决于岩石空隙大小、形状和渗流的速度。由于地下水在岩石中的渗流速度缓慢，绝大多数情况下地下水的运动属于层流。一般认为，地下水通过大溶洞、大裂隙时，才可能出现湍流状态。在人工开采地下水的条件下，取水构筑物附近由于过水断面减小使地下水流动速度增加很大，常常成为湍流区。

二、稳定流与非稳定流

根据地下水运动要素随时间变化程度的不同，渗流分为稳定流与非稳定流两种。在渗流场内各运动要素（流速、流量、水位）不随时间变化的地下运动，称为稳定流；若地下水运动要素随时间发生变化，称为非稳定流。严格地讲，自然界中地下水呈非稳定流运动是普遍的，而稳定流是一种特殊情况。

三、缓变运动与急变运动

大多数天然地下水运动属于缓变运动，这种运动具有如下特征：

一是流线的弯曲很小或流线的曲率半径很大，近似于一条直线；二是相邻路线之间的夹角很小，或流线近乎平行。

不具备上述条件的称为急变运动。

在缓变运动中，各过水断面可以看成是一个水平面，在同一过水断面上各点的水头都相等。这样假设的结果，就可以把本来属于空间流动（三维流运动）的地下水流简化为平面流（二维流运动），以便用解平面流的方法去解决复杂的三维流问题。

第二节　地下水运动的特点

一、曲折复杂的水流通道

由于储存地下水的空隙的形状、大小和连通程度等的变化，地下水的运动通道是十分曲折而复杂的。但在实际研究地下水运动规律时，并不是（也不可能）去研究每个实际通道中具体的水流特征，而是只能研究岩石内平均直线水流通道中的水流运动特征。这种方法实际上是用充满含水层（包括全部空隙和岩石颗粒本身所占的空间）的假想水流来代替仅仅在岩石空隙中运动的真正水流，其假想的条件主要有：假想水流通过任意断面的流量必须等于真正水流通过同一断面的流量；假想水流在任意断面的水头必须等于真正水流在同一断面的水头；假想水流通过岩石所受到的阻力必须等于真正水流所受到的阻力。

二、迟缓的流速

河道或管网中水的流速通常都在 1 m/s 左右，有时也会每秒几米以上。但地下水由于通道曲折复杂，水流受到很大的阻力，因而流速一般很缓慢，常常用 m/d 来衡量。自然界一般地下水在孔隙或裂隙中的流速是几米每天，甚至小于 1m。地下水在曲折的通道中缓慢地流动称为渗流，或称渗透水流，渗透水流通过的含水层横断面称为过水断面。渗流按地下水饱和程度的不同，可分为饱和渗流和非饱和渗流，前者包括潜水和承压水，主要在重力作用下运动；后者是指包气带中的毛管水和结合水运动，主要受毛管力和骨架吸引力的控制，本节主要讲述前者的运动规律。

三、非稳定、缓变流运动

地下水在自然界的绝大多数情况下是非稳定、缓变流运动。地下水非稳定运动是指地下水流的运动要素（渗透流速、流量、水头等）都随时间而变化。地下水主要来源于大气降水、地表水体及凝结水渗入补给，受气候因素影响较大，有明显的季节性，而且消耗（蒸发、排泄和人工开采等)又是在地下水的运动中不断进行的,这就决定了地下水在绝大多数情况下都是非稳定流运动。不过地下水流速、流量及水头变化不仅幅度小,而且变化的速度较慢,一般情况下地下水全年的变化幅度是几米,甚至仅 1 ~ 2m,这是地下水非稳定流的主要特点。因此,人们常常把地下水运动要素变化不大的时段近似地当作稳定流处理,这样研究地下水的运动规律就变得方便了很多。但是如果是人工开采,使区域地下水位逐年持续下降,那么地下水的非稳定流运动就不可忽视。

在天然条件下地下水流一般都呈缓变流动,流线弯曲度很小,近似于一条直线;相邻流线之间夹角较小,近似于平行。在这样的缓变流动中,地下水的各过水断面可当作一个直面,同一过水断面上各点的水头亦可当作是相等的,这样假设的结果就可把本来属于空间流动的地下水流,简化成为平面流,这样就可使计算简单化。

第三节 地下水运动的基本规律

一、线性渗透定律

地下水运动的基本规律又称渗透的基本定律,为线性渗透定律。

线性渗透定律反映了地下水做层流运动时的基本规律,最早是由法国水力学家达西通过均质砂粒的渗流实验得出的,所以也称为达西定律,即

$$Q = K \cdot \frac{h}{L} \cdot \omega \qquad (4-1)$$

式中 Q ——渗流量,即单位时间内渗过砂体的地下水量,m^3/d; h ——在渗流途径 L 长度上的水头损失,m; L ——渗流途径长度,m; ω ——渗流的过水断面面积,m^2; K ——渗透系数,反映各种岩石透水性能的参数,m/d。

上式也可表示为

$$v = K \cdot i \qquad (4-2)$$

式中 v ——渗透速度,m/d; i ——水力坡度,单位渗流途径上的水头损失(无量纲)。

渗流速度 v 不是地下水的真正实际流速,因为地下水不在整个断面 ω 内流过,而仅在断面的孔隙中流动,可见渗透速度 v 比实际流速 u 要小,地下水在孔隙中的实际流速应为

$$u = \frac{Q}{\omega \cdot n} = \frac{v}{n} \quad 或 \quad v = n \cdot u \qquad (4-3)$$

式中,n 为岩石的孔隙度。

实际情况表明,地下水在运动过程中,水力坡度常常是变化的,因此应将达西公式写成微分形式:

$$v=-K\frac{\mathrm{d}H}{\mathrm{d}x} \tag{4-4}$$

$$Q=-K\omega\frac{\mathrm{d}H}{\mathrm{d}x} \tag{4-5}$$

式中 $\mathrm{d}x$ ——沿水流方向无穷小的距离; $\mathrm{d}H$ ——相应 $\mathrm{d}x$ 水流微分段上的水头损失; $-\frac{\mathrm{d}H}{\mathrm{d}x}$ ——水力坡度,负号表示水头沿着工的增大方向而减少,面对水力坡度 i 值来说,则仍以正值表示。

二、渗透系数

渗透系数(K)是反映岩石渗透性能的指标,它是表征含水介质透水性能的重要参数,其物理意义为:当水力坡度为 1 时的地下水流速。它不仅取决于岩石的性质(如空隙的大小和多少、粒度成分、颗粒排列等),而且和水的物理性质(如相对密度和黏滞性)有关。但在一般的情况下地下,水的温度变化不大,故往往假设其相对密度和黏滞系数是常数,所以渗透系数 K 值只看成与岩石的性质有关,如果岩石的空隙性好,透水性就好,渗透系数值就大。

三、非线性渗透定律

达西定律实际上并不是适用于所有的地下水层流运动,只是在流速比较小时(常用雷诺数小于 10 来表示)地下水运动才服从达西公式,即

$$Re=\frac{\mu d}{\gamma}<1\sim10 \tag{4-6}$$

式中 μ ——地下水的实际流速,m/d; d ——孔隙的直径,m; γ ——地下水的运动黏滞系数,$\mathrm{m^2/d}$。

但当地下水在岩石的大孔隙、大裂隙、大溶洞中及取水构筑物附件流动时,此时水流常常呈紊流状态,或即使是层流。但雷诺数已超过达西定律适用范围时,渗流速度与水力坡度就不再是一次方的关系,紊流运动的规律是渗流速度与水力坡度的平方根成正比,为地下水运动的非线性渗透定律,也称为哲才公式,其数学表达为

$$v=K\cdot\sqrt{i} \quad 或 \quad Q=K\cdot\omega\cdot\sqrt{i} \tag{4-7}$$

有时水流运动形式介于层流和紊流之间,称为混合流运动,此时数学表达为

$$v=K\cdot i^{\frac{1}{m}} \quad 或 \quad Q=K\cdot\omega\cdot i^{\frac{1}{m}} \tag{4-8}$$

式中,$1/m$ 为流态指数。式中概括了饱和渗流在不同流速(层流、紊流)时可能存在的

流动规律,国内外实验证明:

当 $m=1$ 时,属速度很小的层流线性流,符合达西定律;

当 $1>m>0.5$ 时,属速度较大的层流非线性流,这时惯性力已增大到相当于阻力的数量级,已偏离达西定律;

当 $m=0.5$ 时,属大流速的紊流状态,惯性力已占支配地位,与河道中的均匀流相同。

由于事先确定地下水流的流态属性在生产实践中是很困难的,因此上两式在实际工作中应用很少。

第四节 地下水流向井的稳定流理论

一、取水构筑物的类型

为了解决开采地下水以及其他目的,需要用取水构筑物来揭露地下水。取水构筑物类型很多,按其空间位置可分为垂直的和水平的两类。垂直的取水构筑物是指构筑物的设置方向与地表大致垂直,如钻孔、水井等;水平的取水构筑物是指构筑物的设置方向与地表大致平行,如排水沟、渗渠等。按揭露的对象又可分为潜水取水构筑物(如潜水井)和承压水取水构筑物(如承压井)两类。此外,按揭露整个含水层的程度和进水条件可分为完整的和非完整的两类。完整的取水构筑物是指能揭露整个含水层并在全部含水层厚度上都能进水,如不能满足上述条件的为非完整井取水构筑物。在上述取水构筑物中,水井是人类开采地下水最常用的重要工程设施。实际水井类型常常呈交叉形式,经常采用复合式命名,如潜水非完整井、承压水完整井等。

二、地下水流向潜水完整井的稳定流

在潜水井中以不变的抽水强度进行抽水,随着井内水位的下降,在抽水井周围会形成漏斗状的下降区,经过相当长的时间以后,漏斗的扩展速度逐渐变小,若井内的水位和水量都会达到稳定状态,这时的水流称为潜水稳定流,在井的周围形成了稳定的圆形漏斗状潜水面(图 4-1),称为降落漏斗,漏斗的半径 R 称为影响半径。

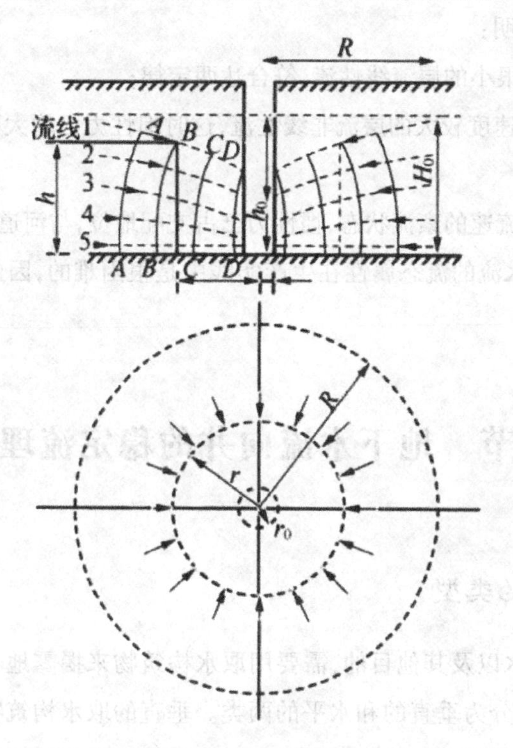

图 4-1 潜水完整井漏斗状水面

潜水完整井稳定流计算公式的推导需要有如下必要的简化和假设条件：

一是含水层均质各向同性，隔水底板为水平；二是天然水力坡度为零；三是抽水时影响半径范围内无渗入和蒸发，各过水断面上的流量不变，且影响半径的圆周上定水头边界。

于是，在平面上，潜水井抽水形成的流线是沿着半径方向指向井，等水位线为同心圆状。在剖面上，流线是一系列的曲线，最上部的流线是曲率最大的一条凸形曲线，叫作降落曲线(也可以叫作浸润曲线)，下部曲率逐渐变缓成为与隔水层近乎平行的直线，底部流线是水平直线；等水头面是一个曲面，近井曲率较大，远井曲率逐渐变小。在空间上，等水头面试绕井轴旋转的曲面。在这种情况下，渗流速度方向是倾斜的，渗透速度既有水平分量，又有垂直分量，给计算带来很大的困难。考虑到远离抽水井等水头面接近圆柱面，流速的垂直分速度很小，因此可忽略垂直分速度，将地下水向潜水完整井的流动视为平面流。

取坐标，设井轴为 h 轴(向上为正)，沿隔水板取井径方向为 r 轴，把等水头面(过水断面)近似看作同心的圆柱面，地下水的过水断面就是圆柱体的侧面积。即

$$\omega = 2\pi rh \tag{4-9}$$

地下水流向潜水完整井的过程中，水力坡度是个变量，任意过水断面处的水力坡度可表示为

$$i = \frac{dh}{dr} \tag{4-10}$$

将上述 ω 和 i 代入式(4-10),裘布依微分方程式,即地下水通过任意过水断面的运动方程为

$$Q = K \cdot \omega \cdot i = K \cdot 2\pi x \cdot y \frac{dy}{dx} \tag{4-11}$$

通过分离变量并积分,将 y 从 h 到 H,x 从 r 到 R 进行定积分,即

$$Q\int_r^R \frac{dx}{x} = 2\pi K\int_h^H y \cdot dy$$

$$Q(\ln R - \ln r) = \pi K(H^2 - h^2)$$

移项得

$$Q = \frac{\pi K(H^2 - h^2)}{\ln R - \ln r} = \frac{\pi K(H^2 - h^2)}{\ln \frac{R}{r}} = \frac{3.14K(H^2 - h^2)}{2.3\lg \frac{R}{r}} = 1.36K\frac{H^2 - h^2}{\lg \frac{R}{r}} \tag{4-12}$$

此即为潜水完整井稳定运动时涌水量计算公式。由于生产上多习惯用地下水位降深 s,因此上式也可表示为

$$Q = 1.36K\frac{(2H - s)s}{\lg \frac{R}{r}} \tag{4-13}$$

式中 K——渗透系数,m/d; H——潜水含水层厚度,m; h——井内动水位至含水层底板的距离,m; R——影响半径,m; s——井内水位下降深度,m; r——井半径或管井过滤器半径,m。

式(4-12)和式(4-13)就是描述地下水向潜水井运动规律的裘布依公式,此公式为抛物线型。

三、地下水流向承压水完整井的稳定流

当承压完整井以定流量 Q 抽水时,若经过相当长的时段,出水量和井内的水头降落达到了稳定状态,这就是地下水流向承压完整井的稳定流。其水流运动特征与地下水流向潜水井的稳定流不同之处是:承压含水层厚度不变,因而剖面上的流线是相互平行的直线,等水头线是铅垂线。过水断面是圆柱侧面。在推导下述的承压完整井流量计算公式时,其假定条件和潜水完整井推导相同。选取的坐标系仍以井轴为 H 轴(向上为正),沿隔水底板取井径方向为 r 轴,地下水的过水断面面积为

$$\omega = 2\pi rh \tag{4-14}$$

地下水流向承压完整井的过程中,水力坡度也是个变量,任意过水断面处的水力坡度为

$$i = \frac{dH}{dr} \tag{4-15}$$

即可写出裘布依微分方程式为

$$Q = k\omega i = 2\pi KM \frac{dH}{dr} \tag{4-16}$$

对上式进行分离变量,取 r 由 r_0—R,H 由 h_0—H_0,积分得

$$Q\int_{r_0}^{R} \frac{dr}{r} = 2\pi KM\int_{h_0}^{H_0} dh$$

$$Q(\ln R - \ln r_0) = 2\pi KM(H_0 - h_0)$$

$$Q = \frac{2\pi KM(H_0 - h_0)}{\ln R - \ln r_0} = 2.73KM\frac{H_0 - h_0}{\lg \frac{R}{r_0}} \tag{4-17}$$

令 $s = H_0 - h_0$,上式也可用如下形式表示:

$$Q = 2.73K\frac{M_s}{\lg \frac{R}{r_0}} \tag{4-18}$$

式中 M ——承压含水层厚度,m;s ——承压井内的水位下降值,m。

式(4-17)和式(4-18)就是描述地下水向承压完整井运动规律的裘布依公式,实践证明,裘布依公式在推导过程中虽然采用了许多假设条件,但该公式仍然具有实用价值,可用来预计井的出水量和计算水文地质参数。

四、裘布依稳定流公式的讨论

为了加深理解抽水井稳定流计算理论(裘布依公式)和掌握该公式的适用范围,有必要对它进一步进行分析和讨论。

(一)流量与降深的关系

抽水井的流量与降深的关系可以用 $Q = f(s)$ 曲线来表示。裘布依公式,承压井流量 Q 与降深 s 之间是线性关系,表现为流量随降深的增大成正比例关系增大;潜水井流量 Q 与降深 s 之间是二次抛物线关系(图 4-2),说明流量虽然随着降深的增大而增加,但流量的增量幅度越来越小。

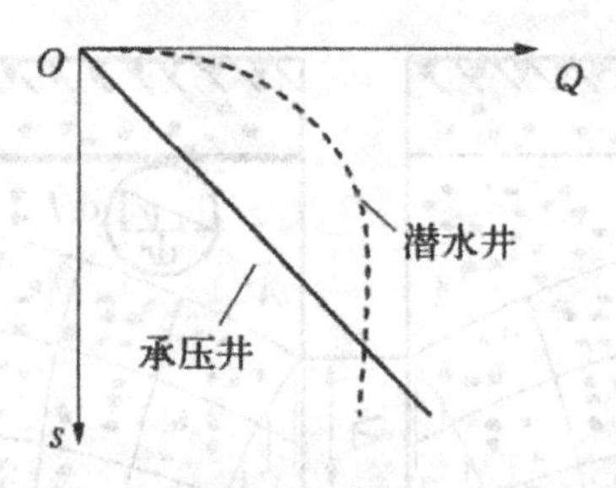

图 4-2 潜水井和承压井的流量和下降水位关系

裘布依公式中的水位降深,仅仅是缓慢运动的地下水克服含水层的阻力所消耗的水头。但实际上的水头损失还是包括水流通过过滤器孔眼时所产生的水头损失、水流在滤水管内流动时的水头损失等。此外,水井的结构、成井工艺及水井附近地下水三维流动都对 $Q-s$ 曲线偏离裘布依公式,即使是承压水,$Q-s$ 曲线也不一定呈直线关系。

(二)井的最大流量问题

从裘布依公式中可以看出,当井内水位降至隔水底板时,即 $s=H_0$ 时,流量达到最大值,这个既不符合实际情况,理论上又不合理。因为当 $s=H_0$ 时,井内 $h_0=0$,则过水断面 $\omega=0$,则 $i=\infty$,这显然是矛盾的。这种理论上的矛盾反映了裘布依公式是有缺陷的,造成这种矛盾的原因是,裘布依公式在推导过程中,忽略了渗透速度的垂直分量。

(三)井径与大流量的关系

从裘布依公式中井径与流量是对数关系,增大井径,流量增加很小。例如,井径增大 1 倍,其流量只增加 10%左右;井径增大 10 倍,其流量也只增加 40%左右。而实践证明,当井径增大后,流量的增加值要比裘布依公式计算的结果大很多。根据大量的实际抽水资料和试验研究,井径与流量有以下特点:流量随井径增加的幅度,透水性好的含水层要比透水差的含水层大;流量随井径增加的比例,大降深比小降深增加得快;流量的增长率随井径的增大而逐渐衰减。

(四)井壁内外水位差值的问题

由现场观测和室内实验证明:潜水井抽水时,当水位降深较大,井内水位明显低于井壁水位(图 4-3)。

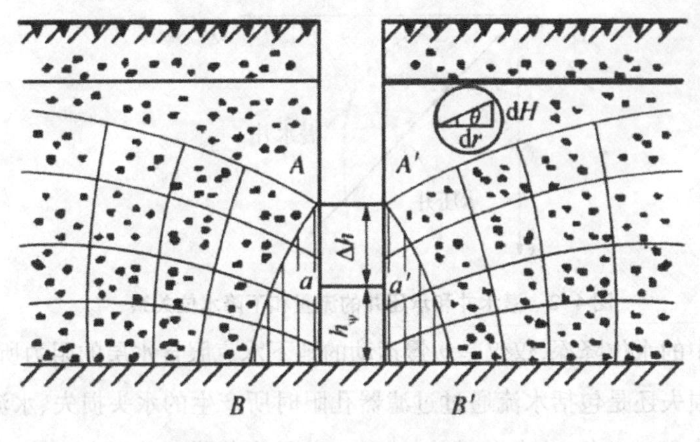

图 4-3 潜水井水跃示意图

这种现象称为水跃,其水位差为 Δh 。随着距抽水井的距离加大,等水头线变为直线,流速垂直分量减小,Δh 也随之变小。水跃的存在,保持了适当高度的过水断面,以保证地下水能够进入井内。否则,当井内 $h_0 = 0$,则过水断面 $\omega = 0$,就不会有水流入井内。此外,井附近的等水头是曲面,如井内外没有水位差,等水头线与井壁处于同一水头下,这样图中的阴影部分的水就不能流入井内。

(五)影响半径

裘布依在推导单井流量公式时,假设在距井一定距离 R 的圆周上,水头为常数,即降深为零。因此,影响半径的含义是明确的,即抽水井起至实际上已观测不到水位降深点的水平距离。影响半径 R 综合反映了含水层的规模、补给类型、补给能力。一般来说,抽水会波及整个含水层,其影响范围是随着抽水时间、流量的增加而扩大的。但实际上在很多情况下,抽水影响到一定距离后,水位下降值很小,以致很难观测出来。因此,稳定流理论认为:抽水时在取水构筑物周围产生漏斗状水位降落区,在漏斗降落区以外,水位下降值趋近于零,从抽水井到这个降落漏斗外部边界的距离称为影响半径。

在天然条件下,降落漏斗都有些不对称,一般边界也不明显,单井抽水影响范围实际上不是一个圆,于是,裘布依公式中的 R 是引用影响半径,实际上运用时常常把"引用"二字省掉。影响半径可以根据抽水试验资料来求,也可以用经验公式等方法来确定。

(六)非完整井的稳定渗透运动

地下水向非完整井运动的特点和完整井不同,其研究方法也不同。邻近的抽水地带,水沿着不同方向流入抽水井,离井越近流线弯曲得越厉害,在 $r \leqslant 1.6M$ (M 为含水层的厚度)的范围内属于三维流区,这一带必须引用流体力学的方法来解决。

（七）应用范围

裘布依公式仅适用于稳定流状态下，如在抽水过程的后期，随着抽水时间的延长，漏斗的扩展速度逐渐变小，最后趋于零或接近于零，出水量也趋于稳定，井中动水位也在一定高度上稳定下来，这时地下水向抽水井的运动达到了一种相对的暂时的平衡状态，属稳定流阶段。具体裘布依公式的应用范围可归纳为：

一是在有充分就地补给（有定水头）的情况下，由于补给充分、周转快、年度或跨年度调节作用强，储存量的消耗不明显，这样就容易在经过一定的开采时间后形成新的动态平衡，利用裘布依公式求解就可得到较准确的结果。

二是当抽水井建在无充分就地补给广阔分布的含水层之中，例如开采大面积承压水，由于补给途径长、周转慢，存在多年调节作用，消耗储存量的时间很长，因而不容易形成新的动态平衡，抽水是在非稳定流条件下进行的，这种条件严格说是不适用裘布依公式的。但如果进行长时间的抽水，并在抽水井附近设有观测井，若观测孔中的 s 值在 $s-\lg r$ 曲线上能连成直线，则可根据观测井的数据用裘布依公式来计算含水层的渗透系数。

三是在取水量远小于补给量的地区，可以先求得含水层的渗透系数，然后再用裘布依公式大致推测在不同取水量的情况下井内及附近的地下水位下降值。

五、承压水非完整井

当承压含水层的厚度较大时，抽水往往为非完整井。所谓厚度大，是相对于过滤的长度而言的。下面介绍承压水含水层厚度相对于过滤器长度不是很大的情况。当过滤器紧靠隔水顶板时，应用流体力学的方法可以求得这个问题的近似解，即马斯盖特公式：

$$\left.\begin{aligned} Q &= \frac{2.73KMs}{\frac{1}{2\alpha}\left(2\lg\frac{4M}{r}-A\right)-\lg\frac{4M}{R}} \\ \alpha &= \frac{L}{M} \end{aligned}\right\} \qquad (4-19)$$

式中 K——渗透系数；R——影响半径，m；r——井半径或管径过滤器半径，m；s——承压井内抽水时井内的水位下降值，m；M——承压含水层厚度，m；L——过滤器的长度，m；$A=f(\alpha)$，其关系可按图 4-4 求得。

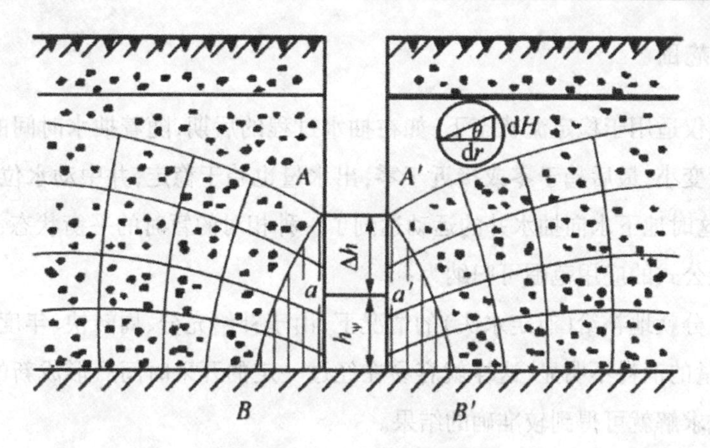

图 4-4 A-a 函数曲线

六、潜水非完整井

研究潜水非完整井的流线时发现，过滤器上、下两端的流线弯曲很大，从上端向中部流线弯曲程度逐渐变换，从中部向下端又朝反方向弯曲。在中部流线近于平面径向流动，通过过滤器中点的流面几乎与水平面平行，因此可以用通过过滤器中部的平面把水流区分为上、下两段，上段可以看作潜水完整井，下段则是承压水非完整井。这样的潜水非完整井的流量可以近似看作是上、下两段流量之总和，如图 4-5 所示。

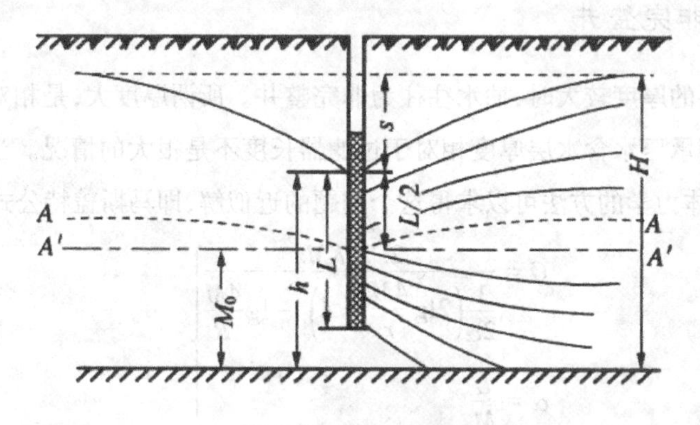

图 4-5 潜水非完整井

上段潜水完整井的流量公式为

$$Q_1 = \frac{\pi K[(s+0.5L)^2-(0,5L)^2]}{\ln\frac{R}{r}} = \frac{\pi K(s+L)s}{\ln\frac{R}{r}} \tag{4-20}$$

下段承压水非完整经的流量，当 $L/2 > 0.3M_0$ 时，可由式(4-19)得

$$\left.\begin{aligned} Q_s &= \frac{2\pi K M_0 s}{\frac{1}{2\alpha}\left(2\ln\frac{4M_0}{r} - 2.3A\right) - \ln\frac{4M_0}{R}} \\ \alpha &= \frac{0.5L}{M_0} \end{aligned}\right\} \tag{4-21}$$

式中 K——渗透系数; R——影响半径,m; r——井半径或管径过滤器半径,m; s——承压井内抽水时井内的水位下降值,m; M_0——层压含水层的厚度,m, $M_0 = H - S - \frac{L}{2}$;$L$——过滤器的长度,m; $A = f(\alpha)$,其关系可按图 4-3 求得。

当过滤器埋藏较深,即 $L/2 > 0.3M_0$ 时,潜水非完整井的流量为

$$Q = Q_1 + Q_2 = \pi K s\left[\frac{L+s}{\ln\frac{R}{r}} + \frac{2M_0}{\frac{1}{2\alpha}\left(2\ln\frac{4M_0}{r} - 2.3A\right) - \ln\frac{4M_0}{R}}\right]$$

$$= 1.36Ks\left[\frac{L+s}{\lg\frac{R}{r}} + \frac{2M_0}{\frac{1}{2\alpha}\left(2\ln\frac{4M_0}{r} - A\right) - \lg\frac{4M_0}{R}}\right]$$

这种分段方法在计算潜水非完整井流量时,不只限于圆形补给边界条件,而且还可以推广到其他形状的补给边界,如位于河边的潜水不完整井等(图 4-4)。

潜水非完整井也可以用下列公式进行计算:

$$Q = \frac{1.36K(H^2 - h^2)}{\lg\frac{R}{r} + \frac{h-L}{L} \times \lg\frac{1.12h}{\pi r}} \tag{4-22}$$

式中 H——潜水含水层厚度,m; h——潜水含水层在自然情况下和抽水试验时的厚度平均值,m; K——渗透系数; R——影响半径,m; r——井半径或管径过滤器半径,m; L——过滤器的长度,m; s——承压井内抽水时井内的水位下降值,m。

该公式的适用范围: $h > 15$, $L/h > 0.1$。

第五节　地下水完整井非稳定流理论

一、承压完整井非稳定流微分方程的建立

假定在一个均质各向同性等厚的、抽水前承压水位水平的、平面上无限扩展的、没有越流补给的水承压含水层中,打一口完整井,以定流量 Q 抽水,地下水运动符合达西定律,并且

流入井的水量全部来自含水层本身的弹性释放。随着抽水时间的延长，降落漏斗会不断扩大，井中的水位会持续下降，但并未达到稳定状态(图 4-6)。

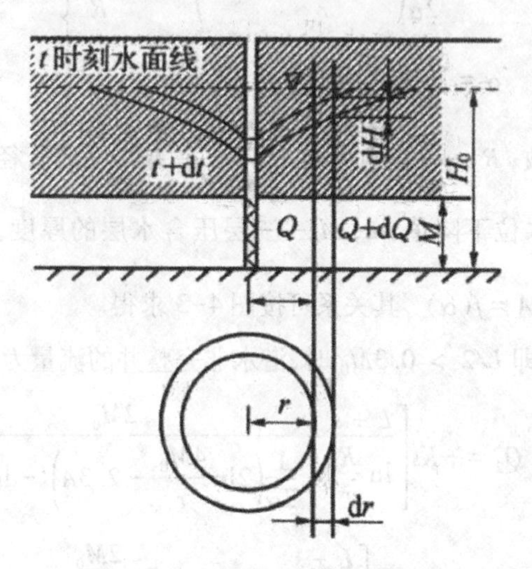

图 4-6　承压非完整井含水层水位

在距井轴 r 处的断面附近取一微分段，其宽度为 $\mathrm{d}r$，平面面积为 $2\pi r\mathrm{d}r$，断面面积为 $2\pi rM$，体积为 $2\pi rM\mathrm{d}r$。当抽水时间间隔很短时，可以把非稳定流当作稳定流来处理。

为了研究方便，我们应用势函数 Φ 的概念。对于承压水，令势函数为

$$\Phi = KMH \tag{4-23}$$

式中，H 为非矢量；K 在均质、各向同性岩石中，可以认为是一个常数；M 在均一厚度的含水层中也是常数；因此 Φ 就可视为一个非矢量函数。这样就可以把两个或两个以上的简单水流系统的势函数进行叠加计算，可以解决复杂的水流系统问题。

某一时刻通过某一断面的流量就可以根据达西公式求得

$$Q = 2\pi rKM\frac{\partial H}{\partial r} = 2\pi r\frac{\partial \Phi}{\partial r^2}$$

$$\Phi = KMH \tag{4-24}$$

在 $\mathrm{d}t$ 时间内，通过微分段内外两个断面流量的变化为

$$\mathrm{d}Q = 2\pi\frac{\partial}{\partial r}\left(r\frac{\partial \Phi}{\partial r}\right)\mathrm{d}r = 2\pi\left(\frac{\partial \Phi}{\partial r} + \frac{\partial^2 \Phi}{\partial r^2}\right)\mathrm{d}r \tag{4-25}$$

根据水流连续性原理，在 $\mathrm{d}t$ 时间内微分段内流量的变化等于微分段内弹性水量的变化，即 $\mathrm{d}Q = \mathrm{d}V_{弹}$，则有

$$2\pi\left(\frac{\partial \Phi}{\partial r} + \frac{\partial^2 \Phi}{\partial r^2}\right)\mathrm{d}r = \beta \mathrm{d}V\mathrm{d}p = \beta 2\pi rM\mathrm{d}r\gamma\frac{\partial H}{\partial r}$$

$$\mathrm{d}p = \gamma \mathrm{d}H \tag{4-26}$$

式中，γ——水的重力密度。上式两边各乘以 KM 值，并整理得

$$\frac{KM}{\gamma\beta M}\left(\frac{1}{r}\frac{\partial\Phi}{\partial r}+\frac{\partial^2\Phi}{\partial r^2}\right)=KM\frac{\partial H}{\partial t}=\frac{\partial\Phi}{\partial t} \tag{4-27}$$

为了计算方便，引入几个参数：

$T=KM$ 为导水系数，它是表示各含水层导水能力大小的参数。

$\mu^*=\gamma\beta M$ 为贮水系数，它是表示承压含水层弹性释水能力的参数，或称为弹性释水系数，是指单位面积的承压含水层柱体（高度为含水层厚度），在水头降低 1m 时，从含水层中释放出来的弹性水量。

$a=T/\mu^*$ 为承压含水层压力传导系数，表示承压含水层中压力传导速度的参数。

将 T、μ^*、a 代入上式得

$$\frac{\partial^2\Phi}{\partial r^2}+\frac{1}{r}\frac{\partial\Phi}{\partial r}=\frac{u^*}{T}\frac{\partial\Phi}{\partial t} \tag{4-28}$$

这是承压完整井非稳定流的微分方程。

二、基本方程式——泰斯公式的推导

根据一定的初始条件和边界条件，可以求解上述推导的完整井非稳定流的偏微分方程，即泰斯公式。

在满足推导承压水非稳定流微分方程时所做的假设条件下，有边界条件：$t>0$，r——∞ 时，$\Phi(\infty,0)=KMH$；$t>0$，r——∞时，$\lim\limits_{r\to 0}\left(r\frac{\partial\Phi}{\partial r}\right)=\frac{Q}{2\pi}$。

初始条件：$t=0$ 时，$\Phi(r,0)=KMH$。

根据上述的初始条件和边界条件，偏微分方程(4-28)的解为

$$s=\frac{Q}{4\pi T}W(u) \tag{4-29}$$

式中，s 为以定流量 Q 抽水时，距 r 远处经过 t 时刻后的水位降深，m；式(4-26)为井函数（指数积分函数）；式(4-29)为井函数的自变量。

井函数也可以用收敛级数表示，即

$$W(u)=\int_0^\infty\frac{e^{-u}}{u}du=-0.577\,216-\ln u+u-\frac{u^2}{2\times 2!}+\frac{u^2}{3\times 3!}-\frac{u^2}{4\times 4!}+\cdots \tag{4-30}$$

式(4-30)称为泰斯公式。

从井函数的级数展开式可以看出，当 u 值很小时，从第三项以后的项数值很小，可忽略不计。井函数 $W(u)$ 只取前两项就可以满足计算要求，即

$$W(u)=\int_0^{\infty}\frac{e^{-u}}{u}du=-0.577216-\ln u\approx\ln\frac{2.25\alpha t}{r^2}\tag{4-31}$$

因此式(4-29)可近似表示为

$$s=\frac{Q}{4\pi T}\ln\frac{2.25\alpha t}{r^2}\tag{4-32}$$

将上式化为常用对数,并整理得

$$s=\frac{0.183Q}{T}\lg\frac{2.25\alpha t}{r^2}\tag{4-33}$$

式(4-33)被称为雅柯布近似公式,适用于 $u\leqslant0.01$。当 $u\leqslant0.01$ 时,雅柯布近似公式与泰斯公式相比,其误差在5%左右,因此也有人认为当 $u\leqslant0.01$ 时,也可以应用雅柯布近似公式。

三、对泰斯公式的评价

泰斯公式是建立在把复杂多变的水文地质条件简化的基础上,即含水层均质、等厚、各向同性、无限延伸;地下水呈平面流,无垂直和水平补给以及初始水力坡度为零;等等。正因为有这些与实际情况不完全相符的假设条件,所以泰斯公式并非尽善尽美,仍有其一定的局限性,具体表现在以下几方面:

一是自然界的含水层完全均质、等厚、各向同性的情况极为少见,而且地下水一般不动,总是沿着某个方向具有一定的水力坡度,因此抽水降落漏斗常常是非圆形的复杂形状,最常见的是下游比上游半径长的椭圆形。

二是同稳定流抽水相同,当抽水量增加到一定程度之后,井附近则产生三维流区。有人认为三维流产生在距井1.6M(M为承压含水层厚度)范围内,供水水文地质勘察规范认为是1倍含水层厚度的范围内。

三是含水层在平面上无限延伸的情况在自然界并不存在,在抽水试验时只能把抽水井布在远离补给边界或远离隔水边界处。

四是泰斯假定含水层垂直和水平补给,抽水井的水量完全由“弹性释放”水量补给,实际上承压含水层的顶、底板不一定绝对隔水,不论是通过顶、底板相对隔水层的越流补给还是通过顶、底板的天窗补给,在承压含水层内进行长期的抽水过程中具有垂直和水平补给的情况是经常遇到的。

四、地下水向取水构筑物的非稳定流计算所能解决的问题

(一)评价地下水的开采量

非稳定流计算最适合用来评价平原区深部承压水的允许开采量,因为这种含水层分布面积大、埋藏较深、天然径流量小,开采水量常常主要依靠弹性释放水量,补给量比较难求。因此这类承压水地区的开采资源的评价方法是通过非稳定流计算,求得在一些代表性地下水位允许下降值 S 所对应的取水量作为允许开采量。

(二)预报地下水位下降值

在集中开采地下水的地区,区域水位逐年下降现象已经是现实问题,但更重要的是如何预报在一定取水量及一定时段之后,开采区内及附近地区任一点的水位下降值。非稳定流计算能容易予以解决,然而稳定流理论对此无能为力。

(三)确定含水层的水文地质参数

利用非稳定流理论无论是计算允许开采量还是预报地下水位下降值,都需要首先确定含水层的水文地质参数——水位(压力)传导系数 α、导水系数 T、蓄水系数 S 或弹性给水度 u 等。通过抽水试验测得 Q、s 及 t 值,然后通过非稳定流方程式可解出其中的 α、T、S 值。

第六节　地下水的动态与平衡

地下水动态是地下水水位、水量、水温及水质等要素,在各种因素综合影响下随着时间和空间所发生的有规律的变化现象和过程,它反映了地下水的形成过程,也是研究地下水水量平衡及其形成过程的一种手段。研究地下水的动态是为了掌握它的变化规律和预测它的变化方向,地下水不同的补给来源和排泄去路决定了地下水动态的基本特征,而地下水动态则综合反映了地下水补给与排泄的消长关系。地下水动态受一系列自然因素和人为因素的影响,并有周期性和随机性的变化。

一、影响地下水动态的因素

要全面地了解和研究地下水动态,首先应了解在时间和空间上改变地下水性质的各种因素,以及区别主要和次要影响因素及各个因素对地下水动态的影响特点和影响程度。影

响地下水动态的因素很复杂,基本上可以区分为两大类:自然因素和人为因素。其中自然因素又可区分为气象气候因素以及水文、地质地貌、土壤生物等因素;人为因素包括增加或疏干地表水体、地下水开采、人工回灌、植树造林、水土保持等对地下水动态的影响。

二、气象及气候因素

降水与蒸发直接参与地下水的补给与排泄,对地下水动态的影响最明显,降水渗入岩石、土壤促使地下水位上升,水质冲淡,而蒸发会引起地下水位降低和水的矿化度增大。

气象因素中的降雨和蒸发直接参与了地下水补给和排泄过程,是引起地下水各个动态要素,诸如地下水位、水量以及水质随时间、地区而变化的主要原因之一。如气温的变化会引起潜水的物理性质、化学成分和水动力状态的变化,因为温度的升高会减少潜水中溶解的气体数量和增大蒸发量,从而也就增大了盐分的浓度,另外温度升高之后能降低水的黏滞性,因而减小了表面张力和毛细管带的厚度。气象因素的特点是有一定的周期性,而且变化迅速,故而引起了地下水动态的迅速变化。气象变化的周期性可分为多年的、一年的和昼夜的,这些变化直接影响着地下水动态,特别是对浅层地下水,它是地下水位、水量、化学成分等随时间呈规律性变化的主要原因。对地下水的季节变化目前研究最多,也最具有现实意义,在气象季节变化的影响下,地下水呈季节变化的特征是:地下水位、水量、水质等一年四季的变化与降水、蒸发、气温的变化相一致。

气候上的昼夜、季节以及多年变化也要影响到地下水的动态进程,它一般是呈较稳定的、有规律性的周期变化,从而引起地下水发生相应的周期性变化。尤其是浅层地下水往往具有明显的日变化和强烈的季节性变化现象。在春夏多雨季节,地下水补给量大,水位上升,秋冬季节,补给量减少,而排泄不仅不减少,常常因为江河水位低落,地下水排泄条件改善,而增大地下水的排泄量,于是地下水位不断下降。这种现象还因为气候上的地区差异性,致使地下水动态亦因地而异,具有地区性特点。此外,气温的升降不但影响蒸发强度,还引起地下水温的波动,以及化学成分的变化。

三、水文因素

由于地表水体与地下水常常有着密切的联系,因而地表水流和地表水体的动态变化亦必然直接地影响着地下水的动态。水文因素对于地下水动态的影响,主要取决于地表上江河、湖(库)与地下水之间的水位差,以及地下水与地表水之间的水力联系类型。

江河湖海对地下水的影响主要作用于这些地表水体的附近,其中以河流对地下水动态的影响较大。河流与地下水的联系有三种形式:

一是河流始终补给地下水;二是河流始终排泄地下水;三是洪水时河流补给地下水,枯水期地下水补给河水，如平原上较大的河流。当河水与地下水有水力联系时，则河水的动态也影响地下水的动态。显然，河水位的升降对地下水位的影响是随着离岸距离的增大而减小，以至逐渐消失。

水文因素本身在很大程度上受气候及气象因素影响，因此根据它对地下水动态作用时间的不同，分为缓慢变化和迅速变化两种情况。缓慢变化的水文因素改变着地下水的成因类型，迅速变化的水文因素使地下水的动态出现极大值、极小值以及随时间而改变的平均值的波状起伏。如近岸地带的潜水位随地表水体的变化而升降，距离越近，变化幅度越大，落后于地表水位的变化时间也越短；而距地表水体越远，其变化幅度越小，落后时间越长。

四、地质地貌因素

地质地貌因素对地下水的影响，一般不反映在动态变化上，而是反映在地下水的形成特征方面。地质构造运动、岩石风化作用、地球的内热等因素对地下水的形成环境影响很大，但这些因素随时间的变化非常缓慢，因此地质因素对地下水的影响并不反映在动态周期上，而是反映在地下水的形成特征方面。其中地质构造决定了地下水的埋藏条件，岩性影响下渗、贮存及径流强度，地貌条件控制了地下水的汇流条件。这些条件的变化，造成了地下水动态在空间上的差异性。又如，地质构造决定了地下水与大气水、地表水的联系程度不同，使不同构造背景中的地下水出现不同的动态特征。再如，岩石性质决定了含水层的给水性、透水性，相同的补给量变化，在给水性、透水性差的岩石中会引起较大幅度的水位变化。

但是对于地震、火山喷发、滑坡及崩塌现象，则也能引起地下水动态发生剧变。因为地震会使岩石产生新裂隙和闭塞已有裂隙，则会形成新泉水和原有泉水的消失。地震引起的断裂位移、滑坡和崩塌还能根本改变地下水的动力状态。当含水层受震动时，会使井、泉水中的自由气体的含量增大。正是因为地震因素能引起地下水动态的变化，从而为利用地下水动态预报地震提供了可能。

五、生物与土壤因素

生物、土壤因素对地下水动态的影响，除表现为通过影响下渗和蒸发来间接影响地下水的动态变化外，还表现为地下水的化学成分和水质动态变化上的影响。

土壤因素主要反映在成土作用对潜水化学成分的改变，潜水埋藏越浅，这种作用越显著，在天然条件下，土壤盐分的迁移存在着方向相反的两个过程：一个是积盐过程，在地下水埋藏较浅的平原地区，地下水通过毛管上升蒸发，盐分累积于土壤层中。另一个是脱盐过程，水分通过包气带下渗，将土壤中的盐分溶解并淋溶到地下水中，从而影响潜水化学成分的变化。

生物因素的作用表现在两方面:一方面是植物蒸腾对地下水位的影响。例如,在灌区渠道两旁植树,借助植物蒸腾来降低地下水位,调节潜水动态,减弱土面蒸发而防止土壤盐碱。另一方面表现在各种细菌对地下水化学成分的改变。每种细菌(硝化、硫化、磷化细菌等)都有一定的生存发育环境(如氧化还原电位、一定的 pH 值等),当环境变化时,细菌的作用将改变,地下水的化学成分也发生相应的变化。

六、人为因素

人为因素包括各种取水构筑物抽取地下水、矿山排水和水库、灌溉系统、回灌系统等的注水,这些活动都会直接引起地下水动态的变化。人为因素对地下水动态的影响比较复杂,它比自然因素的影响要大,而且快,但影响的范围一般较小。从影响后果来说,有积极的一面,也有消极的一面。人们从事地下水方面的研究,除了研究地下水系统内在的机制与规律外,更重要的是为了更好地积极地影响与控制地下水动态进程,防止消极的影响,使地下水动态朝适合人类需要的方向发展。

第七节　地下水动态的研究内容

地下水动态的研究内容大致可概述如下:

第一,查明地下水形成条件,以地下水长期观测资料评价地下水的补给与排泄条件,进行水均衡分析,确立各种动态影响因素的作用以及地下水动态形成中的物理、化学过程,为编制地下水动态预测与实现各种水文地质计算服务。

第二,研究年内或多年的地下水天然补给量及其变化规律。查明地下水补给是合理利用地下水资源以及对地下水资源提出保护措施的基础。

第三,对区域地下水相动态的研究。我国青藏高原与北方地区很大一部分地下水以固相形态出现,北方广大地区每年开春融冻是液相地下水的重要补给因素。因此对地下水相动态以及地温传导过程的研究在当地液相地下水资源形成的研究中占有重要地位。

第四,地下水的水、盐、热平衡形成规律的研究。水、盐、热动态是相互关联的,利用盐、热动态资料能提供水动态及平衡形成的关键信息;地下水盐、热动态必须与水动态研究同步进行。该项研究成果是土地改良设计、地下卤水开采及热水利用各项工作的基础。

第五,地下水动态区域分布规律的研究。在不同自然地理与地质单元内,影响地下水动态的各种因素及其对地下水作用的实现条件;不同地质、水文地质单元的水文地质边界类型与性质;含水层、水文地质构造的各种水文地质参数的地区分布等,因这些参数从数量上反映了地下水圈、地表水圈、大气圈之间的水量交换以及地下水圈的固有特征。

第六，水文地质模型与地下水动态预报方法的研究。能适应不同地质、水文地质条件并能进行解析或数值求解的数学模型等，如水质弥散模型、水热运移模型、双重介质模型、弹性介质或弹塑性介质压力传播模型、水与汽两相流动模型等。

第七，地下水动态要素与水文过程线统计学特征及参数的地区性规律研究。如地下水动态观测序列的平稳性、各态历经性；水文过程线的频谱结构及其地方性参数；地下水动态系列统计学分布规律等项的研究。所有这些均是采用随机数学模型预报地下水动态的基础。

第八，全国或地区地下水动态观测资料整理自动化及传输技术的研究。建立国家级、地方级或某一生产系统（如地震系统）地下水动态监测网，包括网点选择、确立地下水动态观测内容、进行资料自动测报系统与传输技术的研究；建立全国性统一的地下水动态数据库与地下水资源管理调度中心，定期提出地下水动态情报，在必要时向国家权力机构发布危急咨询警报等。

从以上分析看来，对地下水资源及其动态的研究完全具有自身特定的研究对象和独立的研究方法与手段，它的使命即为水资源合理开发利用服务。

第八节　地下水平衡

一、地下水平衡的概念

一个地区的水平衡研究，实质就是应用质量守恒定律去分析参与水循环的各要素的数量关系。地下水平衡是以地下水为对象的平衡研究，目的在于阐明某个地区在某一段时间内，地下水水量（盐量）收入与支出的数量关系。进行平衡计算所选定的地区，称作平衡区，它最好是一个地下水流域。进行平衡计算的时间段，称作平衡期，可以是若干年、一年、一个月。某一平衡区，在一定平衡期内，地下水水量（或盐量）的收入大于支出，表现为地下水储量（或盐量）增加，称作正平衡；反之，支出大于收入，地下水储量（或盐量）减少，称作负平衡。

对于一个地区来说，气候经常以平均状态为准发生波动。多年中，从统计的角度讲，气候趋近平均状态，地下水也保持其总的平衡。在较短的时期内，气候发生波动，地下水也经常处于不平衡状态，从而表现为地下水的水量与水质随时间发生有规律的变化，即地下水动态。由此可见，平衡是地下水动态变化的内在原因，动态则是地下水平衡的外部表现。

为了研究地下水平衡，必须分析平衡的收入项与支出项，列出平衡方程式。通过测定或估算列入平衡方程式的各项要素，以求算某些未知项。

水平衡是物质守恒定律应用于水文循环方面的一个例证。在规定时间内进入指定地区的所有的水，其中一部分进入由边界圈定的含水空间中储存起来，另一部分向周围排泄。通常，水平衡应考虑内容见表4-1。

表4-1 水平衡要素一览表

补给项	消耗项
1. 地区的大气降水量 P	1. 陆面蒸散量 E_2
2. 地表水的流入量 R_1	2. 地表水流出量 R_2
3. 地下水的流入量 W_1	3. 地下水流出量 W_2
4. 水汽凝结量 E_1	4. 矿山排水、工农业供水、城乡生活用水及地表水的区域调出等 M_2
5. 人工引水或废水排放的补给 M_1	

水平衡要求补给项与消耗项平衡，在实践中就利用这种关系来预测一个月、一季度、一个水文年或几年内天然水收入和支出项之间的差值，而这个值又常用地表水、包气带水及地下水储量变化的总和来表达，所以研究水平衡牵连很多方面的内容。比如气候的周期波动，在短周期内这个差值随着气候条件变化极不稳定，而长周期内该值接近某一平均值，其变动幅度相应减小。在多水年份，差值为正，常常以加强一项或几项消耗量与增大的收入项相平衡；相反在湿度不足年份，差值为负，这时有的消耗项可以接近于零。

考虑到地下水特别是浅层地下水动态与平衡的研究与气候、水文、生物、土壤因素有紧密关系，而目前这些内容均已分别属于不同学科的研究对象。所以作为水圈整体来说，地下水又不是孤立存在的，这就决定了地下水平衡的研究，特别是动态预报工作必须广泛地做多方面的调查，需要对地区地下水资源形成的各方面的因素（包括影响水收入与支出等因素）进行定量测定，而地下水储量变化仅仅是其中主要的研究内容之一。地下水平衡研究一般需要考虑的项目见表4-2。

表4-2 地下水平衡要素一览表

收入项	支出项
1. 渗入到地下水面的降水量	1. 由毛细边缘带及浅埋潜水的蒸发、植物叶面蒸腾
2. 由河流、湖泊、水库、渠道水入渗对地下水的天然补给量	2. 地下水流向河流、湖泊或海洋等地面水体的泉水排泄量
3. 地下水流入量（包括深部承压水的越流补给及地下水的侧向补给等）	3. 地下水侧向流出项
4. 人工补给，包括灌溉回归水、渠道入渗及注水井补给量	4. 抽水井、排水渠的排水量

研究地下水平衡的场地必须选择在典型而同时又是国民经济建设比较重要的地方，最

好平衡区位于一个水文地质单元内，边界不但明显而且确切，又容易圈定，某一区域地下水的平衡规律总是通过一些小面积的典型地下水域（平衡场）的研究来查明的，包括对区域地下水动态曲线进行分区，分析地下水动态形成因素的地区分布特点。降水量、蒸发量、水文网、土壤及植被分布均具有地带性，为此平衡场的任务就是详细解剖不同地区各个因素对地下水平衡的影响。

上述各平衡项中，地表水对地下水的补给或地下水向地表的排泄，在不少场合，可以相当精确地测定，但地下水从邻区的流入或向邻区的流出，在地下水流边界尚未确立时是不易正确计算的，因为这些边界常常不是地表能观察到的一些地貌界线，所以必须事先进行一定比例尺的水文地质测绘和一系列的勘探、试验，确定含水层数目及其规模，划分潜水或承压水的界线，确定地下水的补给来源、径流和排泄场所，并通过一些典型断面来查明各含水层的相互联系，特别是在隔水层中能使含水层产生内部补给"天窗"、断裂以及承压含水层空间展布和尖灭情况等。在弄清这些边界条件之后，再测定某些平衡计算需要的水文地质参数，如含水层的给水度、贮水系数、导水系数及越流系数等。

对于与地下水动态变化和平衡计算有关的人为因素，同样也必须进行调查了解，如对灌区来讲包括：灌溉水在输送过程中的损失；灌溉制度与灌溉定额；耕地及其农作计划；土地利用；排水设施及排水量；等等。

对地下水供水来讲包括：地下水开采后形成的降落漏斗；地下水开采方式；地下水开采量及长远发展计划；人工补给工程；等等。

地下水平衡的研究还不够成熟，目前多限于水量平衡的研究，而且主要是涉及潜水水量平衡。

二、水平衡方程式

水平衡方法是水资源评价的基本方法之一。水平衡的研究经常是地下水与地表水一起进行的。水平衡反映了一个地区在包气带、饱水带内水储量的收支平衡情况。在实践中一个地区未来时刻地下水动态的预报也常常利用水平衡方程式。近 20 年来，地下水运动理论及水文地质过程的相似模拟方法取得了相当大的发展，促使水平衡计算进入了一个新阶段。

陆地上某一地区天然状态下总的水平衡，其收入项一般包括：大气降水量（P）、地表水流入量（R_1）、地下水流入量（W_1）、水汽凝结量（E_1）；支出项一般包括：地表水流出量（R_2）、地下水流出量（W_2）、蒸发量（E_2）。平衡期储存量变化为 ΔW，则水平衡方程为

$$P + R_1 + W_1 + E_1 - R_2 - W_2 - E_2 = \Delta W \qquad (4-34)$$

水储存量变化 ΔW 中，包括以下各部分：地表水变化量（V）、包气带水变化量（m）、潜水变化量（$\mu\Delta H$）及承压水变化量（$\mu C\Delta H_e$）；其中，μ 为潜水含水层的给水度或饱和差，ΔH

为平衡期潜水位变化值(上升用正号,下降用负号),μC 为承压水含水层的弹性给水度,ΔH_e 成为承压水测压水位变化值。据此,水平衡方程式可写成

$$P + (R_1 - R_2) + (W_1 - W_2) + (E_1 - E_2) = V + m + \mu\Delta H + \mu C\Delta H_e \qquad (4-35)$$

为计算方便,列入平衡式中各项以平铺于平衡区面积上所得水柱高度表示,常用 mm 为单位。

三、潜水平衡方程式

总的水平衡研究有助于了解一个地区水总的收支与分配情况,但是往往还满足不了对地下水详细研究的要求,因此有必要对潜水及承压水分别进行平衡计算。

潜水平衡方程式的一般形式如下:

$$\mu\Delta H = (W_{1\mu} + P_f + R_f + E_c + Q_t) - (W_{2\mu} + E_\mu + Q_d) \qquad (4-36)$$

式中 $W_{1\mu}$——上游潜水流入量;$W_{2\mu}$——下游潜水流出量;P_f——降雨渗入补给潜水量;R_f——地表水渗入补给潜水量;Q_t——下伏承压含水层通过相对隔水层顶托补给量(为正值),或潜水通过相对隔水层向下伏承压含水层越流排泄量(为负值);Q_d——潜水的泉或泄流形式向地表排泄量;E_c——水汽凝结补给潜水量;E_μ——潜水面或其邻接毛细带的蒸发量(包括土面蒸发及植物蒸腾);$\mu\Delta H$——符号意义同前。

不同条件下,此方程式可以相应地变化。例如,一般情况下凝结补给量很少,故 E_c 可忽略不计;当下伏承压含水层顶板隔水性能良好,且潜水与承压含水层水头差很小时,Q_t 可以忽略;地势平坦,水力坡度极小,且渗透系数不大时,可认为 $W_{1\mu}$、$W_{2\mu}$ 趋近于零;在无地下水向地表流泄时,Q_d 可从方程式中除去。如此,式(4-33)可简化为

$$\mu\Delta H = P_f + R_f - E_\mu \qquad (4-37)$$

这是大多数干旱半干旱平原地区典型的潜水平衡方程式,属渗入—蒸发型动态。在多年中 $\mu\Delta H$ 趋近于零,则得

$$P_f + R_f = E_\mu \qquad (4-38)$$

即渗入水量全部通过蒸发消耗。

第五章

地下水资源开发与保护

第一节　地下水开发及其所伴生的环境地质问题

资源是指自然界存在且可被人类利用的一切物质。地下水是一种宝贵的资源，地下水资源是水资源的一个组成部分。地下水与大气水、地表水在水文循环过程中相互转化，因此，一个地区的水资源是一个密切联系的有机整体。

作为资源的地下水，不仅具有自然属性，必然还具有社会属性。地下水资源较之地表水资源，具有很多优势，主要有四点：

一是空间分布。地表水的分布局限于稀疏的水文网，地下水则在广阔的范围里普遍分布。地下水在空间赋存上弥补了地表水分布的不均匀性，使自然界的水资源能够被人类利用得更为充分。

二是时间调节性。地表水循环迅速，其流量与水位在时间上变化显著，干旱半干旱地区的地表水往往在亟须用水的旱季断流，为了利用地表水，往往需要筑坝建库以进行调节。流动于岩土空隙中的地下水，受到含水介质的阻滞，循环速度远较地表水缓慢；再加上有利的地质结构能够储存地下水，因此，地下水含水系统实际上是具有天然调节功能的地下水库。地下水的这种时间调节性，对于干旱地区与干旱年份的供水尤为可贵。

三是水质。只有水质符合一定要求的水才是可利用的资源。地表水容易受到污染导致水质恶化，此外，地表水温度变化大，有时还可能结冰。地下水在入渗与渗流过程中，由于岩层的过滤，水质比较洁净，水温恒定，不容易被污染；当然，地下水一旦遭受污染，再度净化要比地表水困难得多。

四是可利用性。利用地表水一般须进行水质处理，往往需要在某些地段修建水工建筑物以导流引水或蓄水调节，然后再用管道输送到用水地段。因此，利用地表水的一次性投资大,一个地区的各个用水单位需要统筹修建供水工程设施。地下水分布广,且含水层起着输送水的作用,利用时不需要修建集中的水工设施,一般也无须铺设引水管道,不需要处理水质;每个用户可以打井从含水层直接抽取需用的水,一次性投资低,且可随需水量增加而逐步增加水井。然而,为了把地下水提升到地表要消耗能量,费用较高;不适当地开发利用地下水会造成严重的环境问题;由于用户分散打井取水,地下水的管理较地表水困难。

过量开发或排除地下水,会造成地下水位不断下降,容易产生一系列的环境地质问题,其中,对人类构成的威胁或危害称作地质灾害。

我国华北平原20世纪60年代以前很少开采地下水,不少地方的孔隙承压水井孔可以自喷。70年代起大量开采,开采量超过补给量,地下水位迅速下降,孔隙承压含水系统地下水位下降漏斗的面积往往达到数千平方千米,漏斗中心水位深达80m,并且每年以1m到数米的速度下降。地下水位迅速下降,不得不经常更新提水工具,大量较浅的井报废,并使采水的能耗大增。大型矿山因采矿需要而将大范围地下水疏干,也会造成类似的后果。

地下水是水文循环的重要环节,过量开采地下水,首先破坏了原有的水文循环。地下水集中排泄形成大泉,常构成名胜古迹的精华,由于地下水位深降,千古传颂的名泉(如济南的趵突泉、太原的晋祠泉)或不复存在,或成了涓涓细流。由于地下水位深降,由地下水供应的河水基流也减少甚至消失,干旱半干旱地区的地表径流也随之衰减。

地下水位降低还会使由浅埋地下水所维持的沼泽湿地被疏干。水栖候鸟及某些野生动物如河狸、水獭、麋鹿栖息地的消失,意味着相关生物群的消亡。

半干旱地区,尤其是干旱地区的平原盆地区,地下水位下降,包气带变厚同时水分供应不足,导致植被衰退;表土裸露且缺乏水分,易遭风蚀,造成土地沙化;最终,依靠植物为生的野生动物也随之衰减,导致生态全面退化。

充盈于岩土孔隙中的地下水,与岩土共同构成一个力学平衡系统,孔隙水压力与岩石骨架的有效应力共同与总应力相平衡。开采地下水引起水位下降后,由于孔隙水压力降低,而总应力未变,故有效应力增加,岩土骨架将因此发生释水压密。砂砾层基本呈弹性变形,地下水位复原时地层回弹;而黏性土层则为塑性变形,地下水位恢复时黏性土层的压密基本不再回弹。因此,开采孔隙承压含水系统会导致土层压密,相应地在地表表现为地面沉降,即地形标高的降低。抽汲地下水引起的地面沉降国内外都很普遍。

开采地下水引起的地面沉降,更主要的危害是引起地面及地下建筑物或管网的破坏。近年来,山东省的济宁市、德州市和菏泽市等平原区,都不同程度地出现了地面沉降,给当地的城市建设造成了很大危害。

地下水位下降引起黏性土压密释水时,还会使地下水水质发生变化。赋存于黏性土中的水通常不易与外界发生交换。但当黏性土压密释水时,黏性土中水的某些组分也随之进入含水层。例如河北东部平原深层孔隙地下水中氟含量的高值中心，正与区域地下水位下降漏斗中心吻合；在时间上，随着开采量增加，地下水位下降，地面沉降量增大，深层水中氟离子也随之增大。根据空间与时间上的比较，说明深层孔隙水中对人体有害的氟主要是伴随黏性土释水压密而进入含水层的。

上覆松散沉积物的岩溶化岩层分布区，当抽排岩溶水使其水位低于松散沉积物时，由于失去水的浮托力的支撑，在下部隐藏有溶洞，松散沉积物会坍落于洞穴中，在地表形成大量塌陷洼坑和漏斗。

天然条件下地下水形成相对稳定的地下水流动系统。地下水开采中心构成新的势汇后，会形成流线指向开采中心的新的地下水流动系统。如果离海不远，原来由陆地指向海洋的流线将因开采影响转而由海洋指向陆地，海水将入侵淡水含水系统。

第二节　地下水利用及其所伴生的环境地质问题

不但过量抽排地下水会引起环境退化，过量补充地下水也会破坏有地下水参加的各种平衡，导致环境退化。

修建水库，利用地表水进行灌溉，跨流域调入外来水源，都会使地下水获得比天然条件下更多的补给，引起有关的环境问题。

过量补充地下水引起地下水位上升，当平原盆地中地下水上升，使其毛细饱和带达到地表时，便引起土壤的次生沼泽化，原有的农业生产、建筑物、道路等均将受到损害。

土地沼泽化也为环境退化。因为自然环境是指人类生存与发展的自然条件的总和，在与环境长期共处中，人们已形成一定的与环境相适应的生活方式与生产模式。因此，凡是环境发生与当地人们现有的生活方式与生产模式不相适应的变化，都可归为环境退化。试想，若是全球现有的气候分带发生重大变化，将会给人们的生活与生产带来多少问题。

在干旱、半干旱平原盆地中，过量补充地下水引起地下水位上升会使蒸发浓缩作用加强，引起土壤盐渍化及地下水咸化。20世纪50年代后期，华北平原不合理地进行地表水灌溉与拦蓄降水，曾使地下水位普遍抬升而土壤次生盐渍化严重。

过量补充地下水使地下水位上升，也会破坏水岩(土)力学平衡。此时孔隙水压力增大，有效应力便随之降低，往往导致斜坡土石体失稳。当滑坡体的潜在滑动面上孔隙水压力上升时，有助于滑动面的破裂与滑动，这就是雨季滑坡容易发生的主要原因之一。水库回水往往使大范围地下水位上升，该范围内斜坡失稳，会触发滑坡与崩坍。

对于有裂隙的岩体，地下水位上升普遍使裂隙中孔隙水压力上升。在直立裂隙中，孔隙水压力升高等于给岩体增加一个指向临空面的推力;对于倾斜与水平的裂隙,孔隙水压力升高使有效应力降低,抵抗裂隙移动的摩擦力也随之降低。增加的孔隙水压力在上述两类裂隙同时存在的情况下将促使岩石斜坡崩坍。

水库诱发地震是过量补充地下水引起的一种环境问题。修建水库之所以诱发地震,简单地说是由于库水增加了活动断裂的孔隙水压力,使断层面的抗剪强度减少,地应力易于使断裂滑动而引发地震。

第三节 地下水污染

在人为影响下,地下水的物理、化学或生物特性发生不利于人类生活或生产的变化,称为地下水污染。地下水污染达到一定程度,便不合乎供水水源的要求。当然,对于不同用途的地下水,污染标准是不同的。

地下水污染意味着可以利用的宝贵的地下水资源减少。不仅如此,地下水的污染很不容易被及时发现。即使发现,其后果也难以消除。

地下水污染与地表水污染不同。污染物质进入地下含水层及在其中运移的速度都很缓慢,若不进行专门监测,往往在发现时,地下水污染已达到相当严重的程度。地表水循环流动迅速,只要排除污染源,水质能在短期内改善净化。地下水由于循环交替缓慢,即使排除污染源,已经进入地下水的污染物质,将在含水层中长期滞留。随着地下水流动,污染范围还将不断扩展。因此,要使已经污染的含水层自然净化,往往需要很长的时间(几十、几百甚至几千年);如果采取打井抽汲污染水的方法消除污染,则要付出相当大的代价。

污染物质主要来源于生活污水与垃圾、工业污水与废渣以及农用肥料与农药。随着人口急剧增长与工农业发展,产生的污染物质数量巨大。

污染物质可通过不同途径污染地下水。雨水淋滤使堆放在地面的垃圾与废渣中的有毒物质进入含水层;污水排入河湖坑塘,再渗入补给含水层;利用污水灌溉农田,处理不当时,可使大范围的地下水受污染;止水不良的井孔,会将浅部的污染水导向深层;废气溶解于大气降水,形成酸雨,也可补给污染地下水。

污染物质能否进入含水层取决于地质、水文地质条件。显然,承压含水层由于上部有隔水顶板,只要污染源不分布在补给区,就不会污染地下水。如果承压含水层的顶板为厚度不大的弱透水层,污染物也有可能通过顶板进入含水层。潜水含水层到处可以接受补给,污染的危险性取决于包气带的岩性与厚度。

包气带中的细小颗粒可以滤去或吸附某些污染物。土壤中的微生物则能将许多有机物分解为无害的产物(如 H_2、O、CO_2 等)。因此,颗粒细小且厚度较大的包气带构成良好的天然净水器。根据这个原理,人们如果正确地用污水灌溉农田不会引起地下水污染。比如将污水间歇地通过粉细砂包气带下渗可以达到污水净化的目的。粗颗粒的砾石没有过滤净化作用,裂隙岩层也缺乏过滤净化能力,岩溶含水层通道宽大,很容易遭受污染。

在分析污染物质的影响时,要仔细分析污染源与地下水流动系统的关系:污染源处于流动系统的什么部位,污染源处于哪一级流动系统。当污染源分布于流动系统的补给区时,随着时间延续,污染物质将沿流线从补给区向排泄区逐渐扩展,最终可波及整个流动系统。即使将污染源移走,在污染物质最终由排泄区泄出之前,污染影响将持续存在。污染源分布于排泄区,污染影响的范围比较局限,污染源一旦排除,地下水很快便可净化。

如图 5-1 所示,河 A 和河 B 之间的河间地块,地下水属于潜水,雨季直接接受大气降水补给,使地下水水位抬高,地下水向两侧排泄。此时,两河的水质对地下水是没有影响的,但地下水的水质对两条河水的水质有影响:如果河水水质较差,那么地下水的补给会使两条河流的地表水质量得到稀释和提高;如果河水水质优,但是地下水中有害物质的含量较高,这时,地下水对河流的补给会使河水质量变差。这是相辅相成的。到了枯水季节,地下水位下降,由于河 B 的地势较低,地下水接受河 A 的补给,而仍然向河 B 排泄。此时的情况与雨季发生了变化,地下水水质已经不再对河 A 产生影响,只对河 B 产生影响;与之相对应,河 A 的水质将直接影响地下水质量,间接地对河 B 造成影响;而此时河 B 的水质对地下水基本上是没有影响的,即便其水质很差,只要地下水保持向河 B 中排泄,其水质遭受河 B 影响的可能性极小,除非地下水水力坡度极小,以至于地下水向河 B 排泄的运动速度比河 B 中污染物的分子扩散速度还要小。

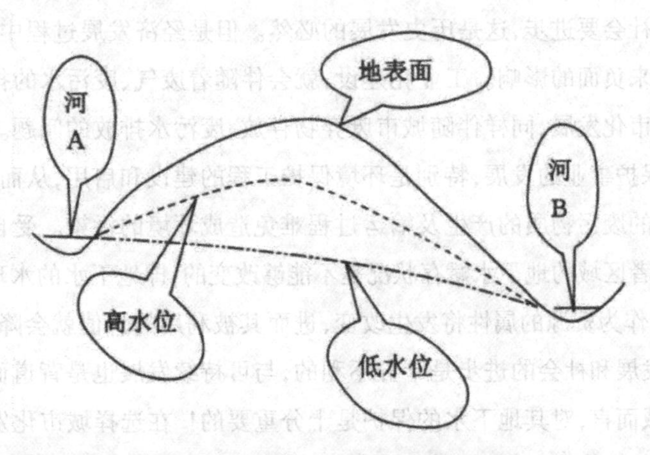

图 5-1　地下水与地表水关系示意图

当然,当人为地抽取或补充地下水形成新的势源或势汇时,流动系统将发生变化,原来的排泄区可能转化为补给区。因此,在分析时不仅要考虑天然条件,还要预测人类活动的影响。污染源分布于不同等级的流动系统,污染影响也不相同。污染源分布在局部流动系统中时,由于局部流动系统深度不大,规模小,水的交替循环快,短期内污染影响可以波及整个流动系统;但在去除污染源后,自然净化也快,数月到数年即可消除污染影响。区域流动系统影响范围大,流程长而流速小,水的交替循环缓慢;在其范围内存在污染源时,污染物质的扩展缓慢,但如有足够的时间,污染影响可以波及相当大的范围;区域流动系统遭受污染后,即使将污染源排除,污染影响仍将持续相当长的时间,自然净化期可以长达数百年乃至数千年。污染后再治理相当困难,有时甚至是不可能的。

为了避免地下水遭受污染,首先要控制污染源,力求污染物质经处理后再行排放;其次,要根据岩性以及地下水流动系统分析污染条件,尽量将可能发生污染的工矿企业安置在不易污染地下水的部位。

第四节　地下水的保护

有关地下水保护的理论比较多,有的叫作地下水脆弱性分析。在这里介绍的是近年来作者的一些研究成果,希望读者提出意见或建议。作者在这里也真诚地希望这样的保护地下水的思想,能够对地下水的保护起到积极的作用。同时更希望读者能够博览群书、吸纳众长,地在地下水保护领域里多做贡献,为现代化建设和可持续发展服务。

一、概述

经济要发展,社会要进步,这是历史发展的必然。但是经济发展过程中,必然会产生废污物质,给环境带来负面的影响。工业化建设,就会伴随着废气、废污水的排放以及固体垃圾存放的问题;城市化发展,同样伴随城市废弃物存放、废污水排放的问题。虽然经济的发展也会促进环境保护事业的发展,特别是环境保护工程的建设和启用,从而大大改善环境,但是,城市和工业的废污物质的产生及输运过程难免造成环境的污染。受自然地质条件的限制,一个地区或者区域的地下水赋存状况是不能够改变的,即地下水的水环境一旦遭到破坏(污染),地下水作为资源的属性将发生改变,进而其被利用的价值就会降低或者丧失,这对其经济进一步发展和社会的进步是十分不利的,与可持续发展也是背道而驰的。因而对一个地区或者区域而言,对其地下水的保护是十分重要的!在选择城市化发展方向和工业化基地之前,开展地下水保护区划分工作,做到有的放矢地开展地下水保护工作,无疑是很有意义的。

在一些依靠当地浅层地下水作为城镇及工业水源的地区或城市,严重的地下水污染主要缘于当地的污废水排放或垃圾堆存的降水淋滤以及污废水处理设施的渗漏和污水灌溉等。因此地下水资源的开发必须与保护相结合,而且保护应该放在首位。保护了地下水,就保护了一条重要生命线。

然而由于地下水形成的复杂性和特殊性,要实现对地下水的保护,使之免遭污染侵害,在整个地下水的补给区域内都应该排除污染源的存在,实行严格的保护,从环境保护的角度考虑,这也是必要的。但是这既可能影响社会及经济的正常发展,又会造成不必要的浪费,而且从我国当前的实际出发这也是不可能的。所以通过对水文地质条件的认识,利用岩层的抗污染性质,分级设立地下水保护区,分门别类、有的放矢地开展城市及工业规划建设,既能够确保社会及经济持续发展,又能够对地下水实行有效的保护,这才是科学可行的途径。迄今在这一方面尚没有一套成熟的方法或标准,本文做了这方面的尝试。

二、地下水污染的形式及特点

众所周知,地下水污染形式是多样的,主要有三种:点源污染、线源污染和面源污染。点源污染是由于工业或生活集中污、废水排泄口和固体垃圾堆放点形成的污染源对地下水造成的污染,线源污染是由污废水排泄沟渠构成的污染源对地下水的污染,而面源污染则是主要指农业施肥、污废水灌溉等对地下水的面状污染。无论是哪种污染形式,一般都具有以下特点或条件:

第一,有污染源存在,这是先决条件,不管污染源在地上还是地下。

第二,污染物以流体(主要是水)为介质发生迁移,污染源处流体(水)中具有较高的污染物浓度,污染物以浓度扩散(分子扩散)和随着流体(水)的流动而运动(机械弥散)的方式发生迁移。

第三,污染源与被污染的地下水体之间具有水头差,污染源水头较高,含污染物的流体(水)对地下水有补给作用;当地下水水位高于污染源水位时,污染物仅以分子扩散的形式对地下水造成污染,而且必须克服由于地下水运动所带来的反作用,因此多数情况下地下水不受下游污染源的影响,即便有污染其范围也较小。

第四,随着与污染源距离的增加,地下水中污染物浓度逐渐降低,而且这种特点在各个方向上都是存在的,当污染源为线源时往往沿着线源形成条带状的地下水污染;与上述第三个特点一样,在地下水运动方向的反方向一侧,地下水几乎不受污染源的影响。

第五,由于岩层(包括土体)对一些污染物具有吸附作用且有的吸附作用较强,所以地下水中部分污染物如磷可在短距离内消除,即离污染源较远的地下水中并不包含所有污染源中的污染物。

第六,部分污染物可通过化学或生物作用在其迁移过程中发生转化。

三、岩层对污染物的去除和抗污染性

透水岩层对水中污染物质具有过滤、吸附、消化、降解等作用,这里将这种作用称为透水岩层对污染物的去除作用,并将岩层的这种性质称为岩层的抗污染性。试验表明,岩层的上述作用或性质具有随着透水能力的增强而明显减弱的特点。即岩层的厚度越大、透水能力越差,其抗污染的能力越强;相反,岩层的透水能力越大厚度越小,其抗污染能力越弱;不透水岩层具有完全的防污染性能。透水岩层的这种抗污染性不仅在其处于包气带状态下存在,而且作为储水透水的含水层时也是存在的。岩层的抗污染性在实际工作中早已得到了验证:比如地下水随着与污染物距离的增大而遭受污染的程度减低;当地表存在污染源时,浅层地下水比深层地下水遭受污染的程度高。利用透水岩层进行地下水污染物的降解以期获得优质地下水的工作在世界各地正在作为一项事业蓬勃发展,我国在污水土地快速渗滤系统的研究及运用实践方面也取得了丰硕的成果。进行地下水保护区划分,就是依据了岩层的这种作用和性质。

四、岩层的阻隔系数

为了定量地描述岩层的抗污染性质(或去除污染物能力),在这里引入“阻隔系数”的概念。岩层的抗污染性与岩层的透水能力和岩层的厚度有关,与岩层的透水能力成反比,与岩层的厚度成正比,即:

$$\theta = \alpha \cdot \frac{l}{k} \tag{5-1}$$

式中 θ——岩层的阻隔系数,d; l——污染物在该岩层中的运动距离,一般指岩层的厚度,m; k——岩层的渗透系数,m/d; α——无量纲系数。

α 的大小取决于污染物的种类,即取决于污染水体所含污染物类型。一般对于有机污染物而言,如 COD、BOD 等,其值可以取得大一些;对于吸附性很强的金属离子,尽管其危害性很大,但是经过岩层时很容易被吸附,所以此时的 α 值也可以取得大一些;然而对于无机酸类物质,如卤族类,其活性很强,岩层对它的阻隔作用是有限的,所以应该把 α 值取得小一些。该系数大小需要在今后的实践或实验中逐步加以确定,在此之前可以将其值取为 1 ~ 2 之间。

显然,岩层的阻隔系数越大,其抗污染的性能就越强。对于完全不透水的岩层来说,其阻隔系数是趋于无限大的。

待保护的地下水与污染物之间,往往不是单一的岩层,而是由多个不同岩性的岩层组成的。当不同岩性的岩层同时存在时,它们的抗污染性具有叠加性,其总的阻隔系数是各种不

同岩层阻隔系数的和,即:

$$\theta_t = \sum_{i=1}^{n} \theta_i = \sum_{i=1}^{n} \alpha_i \cdot \frac{l_i}{k_i} \tag{5-2}$$

式中 θ_t ——不同岩层总的阻隔系数,d; l_i ——污染物在第 i 岩层中的运动距离,一般指该岩层的厚度,m; k_i ——第 i 岩层的渗透系数,m/d; α_i ——第 i 岩层抗污染性的无量纲系数。

可以看出,岩层的阻隔系数与岩层的岩性和含有污染物的地下水在该岩层中的运动途径的长短有关。由于 α_i 的取值与污染水体中污染物类型有关,因此在一定程度上岩层的阻隔系数还要取决于污染水体中主要污染物的类型。

五、地下水的易污染性及地下水污染指数

岩层的透水性强弱,只表明地下水的渗透性能的强弱,并在一定程度上表征岩层的储水性能。透水性岩层的存在是地下水形成运动的先决条件,但是只有透水岩层中的地下水具有水头差时,地下水才会运动。实践表明,地下水遭受污染主要取决于其接受污染水体(污染水体指已经遭受污染、含有一定污染物浓度的水体,用以替代污染源)的补给量的大小和污染水体所含污染物浓度的大小,纯粹由于污染物浓度的化学弥散(分子扩散)所引起的地下水污染是比较少见或较轻微的。正如前述,即使地下水与污染水体之间岩层的抗污染性很差,如果污染水体处于地下水的排泄场即地下水位高于污染水体的话,地下水也不会受到污染。因此,在分析地下水遭受污染时往往可以不考虑污染物的化学弥散作用,而只考虑污染水体污染物浓度以及在补给地下水过程中的运动速率和补给量。所以污染水体与所要保护的地下水之间的水头差就成为一个重要参数。由此看来,仅仅用岩层的阻隔系数定义了岩层的抗污染性的强弱是不够的,还必须考虑具体的待保护地下水与污染水体之间的水力联系。当被保护对象(地下水)不接受污染水体补给时,讨论地下水的保护是没有意义的。因此引出表明地下水遭受污染可能性大小的概念——地下水易污染性,即地下水遭受污染的可能性,它是由地下水与污染源之间的岩层抗污染性以及两者的水头差共同决定的。为了定量地评价待保护地下水的这种性质,再引入地下水污染指数(δ)的概念:

$$\delta = \beta \cdot \frac{H}{\theta} \tag{5-3}$$

式中 δ ——地下水的污染指数,具有速度的量纲,m/d; H ——含污染物流体(地表水或地下水)与待保护地下水的水头差,m; θ ——含污染物流体流经岩层的阻隔系数,d; β ——无量纲系数,其值的大小取决于待保护地下水的重要程度:待保护地下水对当地可持续发展越重要,其值越大;反之亦然。

与岩层的抗污染性相似，当污染水体与地下水之间具有多层岩层时，地下水的污染指数应该累加，即：

$$\delta_t = \left(\sum_{i=1}^{n} \delta_i\right) / n = \left(\sum_{i=1}^{n} \beta_i \cdot \frac{H_i}{\theta_i}\right) / n \quad i = 1,2,3,\cdots,n \tag{5-4}$$

式中 δ_t——待保护地下水的总污染指数，m/d；n——污染水体与待保护地下水之间具有不同抗污染性的岩层数。

其他符号意义同上。

显然，上述公式在形式上与达西定律 $v = K \cdot J$ 是相同的，只是区别在系数上，即 $\delta = \frac{\beta}{\alpha} \cdot v$。

但是两个概念具有本质的区别：一是研究主体不同。污染指数是对待保护的地下水而言的，其大小取决于污染水体与待保护地下水之间的岩层的抗污染性，而研究渗透速度时是把多个不同岩性的岩层作为共同的含水层来对待的；二是研究的结果不同。地下水污染指数是其与污染水体之间各岩层污染指数的累加，而考虑多层岩层的等效渗透系数时，对于平行岩层层面的总渗透系数（K_p）和垂直岩层层面的等效渗透系数（K_v）是按照以下两式来计算的：

$$K_p = \left(\sum_{i=1}^{n} K_i M_i\right) / \sum_{i=1}^{n} M_i, \quad K_v = \sum_{i=1}^{n} M_i \Big/ \left(\sum_{i=1}^{n} \frac{M_i}{K_i}\right) \tag{5-5}$$

相应的渗透速度为：

$$v = JK, K = \begin{cases} K_p & \text{水流平行于岩层层面} \\ K_v & \text{水流垂直于岩层层面} \end{cases}$$

式中，J——总水力坡度。

β 与 α 值的大小应该由实践经验给出，除了以上目的外，还要使得所确定的岩层阻隔系数 θ 和待保护的地下水的污染指数 δ 的数值控制在一个较适宜的范围，易于在不同区域或不同岩层之间进行比较和应用。

由地下水污染指数 δ 的定义可知，其值越大，地下水遭受污染的可能性就越大；反之亦然。

六、地下水保护区的划分

岩层具有抗污染性，即对污染物具有去除作用；岩层的这种对污染物的去除作用决定于岩层的透水能力；地下水由于岩层的抗污染性而获得不同程度的保护，换句话说，污染水体可在透水岩层中运动的过程中得到净化；与地表水比较，地下水不是很容易受污染水体污染；显然地下水遭受污染的程度除了与污染水体的污染物浓度有关外，也取决于污染水体对地下水的补给量的大小。因此，可根据水文地质条件进行地下水保护区的划分。

如何开展地下水保护区划分工作,迄今尚没有可依据的或公认的标准和程式。有关地下水水源的勘察规范和教科书等都是定性地做了规定,也有从环境保护角度提出对地下水水源进行"三带"保护,这更多地注重了细菌学病毒学指标对开采井地下水的影响。以下将依据以上所提出的思想方法,给出地下水保护区划分的工作步骤及工作内容。

第一,确定待保护对象。确定待保护的地下水含水层的产状及所处的地质构造部位、地下水的补给排泄条件、地下水的水位水质动态等。任何一个地区都不会将所有地下水都作为开发利用的对象,尤其对于富水程度较低、没有开采价值的个别含水层地下水,人们往往是不作为开发利用对象的,尽管从环境保护的角度应该对所有地下水进行保护,但是客观上是很难实现的,特别是在我国目前的状况下。所以,要开展水文地质工作来确定具有开采价值和供水意义的地下水含水层。

第二,确定污染源情况。掌握污染水体的来源、水量水位水质现状及动态。通过污染源调查评价的方式,对于城乡经济建设和工农业生产可能产生的污染源的类型、规模,污染物成分及浓度以及动态变化等做到定性描述和定量分析。

第三,掌握污染水体与待保护地下水的水力联系,即弄清污染水体对地下水污染的方式、强度等,确定其间不同岩层的岩性、分布现状、厚度及透水性等。

第四,在计算分层阻隔系数的基础上,计算待保护地下水与污染水体之间总的岩层阻隔系数 θ_t 和地下水的污染指数 δ_t ,并根据所获得数据在平面及平面上的分布,圈定阻隔系数平面和剖面等值线以及污染指数平面和剖面等值线。

第五,根据以上所得出的各种等值线图件,参照污染水体的来源、污染物种类、待保护地下水的用途等,进行评价区域的地下水保护分级。可以实行Ⅴ级分类,也可以实行Ⅳ级或Ⅲ级分类,视评价区的社会发展及经济水平而定。等该项工作开展到一定程度,有了经验,可以进行总结归纳,制定出统一的规范来。

第六,确定各保护区内的允许污废水排放负荷量,即确定在各级保护区内允许排放的污废水强度。如在阻隔系数小、地下水污染指数较大的地区或区域,应该坚决避免建设化工类企业,或已经建设的也应该搬迁;在排污纳污河道的阻隔系数小、待保护地下水污染指数较大的区域,要进行防渗处理,严防污染水体对地下水的污染侵害;而在待保护地下水污染指数相对较小的区域,可以允许建设居住小区或一般性企事业单位,或者允许其在一定的时间内存在等。

总之,作为资源的地下水是有限的,既然是有限的,就应该好好地利用和加以保护。同时作为环境因子,地下水既承担着环境污染的载荷,随时都有被污染的可能,又是改善环境的主要因素,即合理、科学地对地下水进行保护可以不断地改善环境。因而,我们要时刻注意利用和保护并重。

第六章

地质构造及其对工程的影响

第一节 水平构造和单斜构造

地质构造是地壳运动的产物。由于地壳中存在很大的应力,组成地壳的上部岩层在地应力的长期作用下会发生变形,形成构造变动的形迹,如在野外经常见到的岩层褶曲和断层等。我们把构造变动在岩层和岩体中遗留下来的各种构造形迹称为地质构造。

地质构造的规模有大有小。除上面所说的褶曲和断层外,大的如构造带,可以纵横数千千米,小的则如前边讲过的岩石的片理等。尽管规模大小不同,但它们都是地壳运动造成的永久变形和岩石发生相对位移的踪迹,因而它们在形成、发展和空间分布上,都存在密切的内部联系。

在漫长的地质历史过程中,地壳经历了长期、多次复杂的构造运动。在同一区域,往往会有先后不同规模和不同类型的构造体系形成,它们互相干扰、互相穿插,使区域地质构造显得十分复杂。但大型的复杂的地质构造,总是由一些较小的简单的基本构造形态按一定方式组合而成的。本章着重就一些简单的和典型的基本构造形态进行讨论。

未经构造变动的沉积岩层,其形成时的原始产状是水平的,先沉积的老岩层在下,后沉积的新岩层在上,称为水平构造。但是地壳在发展过程中,经历了长期复杂的运动过程,岩层的原始产状都发生了不同程度的变化。这里所说的水平构造,只是相对而言,就其分布来说,也只是局限于受地壳运动影响轻微的地区。

原来水平的岩层,在受到地壳运动的影响后,产状发生变动。其中最简单的一种形式就是岩层向同一个方向倾斜,形成单斜构造。单斜构造往往是褶曲的一翼、断层的一盘或者是局部地层不均匀地上升或下降所引起。

一、岩层产状

岩层在空间的位置,称为岩层产状。倾斜岩层的产状,是用岩层层面的走向、倾向和倾角三个产状要素来表示的。

(一)走向

岩层层面与水平面交线的方位角,称为岩层的走向。岩层的走向表示岩层在空间延伸的方向。

(二)倾向

垂直走向顺倾斜面向下引出一条直线,此直线在水平面的投影的方位角,称为岩层的倾向。岩层的倾向,表示岩层在空间的倾斜方向。

(三)倾角

岩层层面与水平面所夹的锐角,称为岩层的倾角。岩层的倾角表示岩层在空间倾斜角度的大小。

可以看出,用岩层产状的三个要素,能表达经过构造变动后的构造形态在空间的位置。

二、岩层产状的测定及表示方法

岩层产状测量,是地质调查中的一项重要工作,在野外是用地质罗盘直接在岩层的层面上测量的。

测量走向时,使罗盘的长边紧贴层面,将罗盘放平,水准泡居中,指北针所示的方位角就是岩层的走向。测量倾向时,将罗盘的短边紧贴层面,水准泡居中,指北针所示的方位角就是岩层的倾向。因为岩层的倾向只有一个,所以在测量岩层的倾向时,要注意将罗盘的北端朝向岩层的倾斜方向。测量倾角时,须将罗盘横着竖起来,使长边与岩层的走向垂直,紧贴层面,等倾斜器上的水准泡居中后,悬锤所示的角度,就是岩层的倾角。

在表达一组走向为北西 320°、倾向南西 230°、倾角 35°的岩层产状时,一般写成:NW320°、SW230°、∠35°。在地质图上,长线表示岩层的走向,与长线垂直的短线表示岩层的倾向(长短线所示的均为实测方位),数字表示岩层的倾角。由于岩层的走向与倾向相差90°,所以在野外测量岩层的产状时,往往只记录倾向和倾角。如上述岩层的产状,可记录为:SW230°、∠35°。如须知道岩层的走向时,只须将倾向加减 90°即可,后面将要讲到的褶曲的轴面、裂隙面和断层面等,其产状意义、测量方法和表达形式与岩层相同。

第二节　褶皱构造

组成地壳的岩层,受构造应力的强烈作用,使岩层形成一系列波状弯曲而未丧失其连续性的构造,称为褶皱构造。褶皱构造是岩层产生的塑性变形,是地壳表层广泛发育的基本构造之一。

一、褶曲

褶皱构造中的一个弯曲,称为褶曲。褶曲是褶皱构造的组成单位。每一个褶曲都有核部、翼、轴面、轴及枢纽等几个组成部分,一般称为褶曲要素。

(一)核部

褶曲的中心部分。通常把位于褶曲中央最内部的一个岩层称为褶曲的核。

(二)翼

位于核部两侧,向不同方向倾斜的部分,称为褶曲的翼。

(三)轴面

从褶曲顶平分两翼的面,称为褶曲的轴面。轴面在客观上并不存在,是为了标定褶曲方位及产状而划定的一个假想面。褶曲的轴面可以是一个简单的平面,也可以是一个复杂的曲面。轴面可以是直立的、倾斜的或平卧的。

(四)轴

轴面与水平面的交线,称为褶曲的轴。轴的方位,表示褶曲的方位。轴的长度,表示褶曲延伸的规模。

(五)枢纽

轴面与褶曲在同一岩层层面的交线,称为褶曲的枢纽。褶曲的枢纽有水平的、有倾斜的,也有波状起伏的。枢纽可以反映褶曲在延伸方向产状的变化情况。

二、褶曲的类型

褶曲的基本形态是背斜和向斜。

(一)背斜褶曲

背斜褶曲是岩层向上拱起的弯曲。岩层以褶曲轴为中心向两翼倾斜。当地面受到剥蚀而出露有不同地质年代的岩层时,较老的岩层出现在褶曲的轴部,从轴部向两翼,依次出现的是较新的岩层。

(二)向斜褶曲

向斜褶曲是岩层向下凹的弯曲。岩层的倾向与背斜相反,两翼的岩层都向褶曲的轴部倾斜。如地面遭受剥蚀,在褶曲轴部出露的是较新的岩层,向两翼依次出露的是较老的岩层。

不论是背斜褶曲,还是向斜褶曲,如果按褶曲的轴面产状,可将褶曲分为如下几个形态类型:

1. 直立褶曲

轴面直立,两翼向不同方向倾斜,两翼岩层的倾角基本相同,在横剖面上两翼对称,所以也称为对称褶曲。

2. 倾斜褶曲

轴面倾斜,两翼向不同方向倾斜,但两翼岩层的倾角不等,在横剖面上两翼不对称,所以又称为不对称褶曲。

3. 倒转褶曲

轴面倾斜程度更大,两翼岩层大致向同一方向倾斜,一翼层位正常,另一翼老岩层覆盖于新岩层之上,层位发生倒转。

4. 平卧褶曲

轴面水平或近于水平,两翼岩层也近于水平,一翼层位正常,另一翼发生倒转。

在褶曲构造中,褶曲的轴面产状和两翼岩层的倾斜程度,常和岩层的受力性质及褶皱的强烈程度有关。在褶皱不太强烈和受力性质比较简单的地区,一般多形成两翼岩层倾角舒缓的直立褶曲或倾斜褶曲;在褶皱强烈和受力性质比较复杂的地区,一般两翼岩层的倾角较大,褶曲紧闭,并常形成倒转或平卧褶曲。

如按褶曲的枢纽产状,又可分为:

1. 水平褶曲

褶曲的枢纽水平展布，两翼岩层平行延伸。

2. 倾伏褶曲

褶曲的枢纽向一端倾伏，两翼岩层在转折端闭合。

当褶曲的枢纽倾伏时，在平面上会看到，褶曲的一翼逐渐转向另一翼，形成一条圆滑的曲线。在平面上，褶曲从一翼弯向另一翼的曲线部分，称为褶曲的转折端，在倾伏背斜的转折端，岩层向褶曲的外方倾斜（外倾转折）。在倾伏向斜的转折端，岩层向褶曲的内方倾斜（内倾转折）。在平面上倾伏褶曲的两翼岩层在转折端闭合，是区别于水平褶曲的一个显著标志。

褶曲构造延伸的规模，长的可以从几十千米到数百千米以上，但也有比较短的。按褶曲的长度和宽度的比例，长宽比大于10：1，延伸的长度大而分布宽度小的，称为线形褶曲。褶曲向两端倾伏，长宽比介于3：1～10：1之间，呈长圆形的，如是背斜，称为短背斜；如是向斜，称为短向斜。长宽比小于3：1的圆形背斜称为穹隆；向斜称为构造盆地。两者均为构造形态，不能与地形上的隆起和盆地相混淆。

三、褶皱构造

褶皱是褶曲的组合形态，两个或两个以上褶曲构造的组合，称为褶皱构造。在褶皱比较强烈的地区，单个的褶曲比较少见，一般的情况都是线形的背斜与向斜相间排列，以大体一致的走向平行延伸，有规律地组合成不同形式的褶皱构造。如果褶皱剧烈，或在早期褶皱的基础上再经褶皱变动，就会形成更为复杂的褶皱构造。我国的一些著名山脉，如昆仑山、祁连山、秦岭等，都是这种复杂的褶皱构造山脉。

四、褶皱构造的工程地质评价和野外观察

（一）褶皱构造的工程地质评价

如果从路线所处的地质构造条件来看，也可能是一个大的褶皱构造，但从工程所遇到的具体构造问题来说，则往往是一个一个的褶曲或者是大型褶曲构造的一部分。局部构成了整体，整体与局部存在着密切的联系，通过整体能更好地了解局部构造相互间的关系及其空间分布的来龙去脉。有了这种观点，对于了解某些构造问题在路线通过地带的分布情况，进而研究地质构造复杂地区路线的合理布局，无疑是重要的。

不论是背斜褶曲还是向斜褶曲，在褶曲的翼部遇到的，基本上是单斜构造，也就是倾斜岩层的产状与路线或隧道轴线走向的关系问题。倾斜岩层对建筑物的地基，一般来说，没有特殊不良的影响，但对于深路堑、挖方高边坡及隧道工程等，则需要根据具体情况做具体的分析。

对于深路堑和高边坡来说,路线垂直岩层走向,或路线与岩层走向平行但岩层倾向与边坡倾向相反时,只就岩层产状与路线走向的关系而言,对路基边坡的稳定性是有利的;不利的情况是路线走向与岩层的走向平行,边坡与岩层的倾向一致,特别在云母片岩、绿泥石片岩、滑石片岩、千枚岩等松软岩石分布地区,坡面容易发生风化剥蚀,产生严重碎落坍塌,对路基边坡及路基排水系统会造成经常性的危害;最不利的情况是路线与岩层走向平行,岩层倾向与路基边坡一致,而边坡的坡角大于岩层的倾角,特别在石灰岩、砂岩与黏土质页岩互层,且有地下水作用时,如路堑开挖过深、边坡过陡,或者由于开挖使软弱构造面暴露,都容易引起斜坡岩层发生大规模的顺层滑动,破坏路基稳定。

对于隧道工程来说,从褶曲的翼部通过一般是比较有利的。如果中间有松软岩层或软弱构造面,则在顺倾向一侧的洞壁,有时会出现明显的偏压现象,甚至会导致支撑破坏,发生局部坍塌。

在褶曲构造的轴部,从岩层的产状来说,是岩层倾向发生显著变化的地方,就构造作用对岩层整体性的影响来说,又是岩层受应力作用最集中的地方,所以在褶曲构造的轴部,不论公路、隧道或桥梁工程,容易遇到工程地质问题,主要是由于岩层破碎而产生的岩体稳定问题和向斜轴部地下水的问题。这些问题在隧道工程中往往显得更为突出,容易产生隧道塌顶和涌水现象,有时会严重影响正常施工。

(二)褶曲的野外观察

在一般情况下,人们容易认为背斜为山、向斜为谷。有这种情形,但实际情况要比这复杂得多。因为背斜遭受长期剥蚀,不但可以逐渐地被夷为平地,而且往往由于背斜轴部的岩层遭到构造作用的强烈破坏,在一定的外力条件下,甚至可以发展成为谷地,所以向斜山与背斜谷的情况在野外也是比较常见的。因此,不能够完全将地形的起伏情况作为识别褶曲构造的主要标志。

褶曲的规模,有比较小的,但也有很大的。小的褶曲,可以在小范围内,通过几个出露在地面的基岩露头进行观察。规模大的褶曲,一则分布的范围大,二则常受地形高低起伏的影响,既难一览无余,也不可能通过少数几个露头就能窥其全貌。对于这样的大型褶曲构造,在野外就需要采用穿越的方法和追索的方法进行观察。

1. 穿越法

就是沿着选定的调查路线,垂直岩层走向进行观察。用穿越的方法,便于了解岩层的产状、层序及其新老关系。如果在路线通过地带的岩层呈有规律地重复出现,则必为褶曲构造。再根据岩层出露的层序及其新老关系,判断是背斜还是向斜。然后进一步分析两翼岩层的产状和两翼与轴面之间的关系,这样就可以判断褶曲的形态类型。

2. 追索法

就是平行岩层走向进行观察的方法。平行岩层走向进行追索观察，便于查明褶曲延伸的方向及其构造变化的情况，当两翼岩层在平面上彼此平行展布时为水平褶曲，如果两翼岩层在转折端闭合或呈S形弯曲，则为倾伏褶曲。

穿越法和追索法，不仅是野外观察褶曲的主要方法，同时也是野外观察和研究其他地质构造现象的一种基本的方法。在实践中一般以穿越法为主、追索法为辅，根据不同情况，穿插运用。

第三节　断裂构造

构成地壳的岩体，受力作用发生变形，当变形达到一定程度后，使岩体的连续性和完整性遭到破坏，产生各种大小不一的断裂，称为断裂构造。

断裂构造是地壳上层常见的地质构造，包括断层和裂隙等。

断裂构造的分布也很广，特别在一些断裂构造发育的地带，常成群分布，形成断裂带。

根据岩体断裂后两侧岩块相对位移的情况，断裂构造可分为裂隙和断层两类。

一、裂隙

裂隙也称为节理。是存在于岩体中的裂缝，是岩体受力断裂后两侧岩块没有显著位移的小型断裂构造。

(一)裂隙的类型

自然界的岩体中几乎都有裂隙存在，按成因可以归纳为构造裂隙和非构造裂隙两类。

构造裂隙，是岩体受地应力作用随岩体变形而产生的裂隙。由于构造裂隙在成因上与相关构造(如褶曲、断层等)和应力作用的方向及性质有密切联系，所以它在空间分布上具有一定的规律性。按裂隙的力学性质，构造裂隙可分为下面两种：

1. 张性裂隙

在褶曲构造中，张性裂隙主要发育在背斜和向斜的轴部。裂隙张开较宽，断裂面粗糙一般很少有擦痕，裂隙间距较大且分布不匀，沿走向和倾向都延伸不远。

2. 扭(剪)性裂隙

一般多是平直闭合的裂隙，分布较密、走向稳定，延伸较深、较远，裂隙面光滑，常有擦痕。扭性裂隙常沿剪切面成群平行分布，形成扭裂带，将岩体切割成板状。有时两组裂隙在不同的方向同时出现,交叉呈 X 形,将岩体切割成菱形块体。扭性裂隙常出现在褶曲的翼部和断层附近。

非构造裂隙是由成岩作用、外动力、重力等非构造因素形成的裂隙。如岩石在形成过程中产生的原生裂隙、风化裂隙,以及沿沟壁岸坡发育的卸荷裂隙等。其中具有普遍意义的是风化裂隙。风化裂隙主要发育在岩体靠近地面的部分,一般很少达到地面下 10~15m 的深度。裂隙分布零乱,没有规律性,使岩石多成碎块,沿裂隙面岩石的结构和矿物成分也有明显变化。

(二)裂隙的工程地质评价

岩体中的裂隙,在工程上除有利于开挖外,对岩体的强度和稳定性均有不利的影响。岩体中存在裂隙,破坏了岩体的整体性,促进岩体风化速度,增强岩体的透水性,因而使岩体的强度和稳定性降低。当裂隙主要发育方向与路线走向平行、倾向与边坡一致时,不论岩体的产状如何,路堑边坡都容易发生崩塌等不稳定现象。在路基施工中,如果岩体存在裂隙,还会影响爆破作业的效果。所以,当裂隙有可能成为影响工程设计的重要因素时,应当对裂隙进行深入的调查研究,详细论证裂隙对岩体工程建筑条件的影响,采取相应措施,以保证建筑物的稳定和正常使用。

(三)裂隙调查、统计和表示方法

为了反映裂隙的分布规律及其对岩体稳定性的影响,需要进行野外调查和室内资料整理工作,并用统计图的形式把岩体裂隙的分布情况表示出来。调查裂隙时,应先在工点选择一具有代表性的基岩露头,对一定面积内的裂隙,按表 6-1 所列的内容进行测量,主要包括:

表 6-1　裂隙野外测量记录表

编号	裂隙产状			长度	宽度	条数	填充情况	裂隙成因类型
	走向	倾向	倾角					
1	NW370°	NE37°	18°			22	裂隙面夹泥	扭性裂隙
2	NW332°	NE62°	10°			15	裂隙面夹泥	扭性裂隙
3	NE7°	NW277°	80°			2	裂隙面夹泥	张性裂隙
4	NE15°	NW285°	60°			4	裂隙面夹泥	张性裂隙

一是测量裂隙的产状。为测量方便起见，常用一硬纸片，当裂隙面出露不佳时，可将纸片插入裂隙，用测得的纸片产状，代替裂隙的产状。

二是观察裂隙张开度和充填情况。张开裂隙，其中有充填物的，应观察描述充填物的成分、特征、数量、胶结情况及性质等。

三是根据裂隙发育特征，确定其成因。

四是统计裂隙的密度、间距和数量，确定裂隙发育程度和主导方向。最简单的方法是在垂直节理走向方向上取单位长度计算节理条数，以“条/m”表示，间距等于密度的倒数。

五是玫瑰花图。裂隙玫瑰图可以用裂隙走向编制，也可以用裂隙倾向编制。其编制方法如下：

1. 裂隙走向玫瑰图

在一任意半径的半圆上，画上刻度网。把所测得的裂隙按走向以每5°或每10°分组，统计每一组内的裂隙数并算出其平均走向。自圆心沿半径引射线，射线的方位代表每组裂隙平均走向的方位，射线的长度代表每组裂隙的条数。然后用折线把射线的端点连接起来，即得裂隙走向玫瑰图(图6-1a)。

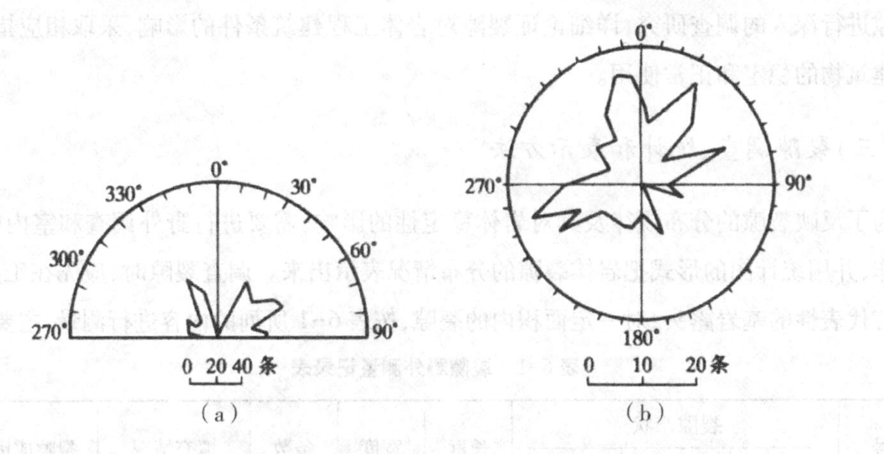

图6-1　裂隙玫瑰

a. 裂隙走向玫瑰图；b. 裂隙倾向玫瑰图

图中的每一个“玫瑰花瓣”，代表一组裂隙的走向，“花瓣”的长度，代表这个方向上裂隙的条数，“花瓣”越长，反映沿这个方向分布的裂隙越多。从图上可以看出，比较发育的裂隙有走向330°、30°、60°、300°及走向东西的共五组。

2. 裂隙倾向玫瑰图

先将测得的裂隙，按倾向以每5°或每10°分组，统计每一组内裂隙的条数，并算出其平均倾向。用绘制走向玫瑰图的方法，在注有方位的圆周上，根据平均倾向和裂隙的条数，定出各组相应的点子。用折线将这些点子连接起来，即得裂隙倾向玫瑰图(图6-1b)。

如果用平均倾角表示半径方向的长度,用同样方法可以编制裂隙倾角玫瑰图。同时也可看出,裂隙玫瑰图编制方法简单,但最大的缺点是不能在同一张图上把裂隙的走向、倾向和倾角同时表示出来。

(四)裂隙的发育程度

裂隙的发育程度,在数量上有时用裂隙率表示。裂隙率是指岩石中裂隙的面积与岩石总面积的百分比。裂隙率越大,表示岩石中的裂隙越发育;反之,则表明裂隙不发育。公路工程地质常用的裂隙发育程度的分级,见表6-2。

表6-2　裂隙发育程度分级表

发育程度等级	基本特征	附注
裂隙不发育	裂隙1~2组,规则,构造型,间距在1m以上,多为密闭裂隙。岩体被切割成巨块状	对基础工程无影响,在不含水且无其他不良因素时,对岩体稳定性影响不大
裂隙较发育	裂隙2~3组,呈X形,较规则,以构造型为主,多数间距大于0.4m,多为密闭裂隙,少有填充物。岩体被切割成大块状	对基础工程影响不大,对其他工程可能产生相当影响
裂隙发育	裂隙3组以上,不规则,以构造型或风化型为主,多数间距小于0.4m,大部分为张开裂隙,部分有填充物。岩体被切割成小块状	对工程建筑物可能产生很大影响
裂隙很发育	裂隙3组以上,杂乱,以风化型和构造型为主,多数间距小于0.2m,以张开裂隙为主,一般均有填充物。岩体被切割成碎石状	对工程建筑物产生严重影响

注:裂隙宽度<1mm的为密闭裂隙;裂隙宽度1~3mm的为微张裂隙;裂隙宽度3~5mm的为张开裂隙;裂隙宽度>5mm的为宽张裂隙。

二、断层

岩体受力作用断裂后,两侧岩块沿断裂面发生了显著位移的断裂构造,称为断层。断层规模大小不一,小的几米,大的上千千米,相对位移从几厘米到几十千米。

(一)断层要素

断层由以下几个部分组成:

断层面和破碎带两侧岩块发生相对位移的断裂面,称为断层面。断层面可以是直立的,但大多数是倾斜的。断层的产状,就是用断层面的走向、倾向和倾角表示的。规模大的断层,经常不是沿着一个简单的面发生,而往往是沿着一个错动带发生,称为断层破碎带。其宽度从数厘米到数十米不等。断层的规模越大,破碎带也就越宽、越复杂。由于两侧岩块沿断层面发生错动,所以在断层面上常留有擦痕,在断层带中常形成糜棱岩、断层角砾岩和断层泥等。

1. 断层线

断层面与地面的交线,称为断层线。断层线表示断层的延伸方向,其形状决定于断层面的形状和地面的起伏情况。

2. 上盘和下盘

断层面两侧发生相对位移的岩块,称为断盘。当断层面倾斜时,位于断层面上部的称为上盘;位于断层面下部的称为下盘。当断层面直立时,常用断块所在的方位表示,如东盘、西盘等。如以断盘位移的相对关系为依据,则将相对上升的一盘称为上升盘、相对下降的一盘称为下降盘。上升盘和上盘、下降盘和下盘并不完全一致,上升盘可以是上盘,也可以是下盘。同样,下降盘可以是下盘,也可以是上盘,两者不能混淆。

3. 断距

断层两盘沿断层面相对移动开的距离。

(二)断层的基本类型

断层的分类方法很多,所以有各种不同的类型。根据断层两盘相对位移的情况,可以分为下面三种:

1. 正断层

上盘沿断层面相对下降、下盘相对上升的断层。正断层一般是由于岩体受到水平张应力及重力作用,使上盘沿断层面向下错动而成。一般规模不大,断层线比较平直,断层面倾角较陡,常大于45°。

2. 逆断层

上盘沿断层面相对上升、下盘相对下降的断层。逆断层一般是由于岩体受到水平方向强烈挤压力的作用,使上盘沿断面向上错动而成。断层线的方向常和岩层走向或褶皱轴的方向近于一致,和压应力作用的方向垂直。断层面从陡倾角至缓倾角都有。其中断层面倾角大于45°的称为冲断层;介于25 ~45°之间的称为逆掩断层;小于25°的称为辗掩断层。逆掩断层和辗掩断层常是规模很大的区域性断层。

3. 平推断层

由于岩体受水平扭应力作用,使两盘沿断层面发生相对水平位移的断层。平推断层的倾角很大,断层面近于直立,断层线比较平直。

上面介绍的,主要是一些受单向应力作用而产生的断裂变形,是断层构造的三个基本类型。由于岩体的受力性质和所处的边界条件十分复杂,所以实际情况还要复杂得多。

(三)断层的组合形式

断层的形成和分布,不是孤立的现象。它受着区域性或地区性的应力场的控制,并经常与相关构造相伴生,很少孤立出现。在各构造之间,总是依一定的力学性质,以一定的排列方式有规律地组合在一起,形成不同形式的断层带。断层带也叫断裂带,是局限于一定地带内的一系列走向大致平行的断层组合,如阶状断层、地堑、地垒和叠瓦式构造等,就是分布比较广泛的几种断层的组合形式。

在地形上,地堑常形成狭长的凹陷地带,如我国山西的汾河河谷、陕西的渭河河谷等,都是有名的地堑构造。地垒多形成块状山地,如天山、阿尔泰山等,都广泛发育有地垒构造。

在断层分布密集的断层带内,岩层一般都受到强烈破坏,产状紊乱,岩层破碎,地下水多,沟谷斜坡崩塌、滑坡、泥石流等不良地质现象发育。

(四)断层的工程地质评价

由于岩层发生强烈的断裂变动,致使岩体裂隙增多、岩石破碎、风化严重、地下水发育,从而降低了岩石的强度和稳定性,对工程建筑造成了种种不利的影响。因此,在公路工程建设中,如确定路线布局、选择桥位和隧道位置时,要尽量避开大的断层破碎带。

在研究路线布局,特别在安排河谷路线时,要特别注意河谷地貌与断层构造的关系。当路线与断层走向平行,路基靠近断层破碎带时,由于开挖路基,容易引起边坡发生大规模坍塌,直接影响施工和公路的正常使用。在进行大桥桥位勘测时,要注意查明桥基部分有无断层存在,及其影响程度如何,以便根据不同情况,在设计基础工程时采取相应的处理措施。

在断层发育地带修建隧道是最不利的一种情况。由于岩层的整体性遭到破坏,加之地表水或地下水的侵入,其强度和稳定性都是很差的,容易产生洞顶坍落,影响施工安全。因此,当隧道轴线与断层走向平行时,应尽量避免与断层破碎带接触。隧道横穿断层时,虽然只有个别段落受断层影响,但因地质及水文地质条件不良,必须预先考虑措施,保证施工安全。特别当断层破碎带规模很大,或者穿越断层带时,会使施工十分困难,在确定隧道平面位置时,要尽量设法避开。

(五)断层的野外识别

从上述情况可以看出,断层的存在,在许多情况下对工程建筑是不利的。为了采取措施，防止其对工程建筑物的不良影响，首先必须识别断层的存在。

当岩层发生断裂并形成断层后，不仅会改变原有地层的分布规律，还常在断层面及其相关部分形成各种伴生构造，并形成与断层构造有关的地貌现象。在野外可以根据这些标志来识别断层。

1. 地貌特征

当断层（张性断裂或压性断裂）的断距较大时，上升盘的前缘可能形成陡峭的断层崖，如经剥蚀，则会形成断层三角面地形；断层破碎带岩石破碎，易于侵蚀下切，可能形成沟谷或峡谷地形。此外，如山脊错断、错开，河谷跌水瀑布，河谷方向发生突然转折等，很可能都是断裂错动在地貌上的反映。在这些地方应特别注意观察，分析有无断层存在。

2. 地层特征

如岩层发生重复或缺失，岩脉被错断，或者岩层沿走向突然发生中断，与不同性质的岩层突然接触等地层方面的特征，则进一步说明断层存在的可能性很大。

3. 断层的伴生构造现象

断层的伴生构造是断层在发生、发展过程中遗留下来的形迹。常见的有岩层牵引弯曲、断层角砾、糜棱岩、断层泥和断层擦痕等。

岩层的牵引弯曲，是岩层因断层两盘发生相对错动，因受牵引而形成的弯曲，多形成于页岩、片岩等柔性岩层和薄层岩层中。当断层发生相对位移时，其两侧岩石因受强烈的挤压力，有时沿断层面被研磨成细泥，称为断层泥；如被研碎成角砾，则称为断层角砾。断层角砾一般是胶结的，其成分与断层两盘的岩性基本一致。断层两盘相互错动时，因强烈摩擦而在断层面上产生的一条条彼此平行密集的细刻槽，称为断层擦痕。顺擦痕方向抚摸，感到光滑的方向即为对盘错动的方向。

可以看出，断层伴生构造现象，是野外识别断层存在的可靠标志。此外，如泉水、温泉呈线状出露的地方，也要注意观察，是否有断层存在。

第四节　不整合

在野外，我们有时可以发现形成年代不相连续的两套岩层重叠在一起的现象，这种构造形迹，称为不整合。不整合不同于褶皱和断层，它是一种主要由地壳的升降运动产生的构造形态。

一、整合与不整合

我们知道，在地壳上升的隆起区域发生剥蚀，在地壳下降的凹陷区域产生沉积。当沉积区处于相对稳定阶段时，则沉积区连续不断地进行着堆积，这样，堆积物的沉积次序是衔接的，产状是彼此平行的，在形成的年代上也是顺次连续的，岩层之间的这种接触关系称为整合接触。

在沉积过程中，如果地壳发生上升运动，沉积区隆起，则沉积作用即为剥蚀作用所代替，发生沉积间断。其后若地壳又发生下降运动，则在剥蚀的基础上又接受新的沉积。由于沉积过程发生间断，所以岩层在形成年代上是不连续的，中间缺失沉积间断期的岩层，岩层之间的这种接触关系，称为不整合接触。存在于接触面之间因沉积间断而产生的剥蚀面，称为不整合面。在不整合面上，有时可以发现砾石层或底砾岩等下部岩层遭受外力剥蚀的痕迹。

二、不整合的类型

不整合有各种不同的类型，但基本的有平行不整合和角度不整合两种。

（一）平行不整合

不整合面上、下两套岩层之间的地质年代不连续，缺失沉积间断期的岩层，但彼此间的产状基本上是一致的，看起来貌似整合接触，所以又称为假整合。我国华北地区的石炭二叠纪地层，直接覆盖在中奥陶纪石灰岩之上，虽然两者的产状是彼此平行的，但中间缺失志留纪到泥盆纪的岩层，是一个规模巨大的平行不整合。

（二）角度不整合

角度不整合又称为斜交不整合，简称不整合。角度不整合不仅不整合面上、下两套岩层间的地质年代不连续，而且两者的产状也不一致，下伏岩层与不整合面相交有一定的角度。这是由于不整合面下部的岩层，在接受新的沉积之前发生过褶皱变动。角度不整合是野外常见的一种不整合。在我国华北震旦亚界与前震旦亚界之间，岩层普遍存在角度不整合现象，这说明在震旦亚代之前，华北地区的构造运动是比较频繁而强烈的。

三、不整合的工程地质评价

不整合接触中的不整合面，是下伏古地貌的剥蚀面，它常有比较大的起伏，同时常有风化层或底砾存在，层间结合差，地下水发育，当不整合面与斜坡倾向一致时，如开挖路基，经常会成为斜坡滑移的边界条件，对工程建筑不利。

第五节　岩石与岩体的工程地质性质

岩石的工程地质性质,包括物理性质和力学性质两个主要方面。影响岩石工程性质的因素,主要受矿物成分、岩石的结构和构造以及风化作用等控制。岩体是工程影响范围内的地质体,它包含有岩石块、层理、裂隙和断层等。而对于岩体工程性质,主要决定于岩体内部裂隙系统的性质及其分布情况,当然岩石本身的性质亦起着重要的作用。下面主要介绍有关岩石与岩体工程地质的一些常用指标,供分析、评价岩石和岩体工程性质时参考。

一、岩石的主要物理力学性质

(一)岩石的主要物理性质

1. 重量

岩石的重量,是岩石最基本的物理性质之一,一般用比重和重度两个指标表示。

(1)比重

岩石的比重,是岩石固体(不包括孔隙)部分单位体积的重量。在数值上,等于岩石固体颗粒的重量与同体积的水在4℃时重量的比。

岩石比重的大小,决定于组成岩石的矿物的比重及其在岩石中的相对含量。组成岩石的矿物的比重大、含量多,则岩石的比重就大。常见的岩石,其比重一般介于2.4~3.3之间。

(2)重度(重力密度)

也称容重,是指岩石单位体积的重量,在数值上它等于岩石试件的总重量(包括孔隙中的水重)与其总体积(包括孔隙体积)之比。

岩石重度的大小,决定于岩石中矿物的比重、岩石的孔隙性及其含水情况。岩石孔隙中完全没有水存在时的重度,称为干重度。干重度的大小决定于岩石的孔隙性及矿物的比重。岩石中的孔隙全部被水充满时的重度,则称为岩石的饱和重度。

一般来讲,组成岩石的矿物如比重大,或岩石的孔隙性小,则岩石的重度就大。在相同条件下的同一种岩石,如重度大,说明岩石的结构致密、孔隙性小,因而岩石的强度和稳定性也比较高。

2. 孔隙性

岩石的孔隙性,反映岩石中各种孔隙(包括细微的裂隙)的发育程度,对岩石的强度和稳定性产生重要的影响。岩石的孔隙性用孔隙度表示。孔隙度在数值上等于岩石中各种孔隙的总体积与岩石总体积的比。用百分数表示。

岩石孔隙度的大小,主要决定于岩石的结构和构造,同时也受外力因素的影响。未受风化或构造作用的侵入岩和某些变质岩,其孔隙度一般是很小的,而砾岩、砂岩等一些沉积岩类的岩石,则通常具有较大的孔隙度。

3. 吸水性

岩石的吸水性,反映岩石在一定条件下的吸水能力,一般用吸水率表示。岩石的吸水率,是指岩石在通常大气压下的吸水能力。在数值上等于岩石的吸水重量与同体积干燥岩石重量的比,用百分数表示。

岩石的吸水率,与岩石孔隙度的大小、孔隙张开程度等因素有关。岩石的吸水率大,则水对岩石颗粒间结合物的浸湿、软化作用就强,岩石强度和稳定性受水作用的影响也就越显著。

4. 抗冻性

岩石孔隙中有水存在时,水一结冰,体积膨胀,就产生巨大的压力。由于这种压力的作用,会促使岩石的强度降低和稳定性被破坏。岩石抵抗这种压力作用的能力,称为岩石的抗冻性。在高寒冰冻地区,抗冻性是评价岩石工程性质的一个重要指标。

岩石的抗冻性,有不同的表示方法,一般用岩石在抗冻试验前后抗压强度的降低率表示。抗压强度降低率小于20% ~25%的岩石,被认为是抗冻的;大于25%的岩石,被认为是非抗冻的。

(二)岩石的主要力学性质

岩石在外力作用下,首先发生变形,当外力继续增加到某一数值后,就会产生破坏。所以在研究岩石的力学性质时,既要考虑岩石的变形特性,也要考虑岩石的强度特性。

1. 岩石的变形

岩石受力作用后产生变形,在弹性变形范围内,岩石的变形性能一般用弹性模量和泊松比两个指标表示。

弹性模量是应力和应变之比。国际制以“帕斯卡”为单位,用符号 Pa 表示($1Pa=1N/m^2$)。岩石的弹性模量越大,变形越小,说明岩石抵抗变形的能力越高。岩石在轴向压力作用下,除产生纵向压缩外,还会产生横向膨胀。这种横向应变与纵向应变的比,称为岩石的泊松比,用小数表示。泊松比越大,表示岩石受力作用后的横向变形越大。岩石的泊松比一般在0.2 ~0.4之间。

严格来讲,岩石并不是理想的弹性体,因而表达岩石变形特性的物理量也不是一个常数。通常所提供的弹性模量和泊松比的数值,只是在一定条件下的平均值。

2. 岩石的强度

岩石抵抗外力破坏的能力，称为岩石的强度。岩石的强度单位用“Pa”表示。岩石的强度，和应变形式有很大关系。岩石受力作用破坏，有压碎、拉断和剪断等形式，所以其强度可分为抗压强度、抗拉强度和抗剪强度等。

抗压强度是指岩石在单向压力作用下抵抗压碎破坏的能力。在数值上等于岩石受压达到破坏时的极限应力。岩石抗压强度的大小，直接和岩石的结构、构造有关，同时受矿物成分和岩石生成条件的影响，差别很大。一些岩石的极限抗压强度值，参见表6-3。

表6-3　常见岩石的极限抗压强度表

岩石名称及主要特征	极限抗压强度	
	MPa	kg/cm²
胶结不良的砾岩，各种不坚固的页岩	<20	<200
中等坚硬的泥灰岩、凝灰岩、页岩，软而有裂缝的石灰岩	20～39	200～400
钙质砾岩，裂隙发育、风化强烈的泥质砂岩，坚固的泥灰岩、页岩	39～59	400～600
泥质灰岩，泥质砂岩，砂质页岩	59～79	600～800
强烈风化的软弱花岗岩，正长岩，片麻岩，致密的石灰岩	79～98	800～1000
白云岩，坚固的石灰岩、大理岩，钙质致密砂岩，坚固的砂质页岩	98～118	1000～1200
粗粒花岗岩、正长岩，非常坚固的白云岩，硅质坚固的砂岩	118～137	1200～1400
片麻岩，粗面岩，非常坚固的石灰岩，轻微风化的玄武岩、安山岩	137～157	1400～1600
中粒花岗岩、正长岩、辉绿岩，坚固的片麻岩、粗面岩	157～177	1600～1800
非常坚固的细粒花岗岩、花岗片麻岩，闪长岩，最坚固的石灰岩	177～196	1800～2000
玄武岩，安山岩，坚固的辉长岩、石英岩，最坚固的闪长岩、辉绿岩	196～245	2000～2500
非常坚固的辉长岩、辉绿岩、石英岩、玄武岩	>245	>2500

抗剪强度是指岩石抵抗剪切破坏的能力。在数值上等于岩石受剪破坏时的极限剪应力。在一定压应力下岩石剪断时，剪破面上的最大剪应力，称为抗剪断强度。因坚硬岩石有牢固的结晶联结或胶结联结，所以岩石的抗剪断强度一般都比较高。抗剪强度是沿岩石裂隙面或软弱面等发生剪切滑动时的指标，其强度大大低于抗剪断强度。

抗拉强度在数值上等于岩石单向拉伸时，拉断破坏时的最大张应力。岩石的抗拉强度远小于抗压强度。

岩石的抗压强度最高，抗剪强度居中，抗拉强度最小。抗剪强度为抗压强度的10%～40%；抗拉强度仅是抗压强度的2%～16%。岩石越坚硬，其值相差越大，软弱的岩石差别较小。岩石的抗剪强度和抗压强度，是评价岩石（岩体）稳定性的指标，是对岩石（岩体）的稳定性进行定量分析的依据。由于岩石的抗拉强度很小，所以当岩层受到挤压形成褶皱时，常在弯曲变形较大的部位受拉破坏，产生张性裂隙。

3. 软化性

岩石受水作用后，强度和稳定性发生变化的性质，称为岩石的软化性。岩石的软化性主要决定于岩石的矿物成分、结构和构造特征。黏土矿物含量高、孔隙度大、吸水率高的岩石，与水作用容易软化而丧失其强度和稳定性。

岩石软化性的指标是软化系数。在数值上，它等于岩石在饱和状态下的极限抗压强度和在风干状态下极限抗压强度的比，用小数表示。其值越小，表示岩石在水作用下的强度和稳定性越差。未受风化作用的岩浆岩和某些变质岩，软化系数大都接近于1，是弱软化的岩石，其抗水、抗风化和抗冻性强；软化系数小于0.75的岩石，被认为是软化性强的岩石，工程性质比较差。

（三）影响岩石工程性质的因素

从岩石工程性质的介绍中可以看出，影响岩石工程性质的因素是多方面的，但归纳起来，主要的有两方面：一是岩石的地质特征，如岩石的矿物成分、结构、构造及成因等；二是岩石形成后所受外部因素的影响，如水的作用及风化作用等。现就上述因素对岩石工程性质的影响做一些说明。

1. 矿物成分

岩石是由矿物组成的，岩石的矿物成分对岩石的物理力学性质产生直接的影响，这是容易理解的。例如辉长岩的比重比花岗岩大，这是因为辉长岩的主要矿物成分辉石和角闪石的比重比石英和正长石大。又比如石英岩的抗压强度比大理岩要高得多，这是因为石英的强度比方解石高。这说明，尽管岩类相同，结构和构造也相同，如果矿物成分不同，岩石的物理力学性质会有明显的差别。但也不能简单地认为，含有高强度矿物的岩石，其强度一定就高。因为当岩石受力作用后，内部应力是通过矿物颗粒的直接接触来传递的，如果强度较高的矿物在岩石中互不接触，则应力的传递必然会受到中间低强度矿物的影响，岩石不一定就能显示出高的强度。因此，只有在矿物分布均匀、高强度矿物在岩石的结构中形成牢固的骨架时，才能起到增高岩石强度的作用。

从工程要求来看，岩石的强度相对来说都是比较高的。所以在对岩石的工程性质进行分析和评价时，我们更应该注意那些可能降低岩石强度的因素。如花岗岩中的黑云母含量是否过高，石灰岩、砂岩中黏土类矿物的含量是否过高等。因为黑云母是硅酸盐类矿物中硬度低、解理最发育的矿物之一，它容易遭受风化而剥落，同时也易于发生次生变化，最后成为强度较低的铁的氧化物和黏土类矿物。石灰岩和砂岩中黏土类矿物的含量大于20%时，就会直接降低岩石的强度和稳定性。

2. 结构

岩石的结构特征,是影响岩石物理力学性质的一个重要因素。根据岩石的结构特征,可将岩石分为两类:一类是结晶联结的岩石,如大部分的岩浆岩、变质岩和一部分沉积岩;另一类是由胶结物联结的岩石,如沉积岩中的碎屑岩等。

结晶联结是由岩浆或溶液中结晶或重结晶形成的。矿物的结晶颗粒靠直接接触产生的力牢固地固结在一起,结合力强,孔隙度小,结构致密、容重大、吸水率变化范围小,相比胶结联结的岩石具有较高的强度和稳定性。但就结晶联结来说,结晶颗粒的大小则对岩石的强度有明显影响。如粗粒花岗岩的抗压强度,一般在118～137MPa之间,而细粒花岗岩有的则可达196～245MPa。又如大理岩的抗压强度一般在79～118MPa之间,而最坚固的石灰岩则可达196MPa左右,有的甚至可达255MPa。这充分说明,矿物成分和结构类型相同的岩石,矿物结晶颗粒的大小对强度的影响是显著的。

胶结联结是矿物碎屑由胶结物联结在一起的。胶结联结的岩石,其强度和稳定性主要决定于胶结物的成分和胶结的形式,同时也受碎屑成分的影响,变化很大。就胶结物的成分来说,硅质胶结的强度和稳定性高,泥质胶结的强度和稳定性低,钙质和铁质胶结的介于两者之间。如泥质砂岩的抗压强度,一般只有59～79MPa,钙质胶结的可达118MPa,而硅质胶结的则可达137MPa,高的甚至可达206MPa。

胶结联结的形式,有基底胶结、孔隙胶结和接触胶结三种。肉眼不易分辨,但对岩石的强度有重要影响。基底胶结的碎屑物质散布于胶结物中,碎屑颗粒互不接触。所以基底胶结的岩石孔隙度小,强度和稳定性完全取决于胶结物的成分。当胶结物和碎屑的性质相同时(如硅质),经重结晶作用可以转化为结晶联结,强度和稳定性将会随之增高。孔隙胶结的碎屑颗粒互相间直接接触,胶结物充填于碎屑间的孔隙中,所以其强度与碎屑和胶结物的成分都有关系。接触胶结则仅在碎屑的相互接触处有胶结物联结,所以接触胶结的岩石,一般孔隙度都比较大、容重小、吸水率高、强度低、易透水。如果胶结物为泥质,与水作用则容易软化而丧失岩石的强度和稳定性。

3. 构造

构造对岩石物理力学性质的影响,主要是由矿物成分在岩石中分布的不均匀性和岩石结构的不连续性所决定的。前者如某些岩石所具有的片状构造、板状构造、千枚状构造、片麻构造以及流纹状构造等。岩石的这些构造,往往使矿物成分在岩石中的分布极不均匀。一些强度低、易风化的矿物,多沿一定方向富集,或呈条带状分布,或者成为局部的聚集体,从而使岩石的物理力学性质在局部发生很大变化。观察和实验证明,岩石受力破坏和遭受风化,首先都是从岩石的这些缺陷中开始发生的。另一种情况是,不同的矿物成分虽然在岩石中的分布是均匀的,但由于存在着层理、裂隙和各种成因的孔隙,致使岩石结构的连续性与整体性受到一定程度的影响，从而使岩石的强度和透水性在不同的方向上发生明显的差异。一般来说，垂直层面的抗压强度大于平行层面的抗压强度，平行层面的透水性大于垂直层面的透水性。假如上述两种情况同时存在，则岩石的强度和稳定性将会明显降低。

4. 水

岩石被水饱和后会使岩石的强度降低，这已为大量的实验资料所证实。当岩石受到水的作用时，水就沿着岩石中可见和不可见的孔隙、裂隙浸入。浸湿岩石全部自由表面上的矿物颗粒，并继续沿着矿物颗粒间的接触面向深部浸入，削弱矿物颗粒间的联结，结果使岩石的强度受到影响。如石灰岩和砂岩被水饱和后其极限抗压强度会降低25% ~45%。就是像花岗岩、闪长岩及石英岩等一类的岩石，被水饱和后，其强度也均有一定程度的降低。降低程度在很大程度上取决于岩石的孔隙度。当其他条件相同时，孔隙度大的岩石，被水饱和后其强度降低的幅度也大。

和上述的几种影响因素比较起来，水对岩石强度的影响，在一定程度内是可逆的，当岩石干燥后其强度仍然可以得到恢复。但是如果发生干湿循环，化学溶解或使岩石的结构状态发生改变，则岩石强度的降低，就转化成为不可逆的过程了。

5. 风化

风化，是在温度、水、气体及生物等综合因素影响下，改变岩石状态、性质的物理化学过程。它是自然界最普遍的一种地质现象。

风化作用促使岩石的原有裂隙进一步扩大，并产生新的风化裂隙，使岩石矿物颗粒间的联结松散和使矿物颗粒沿解理面崩解。风化作用的这种物理过程，能促使岩石的结构、构造和整体性遭到破坏，孔隙度增大，重度减小，吸水性和透水性显著增高，强度和稳定性将大为降低。随着化学过程的加强，则会引起岩石中的某些矿物发生次生变化，从根本上改变岩石原有的工程性质。

二、岩体的工程地质性质

岩石和岩体虽都是自然地质历史的产物，然而两者的概念是不同的，所谓岩体是指包括各种地质界面——如层面、层理、节理、断层、软弱夹层等结构面的单一或多种岩石构成的地质体，它被各种结构面所切割，由大小不同的、形状不一的岩块（即结构体）组合而成。所以岩体是指某一地点一种或多种岩石中的各种结构面、结构体的总体，因此岩体不能以小型的完整单块岩石作为代表。例如，坚硬的岩层，其完整的单块岩石的强度较高，而当岩层被结构面切割成碎裂状块体时，构成的岩体之强度则较小，所以岩体中结构面的发育程度、性质、充填情况以及连通程度等，对岩体的工程地质特性有很大的影响。

作为工业与民用建筑地基、道路与桥梁地基、地下洞室围岩、水工建筑地基的岩体，作为道路工程边坡、港口岸坡、桥梁岸坡、库岸边坡的岩体等,都属于工程岩体。工程施工过程中和工程使用与运转过程中,这些岩体自身的稳定性和承受工程建筑运转过程传来的荷载作用下的稳定性,直接关系着施工期间和运转期间部分工程甚至整个工程的安全与稳定,关系着工程的成功与失败,故岩体稳定性分析与评价是工程建设中十分重要的问题。

影响岩体稳定性的主要影响因素有:区域稳定性、岩体结构特征、岩体变形特性与承载能力、地质构造及岩体风化程度等。

(一)岩体结构分析

1. 结构面

(1)结构面类型

结构面类型存在于岩体中的各种地质界面(结构面),包括:各种破裂面(如劈理、节理、断层面、顺层裂隙或错动面、卸荷裂隙、风化裂隙等)、物质分异面(如层理、层面、沉积间断面、片理等)以及软弱夹层或软弱带、构造岩、泥化夹层、充填夹泥(层)等,所以“结构面”这一术语具有广义的性质。不同成因的结构面,其形态与特征、力学特性等也往往不同。按地质成因,结构面可分为原生的、构造的、次生的三大类。

①原生结构面

原生结构面是成岩时形成的,分为沉积的、火成的和变质的三种类型。沉积结构面如层面、层理、沉积间断面和沉积软弱夹层等。

一般的层面和层理结合是良好的,层面的抗剪强度并不低,但由于构造作用产生的顺层错动或风化作用会使其抗剪强度降低。

软弱夹层是指介于硬层之间强度低、易遇水软化、厚度不大的夹层;风化之后称为泥化夹层,如泥岩、页岩、泥灰岩等。

火成结构面是岩浆岩形成过程中形成的,如原生节理(冷凝过程形成)、流纹面、与围岩的接触面、火山岩中的凝灰岩夹层等,其中的围岩破碎带或蚀变带、凝灰岩夹层等均属于火成软弱夹层。

变质结构面如片麻理、片理、板理都是变质作用过程中矿物定向排列形成的结构面,如片岩或板岩的片理或板理均易脱开。其中云母片岩、绿泥石片岩、滑石片岩等片理发育,易风化并形成软弱夹层。

②构造结构面

是在构造应力作用下,于岩体中形成的断裂面、错动面(带)、破碎带的统称。其中劈理、节理、断层面、层间错动面等属于破裂结构面。断层破碎带、层间错动破碎带均易软化、风化,其力学性质较差,属于构造软弱带。

③次生结构面

是在风化、卸荷、地下水等作用下形成的风化裂隙、破碎带、卸荷裂隙、泥化夹层、夹泥层等。风化带上部的风化裂隙发育，往深部渐减。

泥化夹层是某些软弱夹层（如泥岩、页岩、千枚岩、凝灰岩、绿泥石片岩、层间错动带等）在地下水作用下形成的可塑黏土，因其摩阻力甚低，工程上要给予很大的注意。

（2）结构面的特征

结构面的规模、形态、连通性、充填物的性质，以及其密集程度均对结构面的物理力学性质有很大影响。

①结构面的规模

不同类型的结构面，其规模可很大，如延展数十千米、宽度达数十米的破碎带；规模可以较小，如延展数十厘米至数十米的节理，甚至是很微小的不连续裂隙，对工程的影响是不一样的，对具体工程要具体分析，有时小的结构面对岩体稳定也可起控制作用。

②结构面的形态

各种结构面的平整度、光滑度是不同的。有平直的（如层理、片理、劈理）、波状起伏的（如波痕的层面、揉曲片理、冷凝形成的舒缓结构面）、锯齿状或不规则的结构面。这些形态对抗剪强度有很大影响，平滑的与起伏粗糙的面相比，后者有较高的强度。

③结构面的密集程度

这是反映岩体完整的情况，通常以线密度（条/m）或结构面的间距表示。见表6-4。

表6-4　节理发育程度分级

分级	Ⅰ	Ⅱ	Ⅲ	Ⅳ
节理间距（m）	>2	0.5～2	0.1～0.5	<0.1
节理发育程度	不发育	较发育	发育	极发育
岩体完整性	完整	块状	碎裂	破碎

④结构面的连通性

结构面的连通性是指在某一定空间范围内的岩体中，结构面在走向、倾向方向的连通程度。结构面的抗剪强度与连通程度有关，其剪切破坏的性质亦有区别；要了解地下岩体的连通性往往很困难，一般通过勘探平硐、岩芯、地面开挖面的统计做出判断。风化裂隙有向深处趋于泯灭的情况，即到一定深度处风化裂隙有消失的趋向。

⑤结构面的张开度和充填情况

结构面的张开度是指结构面的两壁离开的距离，可分为四级：

闭合的：张开度小于0.2mm者；微张的：张开度在0.2～1.0mm者；张开的：张开度在1.

0~5.0mm者；宽张的：张开度大于5.0mm者。闭合的结构面的力学性质取决于结构面两壁的岩石性质和结构面粗糙程度。微张的结构面，因其两壁岩石之间常常多处保持点接触，抗剪强度比张开的结构面大。张开的和宽张的结构面，抗剪强度则主要取决于充填物的成分和厚度：一般充填物为黏土时，强度要比充填物为砂质时的更低；而充填物为砂质者，强度又比充填物为砾质者更低。

2. 结构体的类型

由于各种成因的结构面的组合，在岩体中可形成大小、形状不同的结构体。

岩体中结构体的形状和大小是多种多样的，但根据其外形特征可大致归纳为柱状、块状、板状、楔形、菱形和锥形六种基本形态。

当岩体强烈变形破碎时，也可形成片状、碎块状、鳞片状等形式的结构体。

结构体的形状与岩层产状之间有一定的关系，例如：平缓产状的层状岩体中，一般由层面（或顺层裂隙）与平面上的X形断裂组合，常将岩体切割成方块体、三角形柱体等，在陡立的岩层地区，由于层面（或顺层错动面）、断层与剖面上的X形断裂组合，往往形成块体、锥形体和各种柱体。

3. 岩体结构特征

（1）岩体结构概念与结构类型

岩体结构是指岩体中结构面与结构体的组合方式。形式多种多样的岩体结构类型，具有不同的工程地质特性（承载能力、变形、抗风化能力、渗透性等）。

岩体结构的基本类型可分为整体块状结构、层状结构、碎裂结构和散体结构，它们的地质背景、结构面特征和结构体特征等列于表6-5中。

表6-5 岩体结构的基本类型

结构类型		地质背景	结构面特征	结构体特征	
类	亚类			形态	强度（MPa）
整体块状结构	整体结构	岩性单一，构造变形轻微的巨厚层岩层及火成岩体，节理稀少	结构面少，1~3组，延展性差，多呈闭合状，一般无充填物，$\tan\varphi \geq 0.6$	巨型块体	>60
	块状结构	岩性单一，构造变形轻微~中等的厚层岩体及火成岩体，节理一般发育，较稀疏	结构面2~3组，延展性差，多闭合状，一般无充填物，层面有一定结合力，$\tan\varphi \geq 0.4\sim0.6$	大型的方块体、菱块体、柱体	一般>60

续表

结构类型		地质背景	结构面特征	结构体特征	
类	亚类			形态	强度(MPa)
层状结构	层状结构	构造变形轻微~中等的中厚层状岩体(单层厚>30cm),节理中等发育,不密集	结构面2~3组,延展性较好,以层面、层理、节理为主,有时有层间错动面和软弱夹层,层面结合力不强,$\tan\varphi=0.3\sim0.5$	中~大型层块体、柱体、菱柱体	>30
	薄层(板)状结构	构造变形中等~强烈的薄层状岩体(单层厚<30cm),节理中等发育,不密集	结构面2~3组,延展性较好,以层面、节理、层理为主,不时有层间错动面和软弱夹层,结构面一般含泥膜,结合力差,$\tan\varphi\approx0.3$	中~大型的板状体、板楔体	一般10~30
碎裂结构	镶嵌结构	脆硬岩体形成的压碎岩,节理发育,较密集	结构面>2~3组,以节理为主,组数多,较密集,延展性较差,闭合状,无~少量充填物,结构面结合力不强,$\tan\varphi=0.4\sim0.6$	形态大小不一,棱角显著,以小~中型块体为主	>60
	层状破裂结构	软硬相间的岩层组合,节理、劈理发育,较密集	节理、层间错动面、劈理带软弱夹层均发育,结构面组数多较密集~密集,多含泥膜、充填物,$\tan\varphi=0.2\sim0.4$,骨架硬岩层,$\tan\varphi=0.4$	形态大小不一,以小~中型的板柱体、板楔体、碎块体为主	骨架硬结构体≥30
	碎裂结构	岩性复杂,构造变动强烈,破碎遭受弱风化作用,节理裂隙发育、密集	各类结构面均发育组数多,彼此交切,多含泥质充填物,结构面形态光滑度不一,$\tan\varphi=0.2\sim0.4$	形状大小不一,以小型块体、碎块体为主	含微裂隙<30

续表

结构类型		地质背景	结构面特征	结构体特征	
类	亚类			形态	强度(MPa)
散体结构	松散结构	岩体破碎,遭受强烈风化,裂隙极发育,紊乱密集	以风化裂隙、夹泥节理为主,密集无序状交错,结构面强烈风化、夹泥、强度低	以块度不均的小碎块体、岩屑及夹泥为主	碎块体,手捏即碎
	松软结构	岩体强烈破碎,全风化状态	结构面已完全模糊不清	以泥、泥团、岩粉、岩屑为主,岩粉、岩屑呈泥包块状态	岩体已呈土状,如土松软

(2)风化岩体结构特征

工程利用岩面的确定与岩体的风化深度有关,往地下深处岩体渐变至新鲜岩石,但各种工程对地基的要求是不一样的,因而可以根据其要求选择适当风化程度的岩层,以减少开挖的工程量。

(二)岩体的工程地质性质

岩体的工程地质性质首先取决于岩体结构类型与特征,其次才是组成岩体的岩石的性质(或结构体本身的性质)。譬如,散体结构的花岗岩岩体的工程地质性质往往要比层状结构的页岩岩体的工程地质性质差。因此,在分析岩体的工程地质性质时,必须首先分析岩体的结构特征及其相应的工程地质性质,其次再分析组成岩体的岩石的工程地质性质,有条件时配合必要的室内和现场岩体(或岩块)的物理力学性质试验,加以综合分析,才能确切地把握和认识岩体的工程地质性质。

不同结构类型岩体的工程地质性质:

1. 整体块状结构岩体的工程地质性质

整体块状结构岩体因结构面稀疏、延展性差、结构体块度大且常为硬质岩石,故整体强度高、变形特征接近于各向同性的均质弹性体,变形模量、承载能力与抗滑能力均较高,抗风化能力一般也较强,所以这类岩体具有良好的工程地质性质,往往是较理想的各类工程建筑地基、边坡岩体及洞室围岩。

2. 层状结构岩体的工程地质性质

层状结构岩体中结构面以层面与不密集的节理为主，结构面多闭合—微张状、一般风化微弱、结合力一般不强，结构体块度较大且保持着母岩岩块性质，故这类岩体总体变形模量和承载能力均较高。作为工程建筑地基时，其变形模量和承载能力一般均能满足要求。但当结构面结合力不强，有时又有层间错动面或软弱夹层存在，则其强度和变形特性均具各向异性特点，一般沿层面方向的抗剪强度明显地比垂直层面方向的更低，特别是当有软弱结构面存在时，更为明显。这类岩体作为边坡岩体时，一般地说，当结构面倾向坡外时要比倾向坡里时的工程地质性质差得多。

3. 碎裂结构岩体的工程地质性质

碎裂结构岩体中节理、裂隙发育，常有泥质充填物质，结合力不强，其中层状岩体常有平行层面的软弱结构面发育，结构体块度不大，岩体完整性破坏较大。镶嵌结构岩体因其结构体为硬质岩石，尚具较高的变形模量和承载能力，工程地质性能尚好；而层状碎裂结构和碎裂结构岩体则变形模量、承载能力均不高，工程地质性质较差。

4. 散体结构岩体的工程地质性质

散体结构岩体节理、裂隙很发育，岩体十分破碎，岩石手捏即碎，属于碎石土类，可按碎石土类研究。

第七章
土的工程性质与分类

第一节　土的组成与结构、构造

土是分布在地壳表面的一种地质体。自然界中的土体多形成于第四纪，是岩石在风化作用下形成的颗粒，在原地残留或经过不同的搬运方式，在不同自然环境中沉积下来形成的堆积物。风化、搬运和沉积是形成土的三种基本地质作用。由此形成了世界各地形形色色、性质不同的土体。

与岩石(岩体)相比，土的最重要的特征是松散(颗粒)性和孔隙性。土被看作由颗粒(固相)、水溶液(液相)和气体(气相)所组成的三相体系。土的物质组成、结构与构造特征与其地质成因有密切关系。因此，分析土的地质成因是工程地质学中的一个基本而重要的内容。

土的工程性质包括压缩性、强度、渗透性、动力特性以及与水相互作用表现出的一些性质等。土的工程性质取决于两大类因素:成分因素(土颗粒形状和大小，矿物成分和含量，孔隙溶液成分、吸附阳离子成分，结构和构造)和环境因素(埋藏的温度、深度，气候条件)。由于影响因素较多而体现出多种多样、复杂多变的工程特性。

在土的三相组成物质中，固体颗粒(以下简称土粒)是土的最主要的物质成分。土粒构成土的骨架主体，也是最稳定、变化最小的成分。三相之间相互作用中，土粒一般也居于主导地位，例如不同大小土粒与水相互作用，使水呈不同类型，等等。从本质而言，土的工程性质主要取决于组成土的土粒的大小和矿物类型，即土的粒度成分和矿物成分。所以，各种类型土的划分，首先是根据组成土的土粒成分。而土的结构特征，也是通过土粒大小、形状、排列方式及相互联结关系反映出来的。

一、土的粒度成分

土的粒度成分是决定土的工程性质的主要内在因素之一，因而也是土的类别划分的主要依据。

（一）粒组划分

土是由各种大小不同的颗粒组成的。颗粒大小以直径（单位为mm）计，称为粒径（或粒度）。界于一定粒径范围的土粒，称为粒组；而土中不同粒组颗粒的相对含量，称为土的粒度成分（或称颗粒级配），它以各粒组颗粒的重量占该土颗粒的总重量的百分数来表示。

土的粒径由大到小逐渐变化时，土的工程性质也相应地发生变化。因此，在工程上粒组的划分在于使同一粒组土粒的工程性质相近，而与相邻粒组土粒的性质有明显差别。目前土的粒组划分标准并不完全一致，一般采用的粒组划分及各粒组土粒的性质特征如表7-1。表中根据界限粒径把土粒分为六大粒组：漂石（块石）颗粒、卵石（碎石）颗粒、圆砾（角砾）颗粒、砂粒、粉粒及黏粒。

表7-1　土粒粒组的划分

粒组名称		粒径范围（mm）	一般特征
漂石或块石颗粒		>200	透水性很大；无黏性；无毛细作用
卵石或碎石颗粒		200~20	
圆砾或角砾颗粒	粗	20~10	透水性大；无黏性；毛细水上升高度不超过粒径大小
	中	10~5	
	细	5~2	
砂粒	细粗 中细 极细	2~0.5	易透水；无黏性，无塑性，干燥时松散；毛细水上升高度不大（一般小于1m）
		0.5~0.25	
		0.25~0.1	
		0.1~0.075	
粉粒	粗	0.075~0.01	透水性较弱；湿时稍有黏性（毛细力联结），干燥时松散，饱和时易流动；无塑性和遇水膨胀性；毛细水上升高度大；湿土振动时有水析现象（液化）
	细	0.01~0.005	
黏粒		<0.005	几乎不透水；湿时有黏性、可塑性，遇水膨胀大，干时收缩显著；毛细水上升高度大，但速度缓慢

注：漂石、卵石和圆砾颗粒呈一定的磨圆形状（圆形或亚圆形）；块石、碎石和角砾颗粒带有棱角；粉粒的粒径上限也有采用0.074mm、0.05mm或0.06mm的；黏粒的粒径上限也有采用0.002mm的。

自然界中的土是这些粒组的组合，土中包含有大大小小不同的颗粒，按照土中主要的粒组，并对应地把土分为碎石土、砂土、粉土和黏性土。其中碎石土和砂土又被称为粗颗粒土，粉土和黏性土又被称为细颗黏土。

（二）颗粒级配分析

根据粒径分析试验成果，可以绘制颗粒级配累积曲线。其横坐标表示粒径。因为土粒粒径相差常在百倍、千倍以上，所以宜采用对数坐标表示。纵坐标则表示小于（或大于）某粒径的土的含量（或称累计百分含量）。由曲线的坡度可以大致判断土的均匀程度。如曲线较陡，则表示粒径大小相差不多，土粒较均匀；反之，曲线平缓，则表示粒径大小相差悬殊，土粒不均匀，即级配良好。

小于某粒径的土粒重量累计百分数为10%时，相应的粒径称为有效粒径 d_{10}。当小于某粒径的土粒重量累计百分数为60%时，该粒径称为限定粒径 d_{60}。d_{60} 与 d_{10} 之比值反映颗粒级配的不均匀程度，所以称为不均匀系数 C_u：

$$C_u = \frac{d_{60}}{d_{10}} \tag{7-1}$$

C_u 愈大，土粒愈不均匀（颗粒级配累积曲线愈平缓），工程上把 $C_u <5$ 的土看作是均匀的；$C_u >10$ 的土则是不均匀的，即级配良好的。

除不均匀系数（C_u）外，还可用曲率系数（C_c）来说明累积曲线的弯曲情况，从而分析评述土粒度成分的组合特征：

$$C_c = \frac{d_{30}^2}{d_{10} \cdot d_{60}} \tag{7-2}$$

式中 d_{10}、d_{60} 的意义同上，d_{60} 为相应累积含量为30%的粒径值。

C_c 值在1～3之间的土级配较好。C_c 值小于1或大于3的土，累积曲线都明显弯曲（凹面朝下或朝上）而呈阶梯状，粒度成分不连续，主要由大颗粒和小颗粒组成，缺少中间颗粒。

（三）粒组对工程性质的影响

表7-1所述土颗粒大小对工程性质的影响规律是：颗粒愈细小，与水的作用愈强烈，所以毛细作用由无到毛细上升高度逐渐增大；透水性由大到小，甚至不透水；逐渐由无黏性、无塑性到具有愈大的黏性和塑性以及吸水膨胀性等一系列特殊性质（结合水发育的结果）；在力学性质上，强度逐渐变小，受外力时，愈易变形。

土的颗粒级配和均匀性对土的工程特性有重要的影响。C_u 愈大，土粒愈不均匀，作为填方工程的土料时，则比较容易获得较小的孔隙比（较大的密实度）。d_{10} 被称为土的有效粒径，是因为它是土中有代表性的粒径，对分析评定土的某些工程性质有一定意义，例如碎石土、砂土等粗粒土的透水性与由有效粒径土粒构成的均匀土的透水性大致相同，因而可由此估算土的渗透系数及预测机械潜蚀的可能性等。

二、土的矿物成分

根据组成土的固体颗粒的矿物成分的性质及其对土的工程性质影响不同，分为以下四大类别：原生矿物；不溶于水的次生矿物（以黏土矿物和硅、铝氧化物为主）；可溶盐类及易分解的矿物；有机质。

土中的粗颗粒多由原生矿物组成，细颗粒多由次生矿物组成。不同类型的次生矿物（以黏土矿物为主）的物理力学特性差别较大，由此决定了自然界中各种细颗粒黏土（黏性土）表现出多种多样的工程特性。

（一）原生矿物

组成土的原生矿物主要有石英、长石、角闪石、云母等。这些矿物是组成卵石、砾石、砂粒和粉粒的主要成分。它们的特点是颗粒粗大，物理、化学性质一般比较稳定，所以它们对土的工程性质影响比其他几种矿物要小得多。它们对土的工程性质影响的相互差异，主要在于其颗粒形状、坚硬程度和抗风化稳定性等因素。例如，分别主要由石英和云母类组成的土，这两种土的粒度成分和密实度相同，但由于这两种矿物的颗粒形状和坚硬程度不同（当然化学稳定性也不同），则主要由石英颗粒组成的土的抗剪强度必然远大于主要由云母组成（或含云母较多）的土。

（二）不溶于水的次生矿物

组成土的这类矿物主要有：

黏土矿物——为含水铝硅酸盐，主要有高岭石，伊利石、水云母及蒙脱石三个基本类别；次生 S^iC_2（胶态、准胶态 S^iC_2）；倍半氧化物（Al_2O_3 和 Fe_2O_3 等）。

它们是组成黏粒的主要成分。

这类矿物的最主要特点是呈高度分散状态——胶态或准胶态。因此，决定了它们具有很高的表面能、亲水性及一系列特殊的性质。所以，只要这类矿物在土中有少量存在，就往往引起土的工程性质的显著改变，如产生大的塑性、强度剧烈降低，等等。

但是，这类矿物的不同矿物种类之间，对土的工程性质影响也有差异。仅以黏土矿物的各类别而言，影响也明显不同，其原因本质上在于它们具有不同的化学成分和结晶格架构造。黏土矿物的晶格结构主要由两种基本结构单元组成，即由硅氧四面体和铝氢氧八面体组成,它们各自联结排列成硅氧四面体层和铝氢氧八面体层的层状结构。而上述四面体层与八面体层之间的不同组合结果,即形成不同性质的黏土矿物类别。

1. 高岭石类

高岭石类的结晶格架的每个晶胞分别由一个铝氢氧八面体层和硅氧四面体层组成,即为1∶1型(或称二层型)结构单位层。其两个相邻晶胞之间以O^{2-}和$(OH)^-$不同的原子层相接,则除温德华键外,具有很强的氢键联结作用,使各晶胞间紧密连接,因而使高岭石类黏土矿物具有较稳固的结晶格架,水较难进入其结架内,所以水与这种矿物之间的作用比较弱。当然,在其晶格的断口,或由于离子同型置换,会有游离价的原子吸引部分水分子,而形成较薄水化膜,因而主要由这类矿物组成的黏性土的膨胀性和压缩性等均较小。

2. 蒙脱石类

蒙脱石类矿物的结晶格架与高岭石类不同,它的晶胞是由两个硅氧四面体层夹一个铝氢氧八面体层组成,为2∶1型(或称三层型)结构单位层。则其相邻晶胞之间以相同的原子O^{2-}相接,只有分子键联结,且具有电性相斥作用。因此,其各晶胞之间的连接不仅极弱,且不稳固,晶胞间易于移动。水分子很容易在晶胞之间浸入(楔入),吸水时晶胞间距变宽,晶格膨胀;失水时晶格收缩。所以蒙脱石类黏土矿物与水作用很强烈,在土粒外围形成很厚的水化膜,当土中蒙脱石含量较多时,土的膨胀性和压缩性等将都很大,强度则剧烈变小。

3. 伊利石、水云母类

伊利石、水云母类的晶胞与蒙脱石同属于2∶1型结构单位层,不同的是其硅氧四面体中的部分Si^{4+}离子常被Al^{3+}、Fe^{3+}所置换,因而在相邻晶胞间将出现若干一价正离子K^+以补偿晶胞中正电荷的不足,并将相邻晶胞连接。所以伊利石、水云母类的结晶格架没有蒙脱石类那样活动,其亲水性及对土的工程性质影响介于蒙脱石和高岭石之间。

土中次生SiO_2和倍半氧化物$A1_2O_3$和Fe_2O_3等矿物的胶体活动性、亲水性及对土的工程性质影响,一般比黏土矿物要小。

(三)可溶盐类及易分解的矿物

土中常见的可溶盐类,按其被水溶解的难易程度可分为:

易溶盐——主要有$NaCl$、$CaCl_2$、$Na_2SO_4 \cdot 10H_2O$、$Na_2Ca_3 \cdot 10H_2O$等;

中溶盐——主要为$CaSO_4 \cdot 2H_2O$和$MgSO_4$等;

难溶盐——主要为$CaCO_3$和$MgCO_3$等。

这些盐类常以夹层、透镜体、网脉、结核或呈分散的颗粒、薄膜或粒间胶结物含于土层中。其中易溶盐类极易被大气降水或地下水溶滤出去,所以分布范围较窄,但在干旱气候区和地下水排泄不良地区,它是地表上层土中的典型产物,即形成所谓盐碱土和盐渍土。

可溶盐类对土的工程性质影响的实质，在于含盐土浸水后盐类被溶解后，使土的粒间联结削弱，甚至消失，并同时增大土的孔隙性，从而降低土体的强度和稳定性，增大其压缩性。其影响程度，取决于以下三方面：

一是盐类的成分和溶解度；二是含量；三是分布的均匀性和分布方式。均匀、分散分布者，盐分溶解对土的工程性质及结构工程的影响较小，且土的抗溶蚀能力较强；不均匀、集中分布（例如呈厚的透镜状）者，盐分溶解对土工程性质及结构工程的影响较大。

土中的易分解矿物常见的主要有黄铁矿（FeS_2）及其他硫化物和硫酸盐类。处于还原环境的土（如深水海淤）中，常含有黄铁矿，呈大小不同的结核状或与土颗粒紧密结合的薄膜状和充填物。

土中含黄铁矿、硫酸盐等遇水分解后的影响在于：

浸水后削弱或破坏土的粒间联结及增大土的孔隙性（与一般可溶盐影响相同）；分离出硫酸（H_2SO_4），对建筑基础及各种管道设施起腐蚀作用。

（四）有机质

在自然界一般土特别是淤泥质土中，通常都含有一定数量的有机质。有机质在土中一般呈混合物与组成土粒的其他成分稳固地结合一起，也有时以整层或透镜体形式存在，例如在古湖沼和海湾地带的泥炭层和腐殖层等。当其在黏性土中的含量达到或超过5%（在砂土中的含量达到或超过3%）时，就开始对土的工程性质具有显著的影响。例如在天然状态下这种黏性土的含水量显著增大，呈现高压缩性和低强度等。

有机质对土的工程性质的影响实质，在于它比黏土矿物有更强的胶体特性和更高的亲水性。所以，有机质比黏土矿物对土性质的影响更剧烈。有机质对土的工程性质的影响程度，主要取决于下列因素：

有机质含量愈高，对土的性质影响愈大；有机质的分解程度愈高，影响愈剧烈，例如完全分解或分解良好的腐殖质的影响最坏；土被水浸程度或饱和度不同，有机质对土有截然不同的影响。当含有机质的土体较干燥时，有机质可起到较强的粒间联结作用；而当土的含水量增大，则有机质将使土粒结合水膜剧烈增厚，削弱土的粒间联结，必然使土的强度显著降低；与有机质土层的厚度、分布均匀性及分布方式有关。

三、土中水和气体及其与土粒的相互作用

（一）土中水

在自然条件下，土中总是含水的。一般黏性土特别是饱和软黏性土，土中水的体积常占

据整个土体相当大的比例(一般为50%~60%,甚至高达80%)。土中细颗粒愈多,即土的分散度愈大,水对土性质的影响愈大。所以,尤其对黏性土,则更须重视土中水的含量及其类别与性质。

对于土中水,必须了解如下基本概念:

第一,水分子H_2O是强极性分子,其O^{2-}和$2H^+$的分布各偏向一方,氢原子端显正电荷,氧原子端显负电荷,键角略小于105°。水分子之间以氢键连接。

第二,土中水是水溶液。土中水常含有各种电解离子,这些离子由于静电引力作用吸附极性水分子,形成水化离子。离子的水化程度与离子价和离子半径有关。当离子半径相同,离子价愈高,水化愈强(水化离子半径、水化度愈大);同价离子中,离子半径愈小,水化愈强。

第三,土中水溶液与土颗粒表面及气体有着复杂的相互作用,该作用程度不同,则形成不同性质的土中水,从而对土的工程性质具有不同的影响。

按上述相互作用结果使土中水所呈现的性质差异及其对土的影响性质与程度,可将土中水分为结合水和非结合水两大类:

存在于土粒矿物结晶格架内部或参与矿物晶格构成的水,称为矿物内部结合水和结晶水,它只有在高温(140~700℃)下才能化为气态水而与土粒分离。所以,从对土的工程性质影响来看,应把矿物内部结合水和结晶水当作矿物颗粒的一部分。

1. 结合水

结合水是指受分子引力、静电引力吸附于土粒表面的土中水。这种吸引力高达几千到几万个大气压,使水分子和土粒表面牢固地黏结在一起。

由于土粒表面一般带有负电荷,围绕土粒形成电场,在土粒电场范围内的水分子和水溶液中的阳离子(如Na^+、Ca^{2+}、Al^{3+}等)一起被吸附在土粒表面。因为水分子是极性分子,它被土粒表面电荷或水溶液中离子电荷吸引而定向排列。

土粒周围水溶液中的阳离子和水分子,一方面受到土粒所形成电场的静电引力作用,另一方面又受到布朗运动(热运动)的扩散力作用。在最靠近土粒表面处,静电引力最强,把水化离子和水分子牢固地吸附在颗粒表面,形成固定层。在固定层外围,静电引力比较小,因此水化离子和水分子的活动性比在固定层中大些,形成扩散层。固定层和扩散层中所含的阳离子(亦称反离子)与土粒表面负电荷一起即构成双电层。

扩散层水膜的厚度对黏性土的特性影响很大,即当土粒扩散层厚度(亦即结合水膜厚度)愈大,土的膨胀性、压缩性愈高,强度愈低。水溶液中的反离子(阳离子)的原子价愈高、离子半径愈小、离子浓度愈大,它中和土粒表面负电荷的能力愈强,则扩散层愈薄。

从上述双电层的概念可知,反离子层中的结合水分子和交换离子,愈靠近土粒表面,则排列得愈紧密和整齐,活动也愈小。因而,结合水又可以分为强结合水和弱结合水两种。强结合水是相当于反离子层的内层即固定层中的水,而弱结合水则相当于扩散层中的水。

(1)强结合水(亦称吸着水)

强结合水是指紧靠土粒表面的结合水。它厚度很小,一般只有几个水分子层。它的特征是,没有溶解能力,不能传递静水压力,只有吸热变成蒸汽时才能移动。这种水极其牢固地结合在土粒表面上,其性质接近于固体,密度为1.2~2.4g/cm^3,冰点为-78℃,具有极大的黏滞度、弹性和抗剪强度。如果将干燥的土移到天然湿度的空气中,则土的重量将增加,直到土中吸着的强结合水达到最大吸着度为止。土粒愈细,土的比表面愈大,则最大吸着度就愈大。砂土的最大吸着度约占土粒重量的1%,而黏土则可达17%,黏土中只含有强结合水时,呈固体状态,磨碎后则呈粉末状态。

(2)弱结合水(亦称薄膜水)

弱结合水是紧靠于强结合水的外围形成的结合水膜,但其厚度比强结水大得多,且变化大,是整个结合水膜的主体。它仍然不能传递静水压力,没有溶解能力,冰点低于0℃。但水膜较厚的弱结合水能向邻近的较薄的水膜缓慢转移。当土中含有较多的弱结合水时,土则具有一定的可塑性。砂土比表面较小,几乎不具可塑性,而黏性土的比表面较大,其可塑性范围就大。

弱结合水离土粒表面愈远,其受到的静电引力愈小,并逐渐过渡到非结合水。

2.非结合水

非结合水为土粒孔隙中超出土粒表面静电引力作用范围的一般液态水。主要受重力作用控制,能传递静水压力和能溶解盐分,在温度0℃左右冻结成冰。典型的代表是重力水,介于重力水和结合水之间的过渡类型水为毛细水。土中的非结合水会随着温度的变化而呈现固态、液态、气态三种不同的状态。

(1)重力水(或称自由水)

重力水是存在于较粗大孔隙中,具有自由活动能力,在重力作用下流动的水,为普通液态水。重力水流动时,产生动水压力,能冲刷带走土中的细小土粒,这种作用称为机械潜蚀作用。重力水还能溶滤土中的水溶盐,这种作用称为化学潜蚀作用。两种潜蚀作用都将使土的孔隙增大,增大压缩性,降低抗剪强度。同时,地下水面以下饱水的土重及工程结构的重量,因受重力水浮力作用,将相对减小。

(2)毛细水

毛细水是土的细小孔隙中,因与土粒的分子引力和水与空气界面的表面张力共同构成的毛细力作用而与土粒结合,存在于地下水面以上的一种过渡类型水。其形成过程可用物理学中的毛细管现象来解释。

毛细水主要存在于直径为0.002~0.5mm的毛细孔隙中。孔隙更细小者,土粒周围的结合水膜有可能充满孔隙而不能再有毛细水。粗大的孔隙则毛细力极弱，难以形成毛细水。故毛细水主要在砂土、粉土和粉质黏性土中含量较大。

毛细水对土的工程性质及建筑工程的影响在于：

一是非饱和土中局部存在毛细水时，毛细水的弯液面和土粒接触处的表面引力反作用于土粒，使土粒之间由于这种毛细压力而挤紧，土因而具有微弱的环状弯液面内聚力，称为毛细内聚力或假内聚力。它实际上是使土粒间的有效应力增高而增加土的强度。但当土体浸水饱和或失水干燥时，土粒间的弯液面消失。这种由毛细压力造成的粒间有效应力即行消失，所以，为安全计以及从最不利的可能条件考虑，工程设计上一般不计入，反而必须考虑毛细水上升使土层含水量增大，从而降低土的强度和增大土的压缩性等的不利影响；二是毛细水上升接近建筑物基础底面时，毛细压力将作为基底附加压力的增值，而增大建筑物的沉降；三是毛细水上升接近或浸没基础时，在寒冷地区将加剧冻胀作用；四是毛细水浸润基础或管道时，水中盐分对混凝土和金属材料常具有腐蚀作用。

(3)气态水和固态水

气态水以水汽状态存在，从气压高的地方向气压低的地方移动。水汽可在土粒表面凝聚转化为其他各种类型的水。气态水的迁移和聚集使土中水和气体的分布状况发生变化，可使土的性质改变。

当温度降低至0℃以下时，土中的水，主要是重力水冻结成固态水(冰)。固态水在土中起着暂时的胶结作用，提高土的力学强度，降低透水性。但温度升高解冻后，变为液态水，土的强度急剧降低，压缩性增大，土的工程性质显著恶化。特别是水冻结成冰时体积增大，解冻融化为水时，土的结构变疏松，使土的性质更加变坏。

(二)土中气体

土中的气体，主要为空气和水汽。但有时也可能含有较多的二氧化碳、沼气及硫化氢等，这些气体大多因生物化学作用生成。

气体在土孔隙中有两种不同存在形式：一种是封闭气体，另一种是游离气体。游离气体通常存在于近地表的包气带中，与大气连通，随外界条件改变与大气有交换作用，处于动平衡状态，其含量的多少取决于土孔隙的体积和水的充填程度。它一般对土的性质影响较小，气体呈封闭状态存在于土孔隙中，通常是由于地下水面上升，而土的孔隙大小不一、错综复杂，使部分气体没能逸出而被水包围，与大气隔绝，呈封闭状态存在于部分孔隙内，对土的性质影响较大，如降低土的透水性和使土不易压实等。饱水黏性土中的封闭气体在压力长期作用下被压缩后，具很大内压力，有时可能冲破土层个别地方逸出，造成意外沉陷。

在淤泥和泥炭质土等有机土中，由于微生物的分解作用，土中聚积有某种有毒气体和可燃气体,例如 CO_2、H_2S 和甲烷等。其中尤以 CO_2 的吸附作用最强,并埋藏于较深的土层中,含量随深度增大而增多。土中这些有害气体的存在不仅使土体长期得不到压密,增大土的压缩性,而且当开挖地下工程揭露这类土层时会严重危害人的生命安全(使人窒息或发生瓦斯爆炸)。

四、土的结构和构造

土的粒度成分、矿物成分及土中水溶液成分等,均为土的物质成分;而土的结构、构造则是其物质成分的联结特点、空间分布和变化形式。土的工程性质及其变化,除取决于其物质成分外,在较大程度上还与诸如土的粒间联结性质和强度、层理特点、裂隙发育程度和方向以及土质的其他均匀性特征等土体的天然结构和构造因素有关。

土的结构、构造特征与其形成环境和形成历史有关,不同的沉积环境会形成具有不同结构和构造特征的土。因此,了解和分析土的地质成因对判断土的结构和构造特征有重要的价值。

(一)土的结构

1. 土的结构定义与类别

在岩土工程中,土的结构是指土颗粒本身的特点和颗粒间相互关系的综合特征。

土颗粒本身的特点包括土颗粒大小、形状和磨圆度及表面性质(粗糙度)等。土颗粒之间的相互关系指的是粒间排列及其联结性质。据此可把土的结构分为两大基本类型:单粒(散粒)结构和集合体(团聚)结构。碎石(卵石)、砾石类和砂土等无黏性土大多具有单粒结构,而粉土和黏性土大多具有集合体结构。

2. 单粒结构特征

单粒结构,也称散粒结构,是碎石(卵石)、砾石类土和砂土等无黏性土的基本结构形式。碎石(卵石)、砾石类土和砂土由于其颗粒粗大、比表面积小,所以粒间几无静电引力联结和水胶联结,只在潮湿时具有微弱的毛细力联结。故在沉积过程中,只能在重力作用下一个一个沉积下来,每个颗粒受到周围各颗粒的支承,相互接触堆积。其间孔隙一般都小于组成土骨架的基本土粒。

单粒结构对土的工程性质影响主要在于其松密程度。据此,单粒结构一般分为疏松的和紧密的两种。土粒堆积的松密程度取决于沉积条件和后沉积作用。

当堆积速度快,土粒浑圆度又较低时,如洪水泛滥堆积的砂层、砾石层,往往形成较疏松的单粒结构,可存在较大孔隙,孔隙率亦大,土粒位置不稳定,在较大压力,特别是动荷载作用下,土粒易移动而趋于紧密。

当土粒堆积过程缓慢,并且被反复推移,如海、湖岸边激浪的冲击推移作用,所沉积的砂层常呈紧密的单粒结构。砂粒浑圆光滑者排列将更紧密,孔隙小,孔隙率也小,土粒位置较稳定。因此,具有坚固的土粒骨架,静荷载对它几乎没有压缩作用。

对于沉积时分选作用差、大小土粒混杂的不均匀砂及砂砾石层,其粗大土粒间的孔隙为微细砂及粉粒所充填,则土的孔隙变小,孔隙率也显著减少。如混杂部分黏粒,且可能改变土的性质。当黏粒含量很少,仅砂粒接触处有少量黏粒,则还只起接触联结作用,使砂土具有一定的内聚力;当黏粒含量较多,对砂粒起着被覆作用,使砂粒等粗大土粒已不能相互接触,则土将具有黏性土的特征。

总之,具有单粒结构的碎石土和砂土,虽然孔隙率较小但孔隙大,透水性强;土粒间一般没有内聚力,但土粒相互依靠支承,内摩擦力大,并且受压力时土体积变化较小。由于这类土的透水性强,孔隙水很容易排出,在荷载作用下压密过程很快。因此,即使原来比较疏松,当建筑物结构封顶,地基沉降也告完成。所以,对于具有单粒结构的土体,一般情况(静荷载作用)下可以不必担心它的强度和变形问题。

3. 集合体结构特征

集合体结构,也称团聚结构或絮凝结构。这类结构为黏性土所特有。

由于黏性土组成颗粒细小,表面能大,颗粒带电,沉积过程中粒间引力大于重力,并形成结合水膜联结,使之在水中不能以单个颗粒沉积下来,而是凝聚成较复杂的集合体进行沉积。这些黏粒集合体呈团状,常称为团聚体,构成黏性土结构的基本单元。

对集合体结构,根据其颗粒组成、联结特点及性状的差异性,可分为蜂窝状结构和絮状结构两种类型。

(1)蜂窝状结构

它是由较粗黏粒和粉粒的单个颗粒之间以面—点、边—点或边—边受异性电引力和分子引力相联结组合而成的疏松多孔结构。亦称为聚粒结构。

(2)絮状结构

主要是由更小黏粒联结形成的,是上述蜂窝状的若干聚粒之间,以面—边或边—边联结组合而成的更疏松、孔隙体积更大的结构。亦称为聚粒絮凝结构或二级蜂窝状结构。

形成集合体结构的粒间联结关系,可有如下几种情况:

一是由带不同电荷的颗粒间相互吸引而联结组合。特别是由于黏土颗粒形状不规则(呈片状、针状、鳞角状等),表面电荷分布不均,带有不同电荷颗粒的端点及棱角之间引力较强;二是由于同一种颗粒的面—边及面—点之间分布不同的电荷,而形成联结;三是由带相同电荷颗粒借助粒间反离子层形成联结。

集合体结构的孔隙中,主要为结合水和空气所充填,并对土体压密起阻碍作用。具有集

合体结构的土体,有如下特征:

一是孔隙度很大(可达50%~98%),而各单独孔隙的直径很小,特别是聚粒絮凝结构的孔隙更小,但孔隙度更大,因此,土的压缩性更大;二是水容度、含水量很大,往往超过50%,而且因以结合水为主,排水困难,故压缩过程缓慢;三是具有大的易变性——不稳定性,外界条件变化(如加压、震动、干燥、浸湿以及水溶液成分和性质变化等)对它的影响很敏感,且往往使之产生质的变化。故集合体结构又称为易变结构。例如,软黏性土的触变性就是由于这类结构的不稳定性而形成的一种特殊性质。

4. 软黏性土的触变性和灵敏度

软黏性土的触变性是指其土体经扰动(如震动、搅拌、搓揉等)致使结构破坏时,土体强度剧烈减小;但如将受过扰动的土体静置一定的时间,则该土体强度将又随静置时间的增大,而逐渐有所增长、恢复的特性。例如在黏性土中打桩时,桩侧土的结构受到破坏而强度降低,但在停止打桩后一定时间,土的强度逐渐有所恢复,桩的承载力增加。这就是受土的触变性影响的结果。

软黏性土的触变性实质是当土体被扰动时,其粒间静电引力、分子引力联结及水胶联结被破坏,使土粒相互分散呈流动状态,因而土体强度剧烈降低;而当外力去除后,软黏性土的上述粒间联结又在一定程度上恢复,因而使土体强度逐渐有所增大。

对软黏性土的触变特性,一般用灵敏度(S_t)指标做定量评价。

$$S_t = \frac{q_u}{q_u} = \frac{C_u}{C_u} \tag{7-3}$$

式中 q_u、C_u——保持天然结构和含水量的软黏性土的无侧限抗压强度和十字板剪切强度;q_u、C_u——同上土体,结构被破坏时的无侧限抗压强度和十字板剪切强度。

根据灵敏度将软黏性土分为低灵敏度($1<S_t\leqslant 2$)、中灵敏度($2<S_t<4$)和高灵敏度($S_t>4$)三类。土的灵敏度愈高,其结构性愈强,受扰动后土的强度降低得就愈多。所以在基础施工中应注意保护基槽,尽量减少土体结构的扰动。

(二)土的构造

土的构造是指整个土层(土体)构成上的不均匀性特征的总和。

整个土体构成上的不均匀性包括层理、夹层、透镜体、结核、组成颗粒大小悬殊及裂隙发育程度与特征等。研究土体构造特征的重要意义在于:

第一,土体构造特征反映土体在力学性质和其他工程性质的各向异性或土体各部位的不均匀性。因此,要掌握其变化规律。例如,由砂土和黏性土组成的层状或互层构造土体的物理力学性质皆显示其各向异性特点。又如,黄土由于其垂直节理(裂隙)发育,强烈地降低其抗水稳定性和力学稳定性，特别在边坡地段，沿裂隙极易产生塌方和滑坡现象。

第二，土体的构造特征是决定勘探、取样或原位测试布置方案和数量的重要因素之一。当土体的组成成分和结构沿某一方向水平向变化很少，但垂直向成层变化多而复杂时，则沿该水平方向布孔要少，而孔中取样间距要小（即取样数量多）；对于在山前或山谷口洪积扇地带的建筑场地，按其土体的构造特点，则应对沿山沟口到洪积扇外缘方向多布孔，但勘探线间距可增大，而对土类沿深度方向变化不大地段的钻孔深度和取样数量都可减小。

土体的构造和它的结构特征一样，也是在它生成过程各有关因素作用下形成的。所以，每种成因类型的土体，都具有其各自特有的构造。

对于碎石土，粗石状构造和假斑状构造是最普遍的。

1. 粗石状构造

是由相互挤靠着的粗大碎屑形成骨架，外表很像“干砌石”一样。岩堆、泥石流上游堆积及山区河流上游的河床沉积物等常具有这种构造特征。这种构造的土体，一般具有很高的强度和很好的透水性（但还取决于粗大碎屑孔隙间充填物的性质和充填程度）。

2. 假斑状构造

是在较细颗粒组成的土体中，混杂着一些较粗或粗大碎屑，而粗大碎屑（颗粒）互不接触，不能形成骨架。例如，洪积扇中上部位和冰碛层等常具有这种特征。这种构造土体的工程性质，主要取决于其中细粒物质的成分（土类）、性质特别是所处稠度状态（对于黏性土）或密实状态（对于砂土和粉土）。

对于砂土和砂质粉土，各种不同形式的夹层、透镜体或交错层构造，较为普遍。

在砂土和砂质粉土层中，常具有黏性土或淤泥质黏性土夹层和透镜体构造，形成土体中的软弱面，而可能造成建筑物地基失稳或边坡土体产生滑动；其力学性质和透水性呈各向异性。冲积层（浸滩相），河流三角洲沉积、浅海沉积及近冰川的冰水沉积层等，常具有这种构造特征。粒度较均匀的交错层构造，如风积砂等，其性质可看成是均质的，在静荷载作用下强度较高。

在黏性土中，常见有层状、显微层状构造及各种裂隙、节理构造。

一是河流三角洲沉积的黏性土层中，常含有砂夹层或透镜体。对这类构造土体，除须注意其物理力学性质的各向异性特征外，其中的砂夹层对加速土体在荷载作用下的固结和强度增长是有利的。

二是显微层状构造是指厚层黏性土层中间夹数量极多的极薄层（厚度常仅 1～2mm）砂，呈“千层饼”状的构造，为滨海相或三角洲相静水环境沉积者所具有。这类构造也使土体具有各向异性，并有利于排水固结。

三是某些黏性土层中的裂隙、节理构造。例如，膨胀土的裂隙常在其近地表 2～3m 以浅范围呈网状分布,上宽下窄直至消失,一般宽度常达2~5mm,内充填有高岭石或伊利石等黏土矿物,浸水后软化。黏性土层的裂隙、节理构造,使土体丧失整体性,强度和稳定性剧烈降低。

第二节　土的物理力学性质及指标

一、无黏性土的紧密状态

无黏性土一般指碎石土和砂土,粉土属于无黏性土和黏性土的过渡类型,但是其物质组成、结构及物理力学性质主要接近砂土(特别是砂质粉土),故列入无黏性土的工程特征问题一并讨论。

无黏性土的紧密状态是判定其工程性质的重要指标,它综合地反映了无黏性土颗粒的岩石和矿物组成、粒度组成(级配)、颗粒形状和排列等对其工程性质的影响。一般说来,密实者具有较高的强度,结构稳定,压缩性小;而疏松者则强度较低,稳定性差,压缩性较大。因此在岩土工程勘察与评价时,首先要对无黏性土的紧密程度做出判断。

(一)决定无黏性土紧密状态的因素

1. 无黏性土的受荷历史和形成环境

取决于无黏性土的受荷历史和形成环境。例如形成年代较老或有超压密历史的,密实度较大;洪积、坡积的比冲积、冰积和海积的无黏性土密实度较小。

2. 无黏性土的颗粒组成、矿物成分及颗粒形状等因素

一是组成颗粒愈粗,粒间孔隙愈大,但孔隙比愈小,愈较密实。而组成颗粒愈细的,则孔隙比愈大,愈较疏松,而且在天然状态下含水相应增多,排水慢,在外荷作用下有效应力减小,稳定性差。组成颗粒愈均匀,粒间不易相互填充,使密实度相对较小;组成颗粒不均匀系数愈大,则相反。

二是当颗粒组成相同,则主要由云母组成的无黏性土(例如砂土)的孔隙比,要远大于主要由石英、长石组成者。这显然与这些矿物的颗粒形状不同,从而影响土的压密有关。即主要由片状颗粒组成土的孔隙比远大于由柱状和粒状颗粒组成者。因此,砂土和粉土中含云母愈多,密实度愈差,强度和稳定性愈小。

（二）无黏性土紧密状态指标及其确定方法

1. 天然孔隙比 e

曾采用天然孔隙比作为砂土紧密状态的分类指标，具体划分标准见表 7-1。可根据表 7-2 所示按天然孔隙比 e 值确定粉土的密实度。

表 7-1　按天然孔隙比 e 划分砂土的紧密状态

砂土名称	实密	中密	稍密	疏松
砾砂、粗砂、中砂	<0.60	0.60～0.75	0.75～0.85	>0.85
细砂、粉砂	<0.70	0.70～0.85	0.85～0.95	>0.95

表 7-2　按天然孔隙比 e 值确定粉土的密实度

密实度	e 值
密实	$e<0.75$
中密	$0.75\leqslant e\leqslant 0.90$
稍密	$e>0.90$

但是，采用天然孔隙比判定砂土的紧密状态，则要采取原状砂样，这在工程勘察中是比较困难的问题，特别是对位于地下水位以下的砂层采取原状砂样困难更多。

因砂土无黏聚性，取样过程中很难避免土体结构扰动而改变土的天然孔隙比。

2. 相对密度 D_r

砂土的相对密度 D_r 定义如下：

$$D_r=\frac{e_{max}-e}{e_{max}-e_{min}} \tag{7-5}$$

式中 e_{max} ——砂土在最松散状态时的孔隙比，即最大孔隙比；e_{min} ——砂土在最密实状态时的孔隙比，即最小孔隙比；e——砂土的天然孔隙比。

对于不同的砂土，其 e_{min} 与 e_{max} 的测定值是不同的，e_{max} 与 e_{min} 之差（即孔隙比可能变化的范围）也是不一样的。一般粒径较均匀的砂土，其 e_{max} 与 e_{min} 之差较小；对不均匀的砂土，则较大。

从上式可知，若无黏性土的天然孔隙比 e 接近 e_{min}，即相对密度 D_r 接近于 1 时，土呈密实状态；当 e 接近于 e_{max} 时，即相对密度 D_r 接近于 0，则呈松散状态。采用表 7-3 划分砂土的紧密状态。

表 7-3　按相对密度 D_r 划分砂土的紧密状态

密实度	D_r
密实	$0.67 < D_r \leqslant 1$
中密	$0.33 < D_r \leqslant 0.67$
稍密	$0.2 < D_r \leqslant 0.33$
松散	$0 \leqslant D_r \leqslant 0.2$

从理论上说,相对密度 D_r 是一个比较完善的紧密状态的指标,它综合地反映了砂土的各个有关特征(如颗粒形状、颗粒级配等),但在实际应用中仍有不少困难:一是要确定相对密度,仍然要测定砂土的天然孔隙比,而这在上面已讨论是比较困难的;二是测定 e_{max} 和 e_{min},由于测定的方法不同,e_{max}、e_{min} 的测定值往往有人为因素的影响。因此,在工程实践中,相对密度指标的使用并不广泛。

3. 其他方法

由于无论是按天然孔隙比 e 还是按相对密度 D_r 来评定砂土的紧密状态,都要采取原状砂样,经过土工试验测定砂土天然孔隙比。所以,目前国内外已广泛使用标准贯入或静力触探试验于现场评定砂土的紧密状态。表 7-4 为按标准贯入锤击数 N 值划分砂土紧密状态的标准。

表 7-4　按标准贯入锤击数 N 值确定砂土的密实度

密实度	N 值
密实	$N > 30$
中密	$15 < N \leqslant 30$
稍密	$10 < N \leqslant 15$
松散	$N \leqslant 10$

碎石土可以根据野外鉴别方法,划分其紧密状态,见表 7-5。

表 7-5　碎石土密实度野外鉴别方法

密实度	骨架颗粒含量和排列	可挖性	可钻性
密实	骨架颗粒质量大于总质量的 70%,呈交错排列,连续接触	锹镐挖掘困难,用撬棍方能松动;井壁一般较稳定	钻进极困难;冲击钻探时钻杆、吊锤跳动剧烈;孔壁较稳定
中密	骨架颗粒质量等于总质量的 60%~70%,呈交错排列,大部分接触	锹镐可挖掘;井壁有掉块现象,从井壁取出大颗粒处,能保持颗粒凹面形状	钻进较困难;冲击钻探时钻杆、吊锤跳动不剧烈;孔壁有坍塌现象

续表

密实度	骨架颗粒含量和排列	可挖性	可钻性
稍密	骨架颗粒质量小于总质量的60%，排列混乱，大部分不接触	锹可以挖掘；井壁易坍塌，从井壁取出大颗粒后，砂土充填物立即坍落	钻进较容易；冲击钻探时，钻杆稍有跳动；孔壁易坍塌

三、黏性土的塑性

（一）土的塑性和界限含水量

黏性土随着本身含水量的变化，可以处于各种不同的物理状态，其工程性质也相应地发生很大的变化。当含水量很小时，黏性土比较坚硬，处于固体状态，具有较大的力学强度；随着土中含水量的增大，土逐渐变软，并在外力作用下可任意改变形状，即土处于可塑状态；若再继续增大土的含水量，土变得愈来愈软弱，甚至不能保持一定的形状，呈现流塑—流动状态。黏性土这种因含水量变化而表现出的各种不同物理状态，也称土的稠度。黏性土能在一定的含水量范围内呈现出可塑性。所谓可塑性，就是指土在外力作用下，可以揉塑成任意形状而不发生裂缝，并当外力解除后仍能保持既得的形状的一种性能。这是黏性土区别于砂土和碎石土的主要特性。

黏性土由一种稠度状态转变为另一种状态所对应的含水量叫作界限含水量，也称为稠度界限或 Atterberg 界限。由可塑状态转到流塑、流动状态的界限含水量叫作液限 w_L（也称塑性上限或流限）；由半固态转到可塑状态的界限含水量叫作塑限 w_P（也称塑性下限）；土由半固体状态不断蒸发水分，则体积逐渐缩小，直到体积不再缩小时土的界限含水量叫缩限 w_s。它们都以百分数表示。界限含水量是黏性土的重要塑性指标，它们对于黏性土工程性质的评价及分类等有重要意义。

需要说明的是，国内外测定界限含水量的方法并不统一。例如测定液限 w_L 的方法就有锥式法和碟式仪法两大类。不同方法测定的数值也并不完全相同。在对比不同国家和地区之间的界限含水量时，有必要了解具体采用的测试方法。

（二）塑性指数和液性指数

1. 塑性指数 I_P

塑性指数 I_P 是指液限 w_L 和塑限 w_P 的差值，用不带百分数符号的数值表示，即：

$$I_P = w_L - w_P \tag{7-6}$$

它表示土处在可塑状态的含水量变化范围。塑性指数愈大,土处于可塑状态的含水量范围也愈大,可塑性就愈强。

塑性指数的大小与土中结合水的发育程度和含量有关,亦即与土的颗粒组成(黏粒含量)、矿物成分及土中水的离子成分和浓度等因素有关。土中黏土颗粒含量越高,则土的比表面和相应的结合水含量愈高,因而 I_P 愈大。如土中不含或极少(例如小于3%)含黏粒时,I_P 近于0;当黏粒含量增大,但小于15%时,I_P 值一般不超过10,此时土表现出粉土特征;当黏粒含量再大,则土表现为黏性土的特征。按土粒的矿物成分,黏土矿物(其中尤以蒙脱石类)具有的结合水量最大,因而 I_P 值也最大。按土中水的离子成分和浓度而言,当高价阳离子的浓度增加时,土粒表面吸附的反离子层的厚度变小,结合水含量相应减少,I_P 也小;反之,随着反离子层中低价阳离子的增加,I_P 变大。

由于塑性指数在一定程度上综合反映了影响黏性土特征的各种重要因素,因此,当土的生成条件相似时,塑性指数相近的黏性土,一般表现出相似的物理力学性质。所以常用塑性指数作为黏性土分类的标准。

2. 液性指数 I_L

液性指数 I_L 是指黏性土的天然含水量和塑限的差值与塑性指数之比,用小数表示,即:

$$I_L = \frac{w - w_P}{w_L - w_P} = \frac{w - w_P}{I_P} \tag{7-7}$$

从式中可见,当土的天然含水量 w 小于 w_P 时,I_L 小于0,天然土处于坚硬状态;当 w 大于 w_L 时,I_L 大于1,天然土处于流动状态;当 w 在 w_P 与 w_L 之间时,即 I_L 在0~1之间,则天然土处于可塑状态。因此可以利用液性指数 I_L 来表征黏性土所处的软硬状态。I_L 值愈大,土质愈软;反之,土质愈硬。根据液性指数值划分为坚硬、硬塑、可塑、软塑及流塑五种,其划分标准见表7-6。

表7-6 黏性土的状态

状态	坚硬	硬塑	可塑	软塑	流塑
液性指数 I_L	$I_L \leq 0$	$0 < I_L \leq 0.25$	$0.25 < I_L \leq 0.25$	$0.75 < I_L \leq 1.0$	$I_L > 1.0$

应当指出,由于塑限和液限都是用扰动土进行测定的,土的结构已彻底破坏,而天然土一般在自重作用下已有很长的历史,具有一定的结构强度,以致土的天然含水量即使大于它的液限,一般也不发生流塑。含水量大于液限只是意味着,若土的结构遭到破坏,它将转变为流塑、流动状态。

(三)黏性土的膨胀、收缩和崩解特性

黏性土都有遇水膨胀和失水收缩的特性,但表现的强烈程度并不一致。有的膨胀收缩

不大显著,有的膨胀、收缩得比较厉害,给工程处理带来困难。

土的收缩是由于土粒间的结合水膜变薄、粒间距离减小所致。收缩时除了土体积缩小外,还会由于收缩的不均匀而产生裂缝。

土的膨胀与收缩相反,是由于土在浸湿过程中结合水膜变厚,土粒间的距离增大所致。卸荷也会引起一定量的膨胀。在我国的很多省分布着收缩和膨胀较剧烈的膨胀土,土中往往含有较多的胶体活动性很大的蒙脱石及伊里石等矿物,在修建房屋之后,由于建筑场地湿度条件变化(日照、通风、排水或渗水等变化)或气候异常,常使建筑物地基膨胀或收缩,以致房屋开裂。

黏性土遇水后的另一现象是崩解。若将黏性土放入水中,由于胶结物溶解或软化,降低了土粒间的联结力,弱结合水又力图楔入土粒间,进一步破坏粒间联结。这样,本体浸入水后不久就会由表及里地崩成小块或小片,这种现象称为崩解。

黏性土的膨胀、收缩和崩解特性除可能使建筑物地基产生不均匀胀缩变形外,对建筑基坑、路堤、路堑及新开挖河道岸边等工程边坡的稳定性,都有极重要的影响作用。例如:常常由于边坡土体浸水后发生膨胀,使土的强度减小而导致边坡失稳;收缩性愈大的土,当失水速度愈大(如在阳光曝晒下),则边坡土体表里收缩愈不均衡,产生裂隙愈多。而这种"干缩裂隙"的发生,又将加速边坡土体在浸水时的崩解作用,从而使其完全丧失强度和稳定性。因此,在塑性较强的黏性土中开挖大型建筑基坑时,如果不能及时完成基础施工,则在其基底和坡面均须预留或加设一定厚度的防水、防晒保护层,以维持坑底和坑壁的土体稳定。

四、土的力学性质

这里主要介绍土的压缩特性和强度特性。土的压缩特性直接影响建筑物的沉降,了解土的压缩性是分析建筑物地基沉降的基础。土的强度直接影响地基稳定性以及建筑物的安全。由于土的破坏多属于剪切破坏,因此土的强度一般指的是抗剪强度。

土在动力荷载的作用下甚至表现出与静荷载作用下截然不同的力学特性,称为土的动力特性。

(一)土的压缩性

1.基本概念

土在压力作用下体积缩小的特性称为土的压缩性。在一般压力(100~600kPa)作用下,土粒和水的压缩与土的总压缩量之比是很微小的,可以忽略不计,因此可以把土的压缩看作土中孔隙体积的减小。饱和土压缩时,随着孔隙体积的减少土中孔隙水则被排出,这个过程称为土的固结。

在荷载作用下，透水性大的饱和无黏性土，其压缩过程在短时间内就可以结束。然而，透水性低的饱和黏性土中的水分只能慢慢排出，因此其压缩稳定所需的时间要比砂土长得多。饱和软黏性土的固结变形往往需要几年甚至几十年时间才能完成。

计算地基沉降量时，必须取得土的压缩性指标。在一般工程中，常用不允许土样产生侧向变形(完全侧限条件)的室内压缩试验来测定土的压缩性指标，其试验条件虽未能完全符合土的实际工作情况，但有其实用价值。

2. 影响土的压缩性的因素

土的压缩归根结底是由于孔隙的减小造成的。因此，孔隙比是影响土的压缩性的最重要的指标。砂土比黏性土往往具有较小的孔隙比，因此具有较低的压缩性和较大的压缩模量。在实际工程中，孔隙比较大的细颗粒土的沉降和变形问题往往比孔隙比较小的粗颗粒土要突出得多。

影响土的压缩性的另外一个因素是土的结构性。在外界荷载小于结构强度的情况下，土体的压缩性较小，但是一旦超过其承受的范围，就会产生较大的压缩。由于细颗粒土的结构较为复杂，因此不同结构性的土的压缩性差别较大。

(二)土的抗剪强度

在工程实践中，土的强度涉及地基承载力，路堤、土坝的边坡和天然土坡的稳定性以及作用于结构物上的土压力等问题。土的破坏形式一般属于剪切破坏，即在自重或外荷载作用下，土体中某一个位置的剪应力值达到了土对剪切破坏的极限抗力，于是土体沿着该曲面发生相对滑移，土体失稳。这个极限抗力即为土的抗剪强度。

无黏性土的抗剪强度主要由摩擦强度和咬合强度构成。抗剪强度的大小与无黏性土的密实度、颗粒大小、形状、粗糙度和矿物成分以及粒径级配的好坏程度等因素都有关。无黏性土的密实度愈大、土颗粒愈大、形状愈不规则、表面愈粗糙、级配愈好，则强度和内摩擦角愈大。此外，无黏性土的含水量对内摩擦角的影响是水分在较粗颗粒之间起滑润作用，使摩阻力降低。

黏性土的强度主要取决于土的矿物成分(塑性)和孔隙比、饱和度和排水条件。黏土颗粒含量越大，土的塑性指数越大，其内摩擦角越小。孔隙比越小，强度越高。黏性土的强度还与饱和度密切相关：非饱和黏土的土颗粒之间由于存在“吸力”(一种毛细力)而具有较大的强度，表现出较大的黏聚力；吸力的大小受饱和度的影响，因此非饱和土的强度与饱和度(或气候条件)密切相关。对于地下水位以下的饱和土，加载过程中如果排水不畅、强度较低，如能加快排水，土的强度会有一定程度的增长。

第三节 土的工程分类

一、土的工程分类原则和体系

土的工程分类是土的工程性质研究的一项重要内容。土的工程分类的目的在于：一是根据土类，可以大致判断土的基本工程特性，并可结合其他因素评价地基土的承载力、抗渗流与抗冲刷稳定性，在振动作用下的可液化性以及作为建筑材料的适宜性等；二是根据土类，可以合理确定不同土的研究内容与方法；三是当土的性质不能满足工程要求时，也须根据土类（结合工程特点）确定相应的改良与处理方法。

因此，综合性的土的工程分类应遵循以下原则：

（一）工程特性差异性的原则

即分类应综合考虑土的各种主要工程特性（强度与变形特性等），用影响土的工程特性的主要因素作为分类的依据，从而使所划分的不同土类之间，在其各主要的工程特性方面有一定的质的或显著的量的差别，为前提条件。

（二）以成因、地质年代为基础的原则

因为土是自然历史的产物，土的工程性质受土的成因（包括形成环境）与形成年代控制。在一定的形成条件下经过某些变化过程的土，必然有与之相适应的物质成分和结构以及一定的空间分布规律和土层组合，因而决定了土的工程特性；形成年代不同，则使土的固结状态和结构强度有显著的差异。

（三）分类指标便于测定的原则

即采用的分类指标，要既能综合反映土的基本工程特性，又要便于测定。土的工程分类体系，目前主要有两种：

1. 建筑工程系统的分类体系

侧重于把土作为建筑地基和环境，故以原状土为基本对象。因此，对土的分类除考虑土的组成外，很注重土的天然结构性，即土的粒间联结性质和强度。

2. 材料系统的分类体系

侧重于把土作为建筑材料，用于路堤、土坝和填土地基等工程，故以扰动土为基本对象，

对土的分类以土的组成为主,不考虑土的天然结构性。

二、我国土的工程分类

目前,国内作为国家标准和应用较广的土的工程分类主要采用建筑工程系统的分类体系。

该分类体系主要特点是,在考虑划分标准时,注重土的天然结构联结的性质和强度,始终与土的主要工程特性——变形和强度特征紧密联系。因此,首先考虑了按堆积年代和地质成因的划分,同时将某些特殊形成条件和特殊工程性质的区域性特殊土与普通土区别开来。在以上基础上,总体再按颗粒级配或塑性指数分为碎石土、砂土、粉土和黏性土四大类,并结合堆积年代、成因和某种特殊性质综合定名。其划分原则与标准分述如下:

(一)土按堆积年代分类

1. 老堆积土

第四纪晚更新世 Q_3 及其以前堆积的土层,一般呈超固结状态,具有较高的结构强度。

2. 一般堆积土

第四纪全新世(文化期以前 Q_4)堆积的土层;一般沉积土时间早、埋深大的,强度高,反之则低。

3. 新近堆积土

文化期以来新近堆积的土层 Q_4,一般呈欠压密状态,结构强度较低。

(二)土根据地质成因分类

土根据地质成因可分为残积土、坡积土、洪积土、冲积土、湖积土、海积土、冰碛土及冰水沉积土和风积土。

(三)土根据有机质含量分类

土根据有机质含量可按表 7-7 分为无机土、有机质土、泥炭质土和泥炭。

表 7-7 土按有机质含量分类

分类名称	有机质含量 W(%)	现场鉴别特征
无机土	$W_u<5\%$	
有机质土	$5\% \leqslant W_u \leqslant 10\%$	灰、黑色,有光泽,味臭,除腐殖质外尚含少量未完全分解的动植物体,浸水后水面出现气泡,干燥后体积收缩

续表

分类名称	有机质含量 W(%)	现场鉴别特征
泥炭质土	$10\% < W_u \leq 60\%$	深灰或黑色,有腥臭味,能看到未完全分解的植物结构,浸水体胀,易崩解,有植物残渣浮于水中,干缩现象明显
泥炭	$W_u > 60\%$	除有泥炭质土特征外,结构松散,土质很轻,暗无光泽,干缩现象极为明显

(四)特定地理环境或人为条件下形成分类

特定地理环境或人为条件下形成的具有特殊成分、状态和结构特征的土称为特殊性土,包括湿陷性土、红黏土、软土(包括淤泥和淤泥质土)、混合土、填土、多年冻土、膨胀土、盐渍土、污染土。

(五)土按颗粒级配和塑性指数分为碎石土、砂土、粉土和黏性土

1. 碎石土

粒径大于2*mm*的颗粒含量超过全重50%的土。

2. 砂土

粒径大于2*mm*的颗粒含量不超过全重50%,且粒径大于0.075*mm*的颗粒含量超过全重50%的土。

3. 粉土

粒径大于0.075*mm*的颗粒不超过全重50%,且塑性指数小于或等于10的土。

4. 黏性土

塑性指数大于10的土。

第四节　土的成因类型及特征

总体上讲,土的成因可以分为两大类,一类是自然界中形成的土,另一类是人类工程活动所形成的土。自然界中形成的土的特征与形成环境或沉积环境(指自然地理条件、气候状况、搬运动力类型和强度等)有密切的关系,沉积环境是土的特征的决定因素,土的特征是沉积环境的物质表现。在地质学中,将沉积环境及其在该环境中形成的沉积物的特征称为沉积相。因此,沉积环境或沉积相也就成为土的地质成因的主要划分依据。多种多样的沉积相可大致分为三个相组:陆相组、海陆过渡相组、海相组。每个相组中又细分出分相、亚相和

微相。土的类型的划分及代号见表7-8所示。一定类型的土具有一定的沉积环境、空间分布规律、土层组合特征、物质组成及结构特征。但同一成因类型的土,在形成后可能受到不同的地质作用和人为因素的影响而发生改变,并具有不同的工程特性。

表7-8 沉积相及土的成因划分

沉积相组	沉积相	搬运动力	沉积环境或运动特征	土体类型
陆相组	残积相	—	原位	残积土
	坡积相	水	间断性坡流	坡积土
	洪积相	水	短暂性洪流	洪积土
	河流相	水	河流	冲积土
	湖泊相	水	湖泊	湖积土
	沼泽相	水	沼泽	沼泽土
	沙漠相	大气	风	风积土
	冰川相	冰	冰川、冰湖、冰水	冰积土
海陆过渡相	三角洲相	水	河流入海入口	冲海积土
	潟湖相	水	潟湖	
	障壁岛相	水	障壁岛	海积土
	潮坪相	水	潮坪	
	河口湾相	水	河口湾	
海相组	滨海相	水	海洋,水深0~20m	海积土
	浅海陆棚相	水	海洋,水深20~200m	
	半深海相	水	海洋,200~2000m	
	深海相	水	海洋,水深大于2000m	
其他		重力	崩塌、地滑、泥石流	重力堆积土
		地下水	洞穴	洞穴堆积物
		人类	人类填筑	人工填土

一、残积土

残积土是岩石经风化后未被搬运的那一部分原岩风化剥蚀后的产物,而另一部分则被降水和风所带走。它的分布主要受地形的控制。在宽广的分水岭地带,由雨水产生的地表径流速度很小,风化产物易于保留,残积土就比较厚,在平缓的山坡上也常有残积土覆盖。

由于残积土是未经搬运的，颗粒不可能被磨圆或分选，一般呈棱角状，无层理构造。而且由于其中细小颗粒往往被冲刷带走，故孔隙度大。

残积土与基岩之间没有明显的界限，通常经过一个基岩风化层（带）而过渡到新鲜基岩，土的成分和结构呈过渡变化。

山区的残积土因原始地形变化大，且岩层风化程度不一，所以其土层厚度、组成成分、结构以至其物理力学性质在很小范围内变化极大，均匀性很差，加上其孔隙度较大，作为建筑物地基容易引起不均匀沉降；在山坡的残积土分布地段，常有因修筑建筑物而产生沿下部基岩面或某软弱面的滑动等不稳定问题。

二、坡积土

坡积土是经雨雪水的细水片流缓慢洗刷、剥蚀，及土粒在重力作用下顺着山坡逐渐移动形成的堆积物。它一般分布在坡腰上或坡脚下，其上部与残积土相接。坡积土底部的倾斜度决定于基岩边坡的倾斜程度，而表面倾斜度则与生成时间有关，时间越长，搬运、沉积在山坡下部的物质越厚，表面倾斜度就越小。

坡积土的颗粒组成有沿斜坡由上而下、由粗变细的分选现象。在垂直剖面上，下部与基岩接触处往往是碎石、角砾土，其中充填有黏性土或砂土。上部较细，多为黏性土；矿物成分与下部基岩无直接关系；土质（成分、结构）上下不均一，结构疏松，压缩性高，且土层厚度变化大，故对建筑物常有不均匀沉降问题；由于其下部基岩面往往富水，工程中易产生沿下卧残积层或基岩面的滑动等不稳定问题。

三、洪积土

是由暴雨或大量融雪骤然集聚而成的暂时性山洪急流带来的碎屑物质在山沟的出口处或山前倾斜平原堆积形成的洪积土体。山洪携带的大量碎屑物质流出沟谷口后，因水流流速骤减而呈扇形沉积体，称洪积扇。离山口近处堆积了分选性差的粗碎屑物质，颗粒呈棱角状。离山口远处，因水流速度减小，沉积物逐渐变细，由粗碎屑土（如块石、碎石、粗砂土）逐渐过渡到分选性较好的砂土、黏性土。洪积物颗粒虽有上述离山远近而粗细不同的分选现象，但因历次洪水能量不尽相同，堆积下来的物质也不一样，因此洪积物常具有不规划的交替层理构造，并具有夹层、尖灭或透镜体等构造。相邻山口处的洪积扇常常相互连接成洪积裙，并可发展为洪积平原。洪积平原地形坡度平缓，有利于城镇、工厂建设及道路的建筑。

洪积土作为建筑物地基，一般认为是较理想的，尤其是离山前较近的洪积土颗粒较粗，地下水位埋藏较深，具有较高的承载力，压缩性低，是建筑物的良好地基。在离山区较远的地带，洪积物的颗粒较细、成分较均匀、厚度较大，一般也是良好的天然地基。但应注意的是上述两地段的中间过渡地带,常因粗碎屑土与细粒黏性土的透水性不同而使地下水溢出地表形成沼泽地带,且存在尖灭或透镜体,因此土质较差,承载力较低,工程建设中应注意这一地区的复杂地质条件。

四、冲积土

冲积土是由河流的流水作用将碎屑物质搬运到河谷中坡降平缓的地段堆积而成的,它发育于河谷内及山区外的冲积平原中。根据河流冲积物的形成条件,可分为河床相、河漫滩相、牛轭湖相及河口三角洲相。

河床相冲积土主要分布在现河床地带,其次是阶地上。河床相冲积土在山区河流或河流上游大多是粗大的石块、砾石和粗砂;中下游或平原地区沉积物逐渐变细。冲积物由于经过流水的长途搬运,相互磨蚀,所以颗粒磨圆度较好,没有巨大的漂砾,这与洪积土的砾石层有明显差别。山区河床冲积土厚度不大,一般不超过 $10m$,但也有近百米的,而平原地区河床冲积土则厚度很大,一般达几十米至数百米,甚至上千米;河漫滩相冲积土是在洪水期河水漫溢河床两侧,携带碎屑物质堆积而成的,土粒较细,可以是粉土、粉质黏土或黏土,并常夹有淤泥或泥炭等软弱土层,覆盖于河床相冲积土之上,形成常见的上细下粗的冲积土的"二元结构";牛轭湖相冲积土是在废河道形成的牛轭湖中沉积成的松软土,颗粒很细,常含大量有机质,有时形成泥炭;在河流入海或入湖口,所搬运的大量细小颗粒沉积下来,形成面积宽广而厚度极大的三角洲沉积物,这类沉积物通常含有淤泥质土或淤泥层。

总之河流冲积土随其形成条件不同,具有不同的工程地质特性。古河床相土的压缩性低,强度较高,是工业与民用建筑的良好地基,而现代河床堆积物的密实度较差,透水性强,若作为水工建筑物的地基则将引起坝下渗漏。饱水的砂土还可能由于震动而引起液化。河漫滩相冲积物覆盖于河床相冲积土之上形成的具有双层结构的冲积土体常被作为建筑物的地基,但应注意其中的软弱土层夹层。牛轭湖相冲积土是压缩性很高及承载力很低的软弱土,不宜作为建筑物的天然地基。三角洲沉积物常常是饱和的软黏土,承载力低,压缩性高,若作为建筑物地基,则应慎重对待。但在三角洲冲积物的最上层,由于经过长期的压实和干燥,形成所谓硬壳层,承载力较下面的为高,一般可用作低层或多层建筑物的地基。

五、湖泊沉积物

湖泊沉积物可分为湖边沉积物和湖心沉积物。湖边沉积物是湖浪冲蚀湖岸形成的碎屑物质在湖边沉积而形成的,湖边沉积物中近岸带沉积的多是粗颗粒的卵石、圆砾和砂土,远岸带沉积的则是细颗粒的砂土和黏性土。湖边沉积物具有明显的斜层理构造,近岸带土的承载力高,远岸带则差些。湖心沉积物是由河流和湖流挟带的细小悬浮颗粒到达湖心后沉积形成的，主要是黏土和淤泥，常夹有细砂、粉砂薄层，土的压缩性高，强度很低。

若湖泊逐渐淤塞，则可演变为沼泽，沼泽沉积土称为沼泽土，主要由半腐烂的植物残体和泥炭组成的，泥炭的含水量极高，承载力极低，一般不宜做天然地基。

六、海洋沉积物

按海水深度及海底地形，海洋可分为滨海带、浅海区、陆坡区和深海区，相应的四种海相沉积物性质也各不相同。滨海沉积物主要由卵石、圆砾和砂等组成，具有基本水平或缓倾的层理构造，其承载力较高，但透水性较大。浅海沉积物主要由细粒砂土、黏性土、淤泥和生物化学沉积物（硅质和石灰质）组成，有层理构造，较滨海沉积物疏松、含水量高、压缩性大而强度低。陆坡和深海沉积物主要是有机质软泥，成分均一。海洋沉积物在海底表层沉积的砂砾层很不稳定，随着海浪不断移动变化，选择海洋平台等构筑物地基时，应慎重对待。

七、冰积土和冰水沉积土

冰积土和冰水沉积土是分别由冰川和冰川融化的冰下水进行搬运堆积而成。其颗粒以巨大块石、碎石、砂、粉土及黏性土混合组成。一般分选性极差，无层理，但冰水沉积常具斜层理。颗粒呈棱角状，巨大块石上常有冰川擦痕。

八、风积土

风积土是指在干旱的气候条件下，岩石的风化碎屑物被风吹扬，搬运一段距离后，在有利的条件下堆积起来的一类土。颗粒主要由粉粒或砂粒组成，土质均匀，质纯，孔隙大，结构松散。最常见的是风成砂及风成黄土，风成黄土具有强湿陷性。

第五节　特殊土的主要工程性质

我国幅员辽阔，地质条件复杂，土的种类繁多，工程性质各异。有些土类，由于地质、地理环境、气候条件、物质成分及次生变化等原因而各具与一般土类显著不同的特殊工程性质，当其作为建筑场地、地基及建筑环境时，如果不注意这些特点，并采取相应的治理措施，就会造成工程事故。人们把这些具有特殊工程性质的土称为特殊土。各种天然或人为形成的特殊土的分布，都有其一定的规律，表现一定的区域性。

在我国，具有一定分布区域和特殊工程意义的特殊土包括：各种静水环境尤其是沿海地区沉积的软土；主要分布于西北、华北等干旱、半干旱气候区的湿陷性黄土；西南亚热带湿热气候区的红黏土;主要分布于南方和中南地区的膨胀土;高纬度、高海拔地区的多年冻土及盐渍土、人工填土和污染土等。

一、软土

软土泛指淤泥及淤泥质土,是第四纪后期于沿海地区的滨海相、潟湖相、三角洲相和溺谷相以及内陆平原或山区的湖相和冲积洪积沼泽相等静水或非常缓慢的流水环境中沉积,并经生物化学作用形成的饱和软黏性土。它富含有机质,天然含水量 w 大于液限 w_L,天然孔隙比 e 大于或等于 1.0。根据软土的工程特性,又分为以下几类:

一是当 $e \geqslant l.5$ 时,称淤泥;

二是当 $1.5> e \geqslant l.0$ 时,称淤泥质土,它是淤泥与一般黏性土的过渡类型;

三是当5% ≤土中有机质含量≤10%时,称有机质土;当10% <有机质含量≤60%以及有机质含量>60%者,分别称为泥炭质土和泥炭。泥炭是未充分分解的植物遗体堆积而成的一种高有机质土,呈深褐—黑色,往往以夹层或透镜体构造存在于一般黏性土或淤泥质土层中。

(一)软土的组成和结构特征

软土的组成成分和状态特征是由其生成环境决定的。由于它形成于上述水流不通畅、饱和缺氧的静水盆地,这类土主要由黏粒和粉粒等细小颗粒组成。淤泥的黏粒含量较高,一般达30% ~60%。黏粒的黏土矿物成分以水云母和蒙脱石为主。有机质含量一般为5% ~15%,最大达17% ~25%。这些黏土矿物和有机质颗粒表面带有大量负电荷,与水分子作用非常强烈,因而在其颗粒外围形成很厚的结合水膜,且在沉积过程中由于粒间静电引力和分子引力作用,形成絮状和蜂窝状结构。所以,软土含大量的结合水,并由于存在一定强度的粒间联结而具有显著的结构性。

(二)软土的物理力学特性

1. 高含水量和高孔隙性

软土的天然含水量总是大于液限。软土的天然含水量一般为50% ~70%,山区软土有时高达200%。天然含水量随液限的增大成正比增加。天然孔隙比在1 ~2之间,最大达3 ~4。其饱和度一般大于95%,因而天然含水量与其天然孔隙比呈线性关系。软土的如此高含水量和高孔隙性特征是决定其压缩性和抗剪强度的重要因素。

2. 渗透性低

软土的渗透系数小,而大部分滨海相和三角洲相软土地区,由于该土层中夹有数量不等的薄层或极薄层粉、细砂、粉土等,故在水平方向的渗透性较垂直方向要大得多。

3. 压缩性高

软土均属高压缩性土,它随着土的液限和天然含水量的增大而增高。

4. 抗剪强度低

软土的抗剪强度低且与加荷速度及排水固结条件密切相关。软土的不排水抗剪强度一般小于40kPa。其中淤泥质土的强度较大一些,淤泥的强度较小(多小于20kPa)。因此软土地基的承载力较低(多小于80kPa)而容易产生地基失稳。但经过排水固结后,软土的强度会有明显的增长。这也是软土强度的一个重要特征。

5. 较显著的触变性和蠕变性

由于软土的结构性在其强度的形成中占据相当重要的地位,因此触变性也是软土的一个突出的性质。我国东南沿海地区的三角洲相及滨海潟湖相软土的灵敏度一般在4~10之间,个别达13~15。

软土的蠕变性是比较明显的。表现在长期恒定应力作用下,软土将产生缓慢的剪切变形,并导致抗剪强度的衰减;在固结沉降完成之后,软土还可能继续产生可观的次固结沉降。上海等地许多工程的现场实测结果表明:当土中孔隙水压力完全消散后,建筑物还会由于软土的蠕变而长时间继续沉降。

(三)软土地基的固结与强度增长

固结指的是饱和土在外界荷载作用下孔隙水逐步排出、孔隙比逐渐减小的过程。由于软土的渗透系数小,软土地基(尤其是深厚软土层)的固结时间就会很长,往往长达几年甚至十几年。由于土的固结与变形和强度有密切的关系,因此软土地基的固结分析是软土工程计算分析的一个重要内容。

软土的抗剪强度会随着固结的发展而增长。因此工程中须注意控制加载速率。加载速率过快,土体来不及固结,就会产生地基失稳;在慢速加载情况下,软土地基的强度和承载力会随着固结的发展而有所提高,从而可以承受更大的荷载。

加快软土地基的固结速度对于减小建筑物使用期的沉降以及快速提高软土地基的强度具有重要的意义。这也是排水固结法处理软土的原理。可通过在软土中打设竖向排水体,加快固结速度。

(四)软土地基变形特征

由于该类土具有上述高含水量、低渗透性及高压缩性等特性,因此,就其土质本身的因素(还有上部结构的荷重、基础面积和形状、加荷速度、施工条件等因素)而言,该类土在建筑荷载作用下的变形有如下特征：

1. 变形大而不均匀

在相同建筑荷载及其分布面积与形式条件下，软土地基的变形量比一般黏性土地基要大几倍至十几倍。因此上部荷重的差异和复杂的体形都会引起严重的差异沉降和倾斜。

2. 变形稳定历时长

因软土的渗透性很弱，水分不易排出，故使建筑物沉降稳定历时较长。蠕变是造成软土地基长期变形的另外一个原因。

二、湿陷性黄土

（一）湿陷性黄土的特征和分布

黄土是第四纪干旱和半干旱气候条件下形成的一种特殊沉积物。颜色多呈黄色、淡灰黄色或褐黄色；颗粒组成以粉土粒（其中尤以粗粉土粒为主，粒径为0.05～0.01*mm*）为主，占60%～70%，粒度大小较均匀，黏粒含量较少，一般仅占10%～20%；含碳酸盐、硫酸盐及少量易溶盐；含水量小，一般仅8%～20%；孔隙比大，一般在1.0左右，且具有肉眼可见的大孔隙；具有垂直节理，常呈现直立的天然边坡。

黄土按其成因可分为原生黄土和次生黄土。一般认为，具有上述典型特征、没有层理的风成黄土为原生黄土。原生黄土经过水流冲刷、搬运和重新沉积而形成的为次生黄土。次生黄土有坡积、洪积、冲积、坡积—洪积、冲积—洪积及冰水沉积等多种类型。它一般不完全具备上述黄土特征，具有层理，并含有较多的砂粒以至细砾，故也称为黄土状土。

黄土和黄土状土（以下统称黄土）在天然含水量时一般呈坚硬或硬塑状态，具有较高的强度和低的或中等偏低的压缩性，但遇水浸湿后，在其自重和外荷载作用下会发生剧烈的沉陷，强度也随之迅速降低，这种现象被称为湿陷性。凡天然黄土在上覆土的自重压力作用下，或在上覆土的自重压力与附加压力共同作用下，受水浸湿后土的结构迅速破坏而发生显著附加下沉的，称为湿陷性黄土，否则，称为非湿陷性黄土。而非湿陷性黄土的工程性质接近一般黏性土。因此，分析、判别黄土地基的湿陷类型和湿陷等级，是黄土地区工程勘察与评价的核心问题。

黄土在我国分布很广，面积约63万km^2。其中湿陷性黄土约占3/4，遍及甘、陕、晋的大部分地区以及豫、宁、冀等部分地区。此外，新疆和鲁、辽等地也有局部分布。由于各地的地理、地质和气候条件的差别，湿陷性黄土的组成成分、分布地带、沉积厚度、湿陷特征和物理力学性质也因地而异，其湿陷性由西北向东南逐渐减弱，厚度变小。

我国黄土按形成年代的早晚，有老黄土和新黄土之分。老黄土包括早更新世Q_1午城黄

土和中更新世 Q_2 离石黄土，土质密实，颗粒均匀，无大孔或略具大孔结构，一般无湿陷性，承载力高，常可达 $400kPa$ 以上。新黄土包括晚更新世 Q_3 马兰黄土和全新世 Q_4^1 次生黄土，它们广泛覆盖在老黄土之上的河岸阶地，颗粒均匀或较为均匀，结构疏松，大孔发育，一般具有湿陷性，其承载力一般在 150～$250kPa$。一般湿陷性黄土大多指这类黄土。全新世 Q_4^2 新近堆积黄土，形成历史较短，只有几十至几百年的历史，多分布于河漫滩、低阶地、山间洼地的表层及洪积、坡积地带，厚度仅数米，但结构松散，大孔排列杂乱，多虫孔，常具有高压缩性和湿陷性，承载力较低，一般仅为 75～$130kPa$。

（二）黄土湿陷性的形成原因

黄土的结构特征及其物质组成是产生湿陷的内在因素，而水的浸润和压力作用则是产生湿陷的外部条件。

黄土的结构是在形成黄土的整个历史过程中造成的，干旱和半干旱的气候是黄土形成的必要条件。季节性的短期降雨把松散的粉粒黏聚起来，而长期的干旱气候又使土中水分不断蒸发，于是，少量的水分连同溶于其中的盐类便集中在粗粉粒的接触点处。可溶盐类逐渐浓缩沉淀而成为胶结物。随着含水量的减少土粒彼此靠近，颗粒间的分子引力以及结合水和毛细水的联结力也逐渐加大，这些因素都增强了土粒之间抵抗滑移的能力，阻止了土体的自重压密，形成了以粗粉粒为主体骨架的多孔隙及大孔隙结构。当黄土受水浸湿时，结合水膜增厚揳入颗粒之间，于是，结合水联结消失，盐类溶于水中，骨架强度随之降低，土体在上覆土层的自重压力或在自重压力与附加压力共同作用下，其结构迅速破坏，土粒向大孔滑移，粒间孔隙减小，从而导致大量的附加沉陷。这就是黄土湿陷现象的内在原因。

（三）黄土湿陷性的影响因素

黄土湿陷性强弱与其微结构特征、颗粒组成、化学成分等因素有关，在同一地区，土的湿陷性又与其天然孔隙比和天然含水量有关，并取决于浸水程度和压力大小。

第一，根据对黄土的微结构的研究，黄土中骨架颗粒的大小、含量和胶结物的聚集形式，对于黄土湿陷性的强弱有着重要的影响。骨架颗粒愈多，彼此接触，则粒间孔隙大，胶结物含量较少，呈薄膜状包围颗粒，粒间联结脆弱，因而湿陷性愈强；相反，骨架颗粒较细，胶结物丰富，颗粒被完全胶结，则粒间联结牢固，结构致密，湿陷性弱或无湿陷性。

第二，黄土中黏土粒的含量愈多，并均匀分布在骨架颗粒之间，则具有较大的胶结作用，土的湿陷性愈弱。

第三，黄土中的盐类，如以较难溶解的碳酸钙为主而具有胶结作用时，湿陷性减弱，而石膏及易溶盐含量愈大，土的湿陷性愈强。

第四,影响黄土湿陷性的主要物理性质指标为天然孔隙比和天然含水量。当其他条件相同时,黄土的天然孔隙比愈大,则湿陷性愈强。另外,湿陷性随其天然含水量的增加而减弱。

第五,在一定的天然孔隙比和天然含水量情况下,黄土的湿陷变形量将随压力的增加而增大,但当压力增加到某一个定值以后,湿陷量却又随着压力的增加而减少。

第六,黄土的湿陷性从根本上与其堆积年代和成因有密切关系。黄土形成年代愈久,由于盐分溶滤较充分,固结成岩程度大,大孔结构退化,土质愈趋密实,强度高而压缩性小,湿陷性减弱甚至不具湿陷性;反之,形成年代愈短,湿陷性愈明显。如我国的老黄土一般无湿陷性而新黄土具有明显的湿陷性。按成因而论,风成的原生黄土及暂时性流水作用形成的洪积、坡积黄土均具有大的孔隙性,且可溶盐未及充分溶滤,故均具有较大的湿陷性,而冲积黄土一般湿陷性较小或无湿陷性。

(四)黄土湿陷起始压力及湿陷类型

黄土的湿陷性与所受荷载的大小有关。黄土浸水后,出现湿陷性所对应的压力被称为湿陷起始压力(P_{sh})。当黄土的自重压力大于湿陷起始压力时,黄土在自重作用下就会产生湿陷,这一类黄土称为自重湿陷性黄土。当黄土的自重压力小于湿陷起始压力时,只有在自重压力与附加应力之和大于湿陷起始压力时,黄土在建筑物的荷载作用下才会产生湿陷,这一类黄土被称为非自重湿陷性黄土。

将湿陷性黄土划分为自重湿陷性黄土和非自重湿陷性黄土对工程建筑具有明显的现实意义。例如在自重湿陷性黄土地区修筑渠道初次放水时就产生地面下沉。两岸出现与渠道平行的裂缝;管道漏水后由于自重湿陷可导致管道折断;路基受水后由于自重湿陷而发生局部严重坍塌;地基土的自重湿陷往往使建筑物发生很大的裂缝或使砖墙倾斜,甚至使一些很轻的建筑物也受到破坏,而在非自重湿陷性黄土地区这类现象极为少见。所以在这两种不同湿陷性黄土地区建筑房屋,采取的地基设计、地基处理、防护措施及施工要求等方面均应有较大区别。

(五)黄土地基湿陷等级

由若干个具有不同湿陷程度的黄土层所组成的湿陷性黄土地基,它的湿陷程度是由这些土层被水浸湿后可能发生湿陷量的总和来衡量。总湿陷量愈大,湿陷等级愈高,地基浸水后建筑物和地面的变形愈严重,对建筑物的危害也愈大。因此,对不同的湿陷等级,应采取相应不同的设计措施。而要确定湿陷等级,则首先要解决可能被水浸湿和产生湿陷的湿陷性黄土层的厚度以及湿陷等级界限值的合理确定。

三、红黏土

（一）红黏土的特征与分布

红黏土是指在亚热带湿热气候条件下，碳酸盐类岩石经红土化作用形成的高塑性黏土。红黏土一般呈褐红、棕红等颜色，液限大于50%。

红黏土的一般特点是天然含水量和孔隙比很大，但其强度高、压缩性低，工程性能良好。它的物理力学性质间具有独特的关系，不能用其他地区的、其他黏性土的物理力学性质相关关系来评价红黏土的工程性能。

红黏土广泛分布于我国的云贵高原、四川东部、广西、粤北及鄂西、湘西等地区的低山、丘陵地带顶部和山间盆地、洼地、缓坡及坡脚地段。黔、桂、滇等地古溶蚀地面上堆积的红黏土层，由于基岩起伏变化及风化深度的不同，造成其厚度变化极不均匀，常见为5～8m，最薄为0.5m，最厚为20m。在水平方向常见咫尺之隔，厚度相差达10m之巨。土层中常有石芽、溶洞或土洞分布其间，给地基勘察、设计工作造成困难。

（二）红黏土的组成成分

由于红黏土系碳酸盐类及其他类岩石的风化后期产物，母岩中的较活动性的成分Ca^{2+}、Na^{+}、K^{+}等经长期风化淋滤作用相继流失，SiO_2部分流失，此时地表则多集聚含水铁铝氧化物及硅酸盐矿物，并继而脱水变为氧化铁铝Fe_2O_3和Al_2O_3或$Al(OH)_3$，使土染成褐红至砖红色。因此，红黏土的矿物成分除仍含有一定数量的石英颗粒外，大量的黏土颗粒则主要为多水高岭石、水云母类、胶体SiO_2及赤铁矿、三水铝土矿等组成，不含或极少含有机质。其中多水高岭石的性质与高岭石基本相同，它具有不活动的结晶格架，当被浸湿时，晶格间距极少改变，故与水结合能力很弱。而三水铝土矿、赤铁矿、石英及胶体二氧化硅等铝、铁、硅氧化物，也都是不溶于水的矿物，它们的性质比多水高岭石更稳定。

红黏土颗粒周围的吸附阳离子成分也以水化程度很弱的Fe^{3+}、AF^{+}为主。

红黏土的粒度较均匀，呈高分散性。黏粒含量一般为60%～70%，最大达80%。

（三）红黏土的一般物理力学特征

一是天然含水量高，一般为40%～60%，高达90%。

二是密度小，天然孔隙比一般为1.4～1.7，最高2.0，具有大孔性。

三是高塑性。液限一般为60%～80%，高达110%；塑限一般为40%～60%，高达90%；塑性指数一般为20～50。

四是一般呈现较高的强度和较低的压缩性，固结快剪内摩擦 $\varphi = 8^\circ \sim 18^\circ$，内聚力 $c = 40 \sim 90kPa$；压缩系数 $a_{0.2-0.3} = 0.1 \sim 0.4\ MPa^{-1}$，变形模量 $E_0 = 10 \sim 30MPa$，最高可达 50MPa；载荷试验比例界限 $p_0 = 200 \sim 300kPa$。

六是由于塑限很高。所以尽管天然含水量高，一般仍处于坚硬或硬可塑状态，液性指数 I_L 一般小于0.25。但是其饱和度一般在90%以上，因此，甚至坚硬黏土也处于饱水状态。

五是不具有湿陷性；原状土浸水后膨胀量很小（<2%），但失水后收缩剧烈，原状土体积收缩率为25%，而扰动土可达40%～50%。

红黏土的天然含水量高，孔隙比很大，但却具有较高的力学强度和较低的压缩性以及不具有湿陷性的原因，主要在于其生成环境及其相应的组成物质和坚固的粒间联结特性。

红黏土呈现高孔隙性首先在于其颗粒组成的高分散性，是黏粒含量特别多和组成这些细小黏粒的含水铁铝硅氧化物在地表高温条件下很快失水而相互凝聚胶结，从而较好地保存了它的絮状结构的结果。而红黏土之所以有较高的强度，主要是因为这些铁、铝、硅氧化物颗粒本身性质稳定及互相胶结所造成的。特别是在风化后期，有些氧化物的胶体颗粒会变成结晶的铁、铝、硅氧化物，而且它们是抗水的、不可逆的，故其粒间联结强度更大。另外，由于红黏土颗粒周围吸附阳离子成分主要为 Fe^{3+}、Al^{3+}，这些铁、铝化的颗粒外围的结合水膜很薄，也加强了其粒间的联结强度。

红黏土的天然含水量很高，也是由于其高分散性，表面能很大，因而吸附大量水分子的结果。故这种土中孔隙是被结合水，并且主要是被强结合水（吸着水）所充填。强结合水，由于受土颗粒的吸附力很大，分子排列很密，具有很大的黏滞性和抗剪强度。土的塑限值很高。因此，红黏土的天然含水量虽然很高，且处于饱和状态，但它的天然含水量一般只接近其塑限值，故使之具有较高的强度和较低的压缩性。

（四）红黏土的物理力学性质变化规律

红黏土本身的物理力学性质指标有相当大的变化范围，以贵州省的红黏土为例，其天然含水量的变化范围达25%～88%，天然孔隙比0.7～2.4，液限36～125，塑性指数18～75，液性指数0.45～1.4。内摩擦角2～31°，内聚力10～140kPa，变形模量4～36MPa。其物理力学性质变化如此之大，承载力自然会有显著的差别。貌似均一的红黏土，其工程性能的变化却十分复杂，这也是红黏土的一个重要特点。因此，为了做出正确的工程地质评价，仅仅掌握红黏土的一般特点是不够的，还必须弄清决定其物理力学性质的因素，掌握其变化规律。

一是在沿深度方向，随着深度的加大，其天然含水量、孔隙比和压缩性都有较大的增高，状态由坚硬、硬塑可变为可塑、软塑以至流塑状态，因而强度则大幅度降低。

红黏土的天然含水量及孔隙比从上往下得以增大的原因，一方面系地表水往下渗滤过程中，靠近地表部分易受蒸发，愈往深部则愈易集聚保存下来；另一方面可能直接受下部基岩裂隙水的补给及毛细作用所致。

二是在水平方向，随着地形地貌及下伏基岩的起伏变化，红黏土的物理力学指标也有明显的差别。在地势较高的部位，由于排水条件好，其天然含水量、孔隙比和压缩性均较低，强度较高，而地势较低处则相反。在地势低洼地带，由于经常积水，即使上部土层，其强度也大为降低。

在古岩溶面或风化面上堆积的红黏土，由于其下伏基岩顶面起伏很大，造成红黏土厚度急剧变化。同时，处于溶沟、溶槽洼部的红黏土因易于积水，一般呈软塑至流塑状态。因此，在地形或基岩面起伏较大的地段，红黏土的物理力学性质在水平方向也是很不均匀的。

三是平面分布上次生坡积红黏土与红黏土的差别也较显著。原生残积红黏土土质致密，次生坡积红黏土颜色较浅，其物理性质与残积土有时相近，但较松散，结构强度较差，故雨、旱季土质变化较大。

四是裂隙对红黏土强度和稳定性的影响。红黏土具有较小的吸水膨胀性，但具有强烈的失水收缩性。故裂隙发育也是红黏土的一大特征。

坚硬、硬可塑状态的红黏土，在近地表部位或边坡地带，往往裂隙发育，土体内保存许多光滑的裂隙面。这种土体的单独土块强度很高，但是裂隙破坏了土体的整体性和连续性，使土体强度显著降低，试样沿裂隙面呈脆性破坏。当地基承受较大水平荷载、基础埋置过浅、外侧地面倾斜或有临空面等情况时，对地基的稳定性有很大影响。并且裂隙发育对边坡和基槽稳定与土洞形成等有直接或间接的影响。

（五）确定红黏土地基承载力的几个原则

第一，在确定红黏土地基承载力时，应按地区的不同，随埋深变化的湿度和上部结构情况，分别确定之。因为各地区的地质地理条件有一定的差异，使得即使同一省内各地（如：水城与贵阳、贵阳与遵义等）同一成因和埋藏条件下的红黏土的地基承载力也有所不同。

第二，为了有效地利用红黏土作为天然地基，针对其强度具有随深度递减的特征，在无冻胀影响地区、无特殊地质地貌条件和无特殊使用要求的情况下，基础宜尽量浅埋，把上层坚硬或硬可塑状态的土层作为地基的持力层，既可充分利用表层红黏土的承载能力，又可节约基础材料，便于施工。

第三，红黏土一般强度高，压缩性低。由于地形和基岩面起伏往往造成在同一建筑地基上各部分红黏土厚度和性质很不均匀，从而形成过大的差异沉降，往往是天然地基上建筑物产生裂缝的主要原因。在这种情况下除了应当重视地基变形分析外，还须根据地基、基础与上部结构共同作用原理，适当配合以加强上部结构刚度的措施，提高建筑物对不均匀沉降的适应能力。

第四，不论按强度还是按变形考虑地基承载力，必须考虑红黏土物理力学性质指标的垂直向变化，划分土质单元，分层统计、确定设计参数，按多层地基进行计算。

四、膨胀土

（一）膨胀土的特征与分布

膨胀土是指含有大量的强亲水性黏土矿物成分，具有显著的吸水膨胀和失水收缩且胀缩变形往复可逆的高塑性黏土。颜色呈黄、黄褐、灰白、花斑和棕红等，蒙脱石含量较高，多分布于Ⅱ级以上的河谷阶地或山前丘陵地区，个别处于 *I* 级阶地。膨胀土一般强度较高、压缩性低，易被误认为工程性能较好的土，但由于具有膨胀和收缩特性，在膨胀土地区进行工程建筑，如果不采取必要的设计和施工措施，会导致大批建筑物开裂和损坏，并往往造成坡地建筑场地崩塌、滑坡、地裂等严重的不稳定因素。

我国是世界上膨胀土分布广、面积大的国家之一，据现有资料在广西、云南、湖北、河南、安徽、四川、河北、山东、陕西、浙江、江苏、贵州和广东等地均有不同范围的分布。按其成因大体有残积—坡积、湖积、冲积—洪积和冰水沉积四个类型，其中以残积—坡积型和湖积型者胀缩性最强。从形成年代看，一般为上更新统（Q_3）及其以前形成的土层。从分布的气候条件看，在亚热带气候区的云南、广西等地的膨胀土与全国其他温带地区者比较，胀缩性明显强烈。

（二）膨胀土的物理、力学特性

黏粒含量多达35%～85%。其中粒径<0.002*mm* 的胶粒含量一般也在30%～40%。液限一般为40%～50%。塑性指数多在22～35之间。

天然含水量接近或略小于塑限，常年不同季节变化幅度为3%～6%，故一般呈坚硬或硬塑状态。

天然孔隙比小，变化范围常在0.50～0.80之间，云南的较大为0.7～1.20。同时，其天然孔隙比随土体湿度的增减而变化，即土体增湿膨胀，孔隙比变大；土体失水收缩，孔隙比变小。

自由膨胀量一般超过40%，也有超过100%的。各地膨胀土的膨胀率、膨胀力和收缩率等指标的试验结果的差异很大。

膨胀土的强度和压缩性。膨胀土在天然条件下一般处于硬塑或坚硬状态，强度较高，压缩性较低。但这种土层往往由于干缩，裂隙发育，呈现不规则网状与条带状结构，破坏了土体的整体性,降低承载力,并可能使土体丧失稳定性。这一点,特别对浅基础、重荷载的情况,不能单纯从“平衡膨胀力”的角度,或小块试样的强度考虑膨胀土地基的整体强度问题。同时,当膨胀土的含水量剧烈增大(例如:由于地表浸水或地下水位上升)或土的原状结构被扰动时,土体强度会骤然降低,压缩性增高。这显然是由于土的内摩擦角和内聚力都相应减小及结构强度破坏的缘故。已有的国内外技术资料表明,膨胀土被浸湿后,其抗剪强度将降低 1/3 ~2/3。而由于结构破坏,将使其抗剪强度减小 2/3 ~3/4,压缩系数增高 1/4 ~2/3。

(三)影响膨胀土胀缩变形的主要因素

一是影响土体胀缩变形的主要内在因素有土的黏粒含量和蒙脱石含量、土的天然含水量和密实度及结构强度等。黏粒含量愈多,亲水性强的蒙脱石含量愈高,土的膨胀性和收缩性就愈大;天然含水量愈小,可能的吸水量愈大,故膨胀率愈大,但失水收缩率则愈小。同样成分的土,吸水膨胀率将随天然孔隙比的增大而减小,而收缩则相反;但是,土的结构强度愈大,土体抵制胀缩变形的能力也愈大。当土的结构受到破坏以后,土的胀缩性随之增强。

二是影响土体胀缩变形的主要外部因素为气候条件、地形地貌及建筑物地基不同部位的日照、通风及局部渗水影响等各种引起地基土含水量剧烈或反复变化的因素。

例如在丘陵区和山前区,不同地形和高程地段地基土的初始含水量和密实度状态及其受水与蒸发条件不同,因此,地基土产生胀缩变形的程度也各不相同。凡建在高旷地段膨胀土层上的单层浅基建筑物裂缝最多,而建在低洼处、附近有水田水塘的单层房屋裂缝就少。这是由于高旷地带排水和蒸发条件好,地基土容易干缩,而低洼地带土中水分不易散失,且补给有源,湿度较能保持相对稳定的缘故。

此外,在膨胀土地基上建造冷库或高温构筑物如无隔热措施,也会因不均匀胀缩变形而开裂。

(四)膨胀土的判别与膨胀土地基评价

膨胀土的判别,是解决膨胀土问题的前提,因为只有确认了膨胀土及其胀缩性等级才可能有针对性地研究、确定需要采取的防治措施问题。

膨胀土的判别方法,应采用现场调查与室内物理性质和胀缩特性试验指标鉴定相结合的原则。即首先必须根据土体及其埋藏、分布条件的工程地质特征和建于同一地貌单元的已有建筑物的变形、开裂情况做初步判断,然后再根据试验指标进一步验证,综合判别。

凡具有前述土体的工程地质特征以及已有建筑物变形、开裂特征的场地,且自由膨胀率大于或等于40%的土,应判定为膨胀土。

膨胀土建筑场地与地基的评价,应根据场地的地形地貌条件、膨胀土的分布及其胀缩性能、地表水和地下水的分布、集聚和排泄条件,并按建筑物的特点、级别和荷载情况,分析计算膨胀土建筑场地和地基的胀缩变形量、强度和稳定性问题,为地基基础、上部结构及其他工程设施的设计与施工提供依据。

五、填土

(一)填土的基本特征及分布

填土是一定的地质、地貌和社会历史条件下,由于人类活动而堆填的土。由于我国幅员辽阔、历史悠久,因此在我国大多数古老城市的地表面,广泛覆盖着各种类别的填土层。这种填土层在堆填方式、组成成分、分布特征及其工程性质等方面,均表现出一定的复杂性。各地区填土的分布和物质组成特征,在一定程度上可反映出城市地形、地貌变迁及发展历史,例如在我国的上海、天津、杭州、宁波、福州等地,填土分布和特征都各有其特点。

上海地区多暗浜、暗塘、暗井,常用素土和垃圾回填,回填前没有清除水草,含有大量腐殖质。在黄浦江沿岸,则多分布由水力冲填泥砂形成的冲填土。浙江杭州、宁波等地由于城市的发展,建筑物的变迁,地表以碎砖瓦砾等建筑垃圾为主填积而成,一般厚度2~3m,个别地方厚达4~5m。天津的旧城区和海河两岸一般表层都有填土,主要成分有素土、瓦砾炉暗、炉灰、煤灰等杂物,有些地区是几种杂土混合填成。福建福州市填土分布较普遍,厚度1~5m,表层多为瓦砾填土,其瓦砾含量不一,如以瓦砾为主的称瓦砾层,如以黏性土为主称瓦砾填土。瓦砾填土层下部常见一种黏土质填土。在傍山地带则分布一种高挖低填、未经夯实堆积在斜坡上的黏性土,当地称其为松填土,经过夯实的称为夯填土。

在一般的岩土工程勘察与设计工作中,如何正确评价、利用和处理填土层,将直接影响到基本建设的经济效益和环境效益。对填土的分类与评价主要是考虑其堆积方式、年限、组成物质和密实度等几个因素,根据其组成物质和堆填方式形成的工程性质的差异,划分为素填土、杂填土和冲填土三类。

(二)素填土的特征及工程性质

素填土为由碎石、砂土、粉土或黏性土等一种或几种材料组成的填土,其中不含杂质或杂质很少。按其组成物质分为碎石素填土、砂性素填土、粉性素填土和黏性素填土。素填土经分层压实者,称为压实填土。

利用素填土作为地基应注意下列工程地质问题:

第一,素填土的工程性质取决于它的密实度和均匀性。在堆填过程中,未经人工压实者,一般密实度较差,但堆积时间较长,由于土的自重压密作用,也能达到一定密实度。如堆填时间超过10年的黏性土、超过5年的粉土、超过2年的砂土,均具有一定的密实度和强度,可以作为一般建筑物的天然地基。

第二,素填土地基的不均匀性,反映在同一建筑场地内,填土的各指标(干重度、强度、压缩模量)一般均具有较大的分散性,因而防止建筑物不均匀沉降问题是利用填土地基的关键。

第三,对于压实填土应保证压实质量,保证其密实度。

(三)杂填土的特征及工程性质

杂填土为含有大量杂物的填土。按其组成物质成分和特征分为:

1. 建筑垃圾土

主要为碎砖、瓦砾、朽木等建筑垃圾夹土石组成,有机质含量较少。

2. 工业废料土

由工业废渣、废料,诸如矿渣、煤渣、电石渣等夹少量土石组成。

3. 生活垃圾土

由居民生活中抛弃的废物,诸如炉灰、菜皮、陶瓷片等杂物夹土类组成。一般含有机质和未分解的腐殖质较多,组成物质混杂、松散。

对以上各类杂填土的大量试验研究认为,以生活垃圾和腐蚀性及易变性工业废料为主要成分的杂填土,一般不宜作为建筑物地基;对以建筑垃圾或一般工业废料主要组成的杂填土,采用适当(简单、易行、收效好)的措施进行处理后可作为一般建筑物地基;当其均匀性和密实度较好,能满足建筑物对地基承载力要求时,可不做处理直接利用。

在利用杂填土作为地基时应注意下列工程地质问题:

1. 不均匀性

杂填土的不均匀性表现在颗粒成分、密实度和平面分布及厚度的不均匀性。杂填土颗粒成分复杂,有天然土的颗粒、碎砖、瓦片、石块以及人类生产、生活所抛弃的各种垃圾。由于杂填土颗粒成分复杂,排列无规律,而瓦砾、石块、炉渣间常有较大空隙,且充填程度不一,造成杂填土密实程度的特殊不均匀性。

杂填土的分布和厚度往往变化悬殊,但杂填土的分布和厚度变化一般与填积前的原始地形密切相关。

2. 工程性质随堆填时间而变化

堆填时间愈久,则土愈密实,其有机质含量相对减少。堆填时间较短的杂填土往往在自重的作用下沉降尚未稳定。杂填土在自重下的沉降稳定速度决定于其组成颗粒大小、级配、填土厚度、降雨及地下水情况。一般认为,填龄达五年左右其性质才逐渐趋于稳定,承载力则随填龄增大而提高。

3. 浸水湿陷性

由于杂填土形成时间短,结构松散,干或稍湿的杂填土一般具有浸水湿陷性。这是杂填土地区雨后地基下沉和局部积水引起房屋开裂的主要原因。

4. 含腐殖质及水化物问题

以生活垃圾为主的填土,其中腐殖质的含量常较高。随着有机质的腐化,地基的沉降将增大;以工业残渣为主的填土,要注意其中可能含有水化物,因而遇水后容易发生膨胀和崩解,使填土的强度迅速降低,地基产生严重的不均匀变形。

(四)冲填土(亦称吹填土)的特征及工程性质

冲填土系由水力冲填泥砂形成的沉积土,即在整理和疏浚江河航道时,有计划地用挖泥船,通过泥浆泵将泥砂夹大量水分,吹送至江河两岸而形成的一种填土。在我国长江、上海黄浦江、广州珠江两岸,都分布有不同性质的冲填土。由于冲填土的形成方式特殊,因而具有不同于其他类填土的工程特性:

一是冲填土的颗粒组成和分布规律与所冲填泥砂的来源及冲填时的水力条件有着密切的关系。在大多数情况下,冲填的物质是黏土和粉砂,在吹填的入口处,沉积的土粒较粗,顺出口处方向则逐渐变细。如果为多次冲填而成,由于泥砂的来源有所变化,则更加造成在纵横方向上的不均匀性,土层多呈透镜体状或薄层状构造。

二是冲填土的含水量大,透水性较弱,排水固结差,一般呈软塑或流塑状态。特别是当黏粒含量较多时,水分不易排出,土体形成初期呈流塑状态,后来土层表面虽经蒸发干缩龟裂,但下面土层仍处于流塑状态,稍加扰动即发生触变现象。因此冲填土多属未完成自重固结的高压缩性的软土。而在愈近于外围方向,组成土粒愈细,排水固结愈差。

三是冲填土一般比同类自然沉积饱和土的强度低,压缩性高。冲填土的工程性质与其颗粒组成、均匀性、排水固结条件以及冲填形成的时间均有密切关系。对于含砂量较多的冲填土,它的固结情况和力学性质较好;对于含黏土颗粒较多的冲填土,评估其地基的变形和承载力时,应考虑欠固结的影响,对于桩基则应考虑桩侧负摩擦力的影响。

第八章

不良地质现象及防治

第一节　崩塌

一、崩塌的定义、形成条件和影响因素

(一)崩塌的定义

陡坡上的岩体或土体在重力或其他外力作用下,突然向下崩落的现象称为崩塌。崩塌的岩体(或土体)顺坡猛烈地翻滚、跳跃、相互撞击,最后堆积于坡脚。

(二)崩塌的形成条件和影响因素

崩塌的形成条件和影响因素很多,主要有地形地貌条件、岩性条件、地质构造条件,以及降雨和地下水的影响、地震的影响、风化作用和人为因素的影响等。

1. 地形地貌条件

崩塌多发生在海、湖、河、冲沟岸坡、高陡的山坡和人工斜坡上,地形坡度通常大于45°;峡谷陡坡是崩塌、落石密集发生的地段,因为峡谷岸坡陡峻,卸荷裂缝发育,易崩塌、落石;山区河谷凹岸也是崩塌、落石较集中分布的地段,因河曲凹岸遭受侧蚀,易造成崩塌落石;冲沟岸坡和山坡陡崖岩体直立,不稳定岩体较多,时有崩塌、落石发生;丘陵和分水岭地段崩塌、落石较少,原因是地形相对平缓,高差较小,如果开挖高边坡也会产生崩塌、落石。

2. 岩性条件

崩塌绝大多数发生在岩性较坚硬的基岩区,因为只有较坚硬的岩石才可能形成高陡的边坡地形。

3. 地质构造条件

当建筑物的延伸方向和区域构造线一致，而且采用深挖方案时，崩塌落石较多；褶皱核部由于岩层强烈弯曲，岩石破碎，地表水渗入，易于产生崩塌、落石，其规模主要取决于褶皱轴向与临空面走向的夹角；沿构造节理常发生滑移式崩塌、落石；构造节理面以上的潜在崩塌体的稳定性与节理倾角的大小有关，与节理面的粗糙度和充填物有关，当有黏土或其他风化物充填时，易受水浸润软化，促进了崩塌、落石的产生。

4. 降雨和地下水的影响

(1)降雨的影响

崩塌有80%发生在雨季，特别是雨中和雨后不久。连续降雨时间越长，暴雨强度越大，崩塌、落石次数越多；阴雨连绵天气及较短的暴雨天气，崩塌、落石多；长期大雨比连绵细雨时崩塌落石多。

(2)地下水的影响

边坡和山坡中的地下水往往可以直接从大气降水中得到补给，使其流量大大增加，地下水和雨水联合作用，更进一步促进了崩塌、落石的发生。

5. 地震的影响

地震时由于地壳强烈震动，边坡岩体各种结构面的强度会降低；同时，水平地震动也会使边坡岩体的稳定性会大大降低，导致崩塌发生。山区的大地震都伴随有大量的崩塌产生。

此外，岩体风化及人类工程活动对崩塌也有一定影响。

二、崩塌的形成机理

崩塌的规模大小、物质组成、结构构造、活动方式、运动途径、堆积情况、破坏能力等千差万别，但其形成机理是有规律的，常见的崩塌模式有五种。

(一)倾倒—崩塌

在河流经过峡谷区、岩溶区、冲沟地段及其他陡坡上，常见巨大而直立的岩体，以垂直节理或裂缝与稳定岩体分开。这类岩体的特点是高而窄，横向稳定性差，失稳时岩体以坡脚的某一点为转点发生转动性倾倒，这种崩塌模式的产生有多种途径：一是长期冲刷淘蚀直立岩体的坡脚，由于偏压，直立岩体产生倾倒式蠕变，最后导致倾倒—崩塌；二是当附加特殊水平力(地震作用、静水压力、动水压力、冻胀力和根劈力等)时，岩体可能倾倒破坏；三是当坡脚由软岩组成时，雨水软化坡脚，产生偏压引起这类崩塌；四是直立岩体在长期重力作用下，产生弯折也能导致这种崩塌。

(二)滑移—崩塌

在某些陡坡上,在不稳定岩体下部有向坡下倾斜的光滑结构面或软弱面时,其形式有三种:平面滑移—崩塌;块体滑移—崩塌;圆弧滑移—崩塌。

这种崩塌能否产生,关键在于开始时的滑移,岩体重心一经滑出陡坡,突然崩塌就会产生。这类崩塌的产生,除重力之外,连续大雨渗入岩体裂缝,产生静水压力和动水压力,以及雨水软化软弱面,都是岩体滑移的主要原因。在某些条件下,地震也可能引起这类崩塌。

(三)鼓胀—崩塌

当陡坡上不稳定岩体之下有较厚的软弱岩层,或不稳定岩体本身就是松软岩层,而且有长大节理把不稳定岩体和稳定岩体分开时,在有连续大雨或有地下水补给的情况下,下部较厚的软弱层或松软岩层被软化。在上部岩体的重力作用下,当压应力超过软岩天然状态下的无侧限抗压强度时,软岩将被挤出,向外鼓胀。随着鼓胀的不断发展,不稳定岩体将不断地下沉和外移,同时发生倾斜,一旦重心渗出坡外,崩塌即会产生。因此,下部较厚的软弱岩层能否向外鼓胀,是这类崩塌能否产生的关键。

(四)拉裂—崩塌

当陡坡由软硬相间的岩层组成时,由于风化作用和河流的冲刷淘蚀作用,上部坚硬岩层在断面上常以悬臂梁形式凸出来。在长期重力作用下,节理会逐渐扩大发展。拉应力更进一步集中在尚未产生节理的硬岩部位,一旦拉应力大于这部分岩石的抗拉强度,拉裂缝就会迅速向下发展,凸出的岩体就会突然向下崩落。除重力长期作用外,震动、各种风化作用,特别是根劈和寒冷地区的冰劈作用等,都会促使这类崩塌发生。

(五)错断—崩塌

陡坡上的长柱状和板状的不稳定岩体,在某些因素作用下,或因不稳定岩体的质量增加,或因其下部断面减小,都可能使长柱状或板状不稳定岩体的下部被剪断,从而发生错断—崩塌。这种崩塌是否发生取决于岩体下部因自重所产生的切应力是否超过岩石的抗剪强度,一旦超过,崩塌将迅速产生。通常有以下几种途径:

一是由于地壳上升,河流下切作用加强,使垂直节理裂隙不断加深,因此,长柱状和板状岩体自重不断增加。

二是在冲刷和其他风化剥蚀应力的作用下,岩体下部的断面不断减小,从而导致岩体被剪断。

三是由于人工开挖边坡过高、过陡，下面岩体被剪断，产生崩塌。

三、崩塌的防治

根据崩塌的规模和危害程度，所采用的防治措施有绕避、加固山坡和路堑边坡、修筑拦挡建筑物、清除危岩及做好排水工程等。

（一）绕避

对可能发生大规模崩塌地段，即使是采用坚固的建筑物，也经受不了这样大规模崩塌的巨大破坏力，故铁路线路必须设法绕避。对河谷沿线来说，绕避有两种情况：

一是绕到对岸，远离崩塌体。

二是将线路移向山侧，移至稳定的山体内，以隧道通过。在采用隧道方案绕避崩塌时，要注意使隧道有足够的长度，使隧道进出口避免受崩塌的危害，以免隧道运营以后，由于长度不够，受崩塌的威胁而在洞口又接长明洞，造成浪费和增大投资。

（二）加固山坡和路堑边坡

在邻近建筑物边坡的上方，如有悬空的危岩或巨大块体的危石威胁行车安全，则应采用与其地形相适应的支护、支顶等支撑建筑物，或是用锚固方法予以加固；对坡面深凹部分可进行嵌补；对危险裂缝可进行灌浆。

（三）修筑拦挡建筑物

对中、小型崩塌可修筑遮挡建筑物和拦截建筑物。

1. 遮挡建筑物

对中型崩塌地段，如绕避不经济时，可采用明洞、棚洞等遮挡建筑物。

2. 拦截建筑物

若山坡的母岩风化严重，崩塌物质来源丰富，或崩塌规模虽然不大，但可能频繁发生，则可采用拦截建筑物，如落石平台、落石槽、拦石堤或拦石墙等措施。

（四）清除危岩

若山坡上部可能的崩塌物数量不大，而且母岩的破坏不甚严重，则以全部清除为宜。并在清除后，对母岩进行适当的防护加固。

(五)做好排水工程

地表水和地下水通常是崩塌落石产生的诱因,在可能发生崩塌落石的地段,务必做好地面排水和对有害地下水活动的处理。

第二节　滑坡

一、滑坡形态要素

滑坡常以自己独有的地貌形态与其他类型的坡地地貌形态相区别。滑坡形态既是滑坡特征的一部分,又是滑坡力学性质在地表的反映。不同的滑坡有不同的形态特征,滑坡的不同发育阶段也有各自的形态特征。因此在滑坡工程地质研究中,识别滑坡形态特征是认识滑坡极其重要的方面。

滑坡形态要素,各部位特点如下:

(一)滑坡体(滑体)

它是指与母体脱离经过滑动的岩土体。因系整体性滑动,岩土体内部相对位置基本不变,故还能基本保持原来的层序和结构面网络,但在滑动动力作用下又产生了新的裂隙,使岩土体明显松动。

(二)滑动面(简称滑面带)

它是滑坡体与滑坡床之间的分界面,也就是滑体沿之滑动而与滑坡床相接触的面。滑动面一般是光滑的,由于滑动时的摩擦,有时还可看到擦痕。滑动面上的土石破坏比较剧烈,形成一个破碎带,土石受到揉皱,发生片化和糜棱化的现象,其厚度可达数十厘米,甚至达数米,故常称之为滑动带。

(三)滑坡床(简称滑床)

它是指滑坡体之下未经滑动的岩土体。它基本上未发生变形,完全保持原有结构。只有在前缘部分因受滑坡体的挤压而产生一些挤压裂隙,在滑坡壁后缘部分出现弧形张裂隙,两侧有剪裂隙发育。

(四)滑坡周界

滑坡体与其周围不动体在平面上的分界线称为滑坡周界,它圈定了滑坡的范围。

(五)滑坡壁

滑坡后部滑下所形成的陡壁。对新生滑坡而言,这实际上是滑动面的露出部分。平面呈圈椅状,其高度视位移与滑坡规模而定,一般数米至数十米,有的达200多米,陡度多为36~80°,形成陡壁。

(六)滑坡台阶

又称滑坡台地,即滑体因各段下滑的速度和幅度不同而形成的一些错台,常出现数个陡坎和高程不同的平缓台面。

(七)滑坡舌

滑坡体前部伸出如舌状的部位,前端往往伸入沟谷河流。舌根部隆起部分称为滑坡鼓丘。

(八)滑坡裂隙

滑坡体在滑动过程中各部位受力性质和移动速度不同,受力不均而产生力学属性不同的裂隙系统。一般可分为拉张裂隙、剪切裂隙、羽状裂隙、鼓张裂隙和扇形张裂隙等。拉张裂隙主要出现在滑坡体后缘,受拉而形成,延伸方向与滑动方向垂直,往往呈弧形分布。剪切裂隙分布在滑坡体中下部两侧,因滑坡体与其外的不动体之间产生相对位移,在分界处形成剪力区并出现剪切裂隙,它与滑动方向斜交,其两边常伴生有羽状裂隙。鼓张裂隙又称隆张裂隙,常分布在滑体前缘,受张力而形成,其延伸方向垂直于滑动方向。扇形张裂隙也分布在滑坡体的前缘,尤以舌部为多,是由土石体扩散而形成的,做放射状分布,呈扇形。

应该注意的是,上述的形态要素一般在发育完全的新生滑坡才具备。自然界许多新老滑坡由于要素发育不全或经过长期剥蚀及堆积作用,常常会消失一种或多种要素,应注意观察。

滑坡的形态特征是判断斜坡是否受过滑动的重要标志,是滑坡研究的一项重要内容。

二、滑坡识别方法

滑坡的识别是研究滑坡最基础的工作,在此基础之上才能探讨形成机制并提出合理的整治措施。由于地质条件的差异，滑坡形态繁多，同时又因后期改造而使其更趋复杂，但是，对滑坡的研究还是有一定规律可循的。人们通过长期研究，目前对滑坡识别已逐步形成了一套行之有效的方法。

滑坡识别方法主要有三种：利用遥感资料，如航空相片（简称航片）、彩虹外相片来解释；通过地面调查测绘来解决；采用勘探方法来查明。

应用遥感图像识别滑坡，主要应用航空遥感所提供的大比例尺（1∶15 000～1∶10 000）全色、彩虹外相片。另外也辅之以其他航空遥感图像，如多光谱摄影、多光谱扫描、侧视雷达扫描等。航片上的色调、色彩、阴影所构成的各种形态、大小、结构、纹影图案，把一定范围内的地表景观按一定比例尺真实地、客观地显示出来，使我们能够迅速判别此地是否存在滑坡及其规模和性质等。

在航片上识别滑坡，实质上就是识别滑坡的形态要素，然后结合收集研究地区的地质资料进行综合分析，从而确认滑坡。据研究，由于滑坡过程是由陡坡变为缓坡的位能释放过程，因此滑坡体的总体坡度较周围山体平缓，有的甚至成为平地地形或凹地。由于岩性、构造、地下水活动和滑坡体积等条件不同，滑坡以不同形状下滑，最典型的是滑坡体与后壁两侧壁构成的圈椅状地形，其他如舌形、梨形、三角形、不规则形等也很普遍。滑坡体的这些形状在航片上均有清晰的影像，容易被识别。滑坡体在滑动前及滑动过程中，滑体前、后缘，两侧及中部均会产生裂缝；首次滑动以后这些裂缝在地表水和其他应力作用下发育成大小不同的冲沟。这些冲沟在航片上表现为明显的带状阴影和色调差异。因而，在航片上可以判读滑坡体上沟谷的展布规模、条数、切割深度、宽度、沟内分布物等。同理，滑坡体上的其他水体如水田、沼泽、池塘等在航片上也都容易识别。

在航片上可以看到滑坡体上不规则的阶梯状地面，即平台与陡坎相间的地形。因此，根据航片上滑坡台地的形状、大小、级数和位置，可以间接地推测滑坡体上再次滑动次数、滑动区段、范围等情况。滑坡在向前滑动时如果受阻就会形成隆起的丘状地形，即滑坡鼓丘，鼓丘在航片上常较清楚。

当然，多数滑坡不一定具备所有这些判读特征。各项判读特征在各个具体情况下的表现也不尽相同。因此必须综合判读各要素才能确定一个滑坡。例如，雅碧江下游的大坪子滑坡，在航片上，明显的缓坡地形与陡直的后壁、侧壁组成簸箕状缓坡的前缘向前推出，雅碧江呈明显的异常弯道。缓坡上有三级、四处明显的陡坎、台地相间地形。台地上均有深浅不同的蓝色水体（水田）分布，部分呈红色，表明有作物生长。坡体上可见到顺坡方向展布的九条冲沟，最长一条几乎贯通整个坡体，沟边植物茂盛。结合地质资料又知该处为风化破碎的砂、页、泥岩互层地层，有三条断层在坡体上通过。至此可以判断出大坪子为一滑坡。

利用遥感图像进行滑坡判读，特别是区域性滑坡群的识别，效率高、视野广且准确度高，是一种先进的工作方法。但是也应指出，滑坡是一种复杂的动力地质现象，航空遥感不可能完全代替滑坡的地面调查工作，特别在详细研究阶段，它更不能代替物探、钻探、槽探等勘探工作及岩土力学试验工作。

滑坡地面调查由于可直接观察到滑坡各要素，并可收集到滑动的证据，因此仍是滑坡研究中的主要工作方法。斜坡经过滑动破坏之后，地形特征比较明显，特别是站在滑坡对岸高处瞭望滑坡区时更清楚。在整个较为顺直的山坡上出现圈椅形的陡坎或陡壁，其下为槽沟或封闭形洼地，再向下则地形凸出，表现出上凹下凸的坡形，还可见有台阶状平地。更低一些的部位则为坑洼起伏的舌形坡地，其前端逼近河岸或将河流向对岸推移。两侧有沟谷发育并有双沟同源的趋势。沟谷若深切至完整基岩，则在沟壁上常可见到滑动面（带）物质，也可观察到岩层层序的扰动，因此滑坡侧沟的调查在识别滑坡中起着重要的作用。新生滑坡体上的植被情况与周围有所不同，树木歪斜零乱，可见到醉汉林和马刀树。

阶地形成期，常因下切减缓侧蚀显著而导致滑坡发育。因此滑坡剪出口常与河流阶地标高相吻合。野外调查中应注意识别与阶地相对应标高的滑坡剪出口，滑坡剪出口处的岩层常较破碎，可见反翘现象，即滑体中岩层的产状与正常产状截然不同。此现象对识别顺层滑坡常有重要意义，因顺层滑坡层序一般不紊乱，同时滑坡壁不明显，识别起来较困难。

通过遥感判读和地面调查仍不能确定的滑坡，或已识别出来尚须深入研究的滑坡，则应采取勘探和物探等方法来进行调查。勘探、物探工作的目的除了确定滑坡体的结构、岩石破碎程度、含水性、地下水位等外，主要是找到滑动面（带）。有关这方面的内容后面还要专门介绍。勘探、物探工作应该根据航片和地表测绘所了解的滑坡体的大小、形状和地质条件进行布置。勘探地区应采用不同方向的勘探线。如果坡体结构及地质条件简单，则仅用纵、横两条勘探线即可；当地质条件复杂时，可增加若干条勘探线。此外，在同一条勘探线上可联合应用不同类型的勘探、物探方法，便于分析比较。

三、滑动面（带）研究

在滑坡的工程地质研究中，一个重要的课题就是确定滑动面（带）的位置和形状。因为在斜坡稳定性计算和防治措施的制定中都必须首先确定滑动面（带），才能取得正确结果。

（一）滑动面（带）的一般特征

滑动面（带）由于遭受剪切破坏，形成厚度不大的摩擦破碎带，其特征与断层破碎带有相似之处。该带岩土一般扰动严重，磨碎的细粒有定向排列的趋势，比较软弱，略有片理化，并可见到磨光面及擦痕。因摩擦而变细的滑带土与上下层岩土在粒度成分上和颜色上有所不同，其含水量也比上下岩层高，往往呈软塑状态。

(二)滑动面(带)位置确定方法

正确确定滑坡的滑动面(带)位置、形态及滑动面(带)物质的物理力学性质,是滑坡稳定分析及评价的必要条件,特别是滑动面(带)位置的确定更为重要。实际工作中,按照工作精度和要求可采用不同的方法。

1. 根据作图法估计滑动面(带)位置

当只进行地表测绘,未进行勘探工程时,只能借助于作图方法大致估计滑动面(带)位置。作图方法如下:

第一,假定滑动面(带)为一圆弧形,根据地表测绘找出滑坡后缘陡壁并测定陡壁的产状及擦痕产状,同时找出滑坡前缘位置及产状。在滑坡主轴剖面上,过后缘陡壁及前缘两点,按其产状画 AC 及 BC[图 8-1(a)],过 A 及 B 分别作垂线 OA 及 OB 交于 O 点,以 O 为圆心,以 OA(或 OB)为半径作圆,即为假想滑动面(带)位置。

第二,在滑坡主轴剖面上连接后缘陡壁坡脚 A 和滑动面(带)出口 B 点[图 8-1(b)],作 AB 的垂直二等分线 CO,在 CO 上选一点,以 OA 为半径作圆,使此圆能与任一点的滑动面(带)倾向线相切,此圆弧即为所求的滑动面(带)。

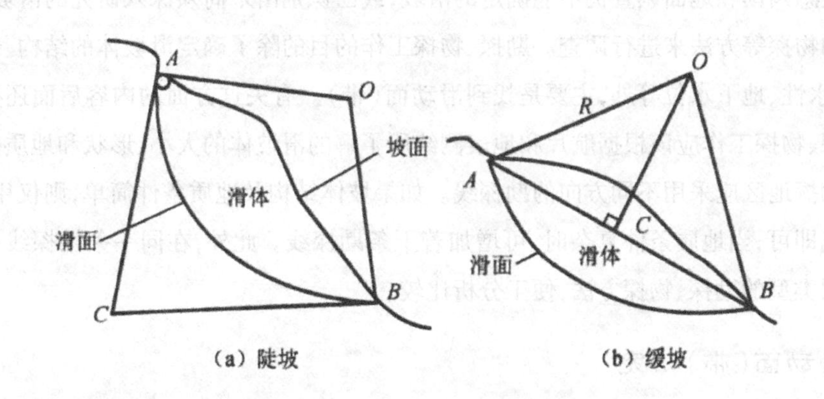

图 8-1 滑动面(带)作图法

2. 根据位移观测资料推求滑动面(带)位置

在有滑坡位移观测资料时,可根据滑坡的位移数据来推求滑动面(带)。可采用应变管法确定滑动面位置。该方法是将以一定间距贴一对电阻应变片的硬质聚氯乙烯管置于钻孔中,通过应变片的应变来测定聚氯乙烯管的弯曲。应变片按 2m 间距贴一片。应变片贴在应变测管的中间,并把它和同质的过滤管的中间管连接起来,电缆从管的外侧引出。测管下至钻孔内,由于斜坡的滑动就会受到岩土体收缩和伸张变形的影响而发生弯曲,应变片就会产生应变。在滑动面(带)处弯曲最大,应变也最显著。应变的传递距离不大,只有几毫米的滑动位移,其应变只能传递到滑动面上下 50cm 左右的地方,所以现在采用的应变计测管,其应变片贴附间距已缩至 25cm。这种装置的精度可达 10 ~ 100μm,越向深处,精度越低。

3. 根据钻探资料判断滑动面(带)位置

钻探是滑动面(带)研究中常用方法之一,根据钻探资料可较准确地确定滑动面(带)的位置。钻探中可做滑动面(带)分析的资料包括:

第一,在基岩滑坡滑动面(带)以上钻进时,钻孔跳动,易卡钻,回水漏失严重,滑动面(带)以下钻进平稳,透水性正常。

第二,由基岩滑坡滑动面(带)以上岩芯量得的岩层倾角变化较大,岩石风化剧烈,裂隙中多有泥质充填,滑动面(带)处常有泥夹碎屑。滑动面(带)以下岩层产状正常,风化状态也正常。

第三,在滑动面(带)附近钻进时,如速度突快或发现孔壁收缩,孔身错断,套管弯曲,上下钻孔困难,此处可能为滑动面(带)位置。在这种情况下,除可直接测量钻孔弯曲部分外,还可在孔内下入塑料管,定期用略小于塑料管内径的金属棒下入孔内,测棒受阻处可能为滑动面(带)位置。

第四,土质滑坡滑动面(带)沿钻进岩芯剥开后,可见滑动形成的微斜层理、擦痕和镜面,滑动面(带)土中有上部土层的夹杂物,颜色和土质比较复杂,岩芯的微细结构也有错动现象。含细粒物质时,其表面比较光亮。

第五,基岩滑坡滑动面(带)进行压水或注水试验时,漏水严重,栓塞常封堵不严,水泵不起压,一般测不到地下水位,钻孔无回水。滑动面(带)以下基岩透水正常,可测得地下水位。下套管至基岩顶面,则钻进有回水。此外尚可根据钻孔中的地下水位进行判断。钻穿滑动面(带)时,地下水位常有显著变化。

4. 根据坑探工程查明滑动面(带)位置

通过坑探工程查明滑动面(带)的位置是行之有效的方法,特别是大型滑坡有多个滑动面(带)时常可直接观察到。

5. 根据物探资料判断滑动面(带)位置

当滑动面(带)与上下层有较大电性差异时,可利用电测深曲线确定滑动面(带)位置;也可根据弹性波资料、电测井或充电法资料确定滑动面(带)。

用上述方法初步确定滑动面(带)位置时,尚须结合地表形态和其他地质因素进行分析判断。必须注意的是,大型滑坡常有几个滑动面(带),要区分主滑动面(带)和次级滑动面(带)。

四、滑坡分类

滑坡形成于不同的地质环境,并表现为各种不同的形式和特征。滑坡分类的目的就在于对滑坡作用的各种环境和现象特征及产生滑坡的各种因素进行概括,以便正确反映滑坡作用的某些规律。在实际工作中,可利用科学的滑坡分类去指导勘察工作,衡量和鉴别给定地区产生滑坡的可能性,预测斜坡的稳定性及制定相应的防滑措施。

目前滑坡的分类方案很多,各方案所侧重的分类原则不同。有的根据滑动面与层面的关系,有的根据滑坡的动力学特征,有的根据规模、深浅,有的根据岩土类型,有的根据斜坡结构,还有的根据滑动形状甚至滑坡时代等。由于这些分类方案各有优缺点,因此仍沿用至今。同时也有人提出不少综合分类方案,但是这些方案尚未得到公认,滑坡分类有待进一步探讨。下面仅重点介绍以下几类:

(一)按滑动面与层面关系的分类

这种分类应用很广,是较早的一种分类,可分为均质滑坡(无层滑坡)、顺层滑坡和切层滑坡三类。

1. 均质滑坡

这是发生在均质的、没有明显层理的岩体或土体中的滑坡。滑动面不受层面的控制,而是取决于斜坡的应力状态和岩土的抗剪强度的相互关系。滑动面(带)呈圆柱形或其他二次曲线形。在黏土岩、黏性土和黄土中较常见。

2. 顺层滑坡

顺层滑坡一般是指沿着岩层层面发生滑动。特别是有软弱岩层存在时,易成为滑坡面。那些沿着断层面、大裂隙面的滑动,以及残坡积物顺其与下部基岩的不整合面下滑的均属于顺层滑坡的范畴。顺层滑坡是自然界分布较广的滑坡,而且规模较大。

3. 切层滑坡

滑坡面切过岩层面而发生的滑坡称为切层滑坡。其滑坡面常呈圆柱形,或对数螺旋曲线。

(二)按滑动力学性质分类

滑坡主要按始滑位置(滑坡源)所引起的力学特征进行分类。这种分类对滑坡的防治有很大意义。一般根据始滑部位不同而分为推落式滑坡、平移式滑坡、牵引式滑坡和混合式滑坡。

1. 推落式滑坡

这种滑坡主要是由于斜坡上部张开裂缝发育或因堆积重物和在坡上部进行建筑等，引起上部失稳始滑而推动下部滑动。

2. 平移式滑坡

这种滑坡滑动面一般较平缓，始滑部位分布于滑动面的许多点，这些点同时滑移，然后逐渐发展连接起来。

3. 牵引式滑坡

这种滑坡首先是在斜坡下部发生滑动，然后逐渐向上扩展，引起由下而上的滑动，这主要是由于斜坡底部受河流冲刷或人工开挖而造成的。

4. 混合式滑坡

这种滑坡是始滑部位上、下结合，共同作用形成的。混合式滑坡比较常见。

（三）按滑坡时代分类

鉴于大量自然滑坡的发育与河流侵蚀期紧密相关（河流侵蚀为绝大多数自然滑坡的发育提供了有效临空面），主要以河流侵蚀期作为区分滑坡发生时代的依据，分类方案详见表8-1。

表8-1 滑坡时代分类方案

滑坡类型（亚类）	划分依据	基本特征	稳定性（别称）
新滑坡	发生于河漫滩时期，具有现代活动性	现代活动性； 滑坡形态特征完备	不稳定（或滑坡）
老滑坡	发生于河漫滩时期，目前（暂时）稳定	目前不活动，但滑坡堆积物掩覆在河漫滩之上，或滑坡前缘被河漫滩时期堆积物所掩叠； 滑坡形态特征基本完备，但有局部改造	暂时稳定或稳定，很易复活（隐滑坡）
古滑坡（一级阶地时期滑坡、二级阶地时期滑坡……）	发生在河流阶地侵蚀时期或稍后，目前稳定	滑坡出口高程与河流阶地的侵蚀基准面相当；或滑坡体掩覆在阶地堆积物之上，或后期的阶地堆积物掩叠在滑坡体之上、之前； 一般已不再保存明显的滑坡形态特征，但在地层叠置、层序上和地层变位、松动等方面有明显反映，常形成反常层次和反常构造现象	稳定，不易复活（稳滑坡）

续表

滑坡类型(亚类)	划分依据	基本特征	稳定性(别称)
始滑坡(……二级夷平面时期滑坡、一级夷平面时期滑坡)	发生在当地现今水系形成之前,或以夷平面相关划分或以上、下界线地层时代划分	无法找到滑坡与当前水系的相关关系,仅能依据滑坡堆积特征及其与夷平面或老地层的叠置关系予以稳定; 一般已不再保存明显的滑坡形态特征,但在地层叠置、层序上和地层变位、松动等方面有明显反映,常形成反常层次和反常构造现象	极稳定,几乎完全不会复活(死滑坡)

滑坡与河漫滩、河流阶地的相关性是通过滑坡剪出口高程或滑坡堆积物与各时期河流堆积物的叠置关系确定的。

(四)按斜坡岩土类型分类

斜坡的物质成分不同,滑坡的力学性质和形态特征也就不一样,特别是滑动面的形状及滑体结构等有所不同。所以按岩土类型来划分滑坡类型能够综合反映其特点,是比较好的分类方法。我国铁路部门按组成滑体的物质成分提出了分类方案,可分为黏性土滑坡、黄土滑坡、堆填土滑坡、堆积土滑坡、破碎岩石滑坡、岩石(基岩)滑坡六大类,其中基岩适当详细划分,有人认为可分为软硬互层岩组滑坡、软弱岩岩组滑坡、坚硬—半坚硬岩岩组滑坡和碎裂岩岩组滑坡等。

(五)其他分类

其他分类主要包括以下几种:

一是按滑坡主滑面成因类型分类:堆积面滑坡、层面滑坡、构造面滑坡、同生面滑坡。

二是按滑坡深度分类:浅层滑坡(厚度小于6m)、中层滑坡(厚6~20m)、厚层滑坡(厚20~50m)、巨厚层滑坡(厚度大于50m)。

三是按滑动形式分类:转动式滑坡、平移式滑坡。

四是按滑动历史分类:首次滑坡、再次滑坡。

五、滑坡的防治

(一)避开滑坡的危害

对于大型滑坡或滑坡群的治理,由于工程量大、工程造价高、工期较长,因此在工程勘测设计阶段以绕避为主。例如,成昆线牛日河左岸一处滑坡,滑体厚度大并正在滑动中,故在勘测后定线时两次跨越牛日河来避开滑坡的危害。

(二)排除地表水或地下水

滑坡的滑动多与地表水或地下水有关,因此在滑坡的防治中往往要排除地表水或地下水,以减少水对滑坡岩土体的冲蚀,减少水的浮托力和增大滑带土的抗剪强度等,从而增加滑坡的稳定性。在整治初期,采取一些排除地表水或地下水的措施,往往能收到防止或减缓滑坡发展的效果。

地表排水的目的是拦截滑坡范围以外的地表水流入滑体,使滑体范围内的地表水排出滑体。地表排水工程可采用截水沟和排水沟等。

排除地下水是用地下建筑物拦截、疏干地下水及降低地下水位等来防止或减少地下水对滑坡的影响。根据地下水的类型、埋藏条件和工程的施工条件,可采用的地下排水工程有截水盲沟、支撑盲沟、边坡渗沟、排水隧洞及设有水平管道的垂直渗井、水平钻孔群和渗管疏干等。

(三)抗滑支挡

根据滑坡的稳定状态,用减小下滑力、增大抗滑力的方法来改变滑体的力学平衡条件,使滑坡稳定,这是防止某些滑坡继续发展而立即生效的措施。常用的方法有支撑抗滑工程、抗滑明洞、抗滑挡墙、抗滑桩等。

1.抗滑挡墙

抗滑挡墙由于施工时破坏山体平衡小,稳定滑坡收效较快,因此在整治滑坡中是经常采用的一种有效措施。对于中小型滑坡可以单独采用;对于大型复杂滑坡,抗滑挡墙可作为综合措施的一部分,同时还要做好排水等措施。设置抗滑挡墙时必须弄清滑坡的滑动范围、滑动面层数及位置、推力方向及大小等,并要查清挡墙基底情况,否则会造成挡墙变形,甚至挡墙随滑体滑动,使工程失效。

抗滑挡墙按其受力条件、墙体材料及结构可分为混凝土式、实体式、装配式和桩板式等。在以往山区滑坡整治中,采用重力式挡墙的较多。近年来,在一些工程中也采用了桩板式挡墙，取得了较好的效果。

抗滑挡墙与一般挡土墙的主要区别在于它所受的压力大小、方向和合力作用点不同。由于滑坡的滑动面已形成，因此抗滑挡墙受力与挡墙高度和墙背形状无关，主要由滑坡推力所决定。其受力方向与墙背较长一段滑动面方向有关，即平行墙后的一段滑动面的倾斜方向。推力的分布为矩形，合力作用点为矩形的中点。因此，重力式抗滑挡墙有胸坡缓、外形矮胖的特点。为了保证施工安全，修筑抗滑挡墙最好在旱季施工，并于施工前做排水工程，施工时必须跳槽开挖，禁止全拉槽。开挖一段应立即砌筑回填，以免引起滑动。施工时应从滑体两边向中间进行，以免中部推力集中，推毁已成挡墙。

2. 抗滑桩

抗滑桩是以桩作为抵抗滑坡滑动的工程建筑物。这种工程措施像是在滑体和滑床间打入一系列锚钉，使两者成为一体，从而使滑坡稳定，所以有人称之为锚固桩。有木桩、钢管桩、混凝土桩和钢筋混凝土桩等。近几年来在滑坡整治中，还采用了锚索抗滑桩等新型支挡结构。它已成为一种主要工程措施，应用较广泛，取得了良好的效果。

抗滑桩的布置取决于滑体密实程度、含水情况、滑坡推力大小等因素，通常按需要布置成一排或数排。目前我国多采用钢筋混凝土的挖孔桩，截面多为方形或矩形，其尺寸取决于滑坡的推力和施工条件。由于分排间隔设桩，截面小，分批开挖，因此具有工作面多、互不干扰、施工简便、安全等优点。

（四）减重反压

经过地质调查、勘探和综合分析之后，确认滑坡性质为推动式或者是错落转化而成的滑坡，具有上陡下缓的滑动面，并经过技术经济比较之后，认为减重方法确属有效并无后患时才采用，有的情况下减重反压也可起到根治滑坡的作用。但对牵引式滑坡和顺层滑坡，后部减重只能减少滑坡推力，起不到根治作用。

减重须经过滑坡推力计算，求出沿各滑动面的推力，才能判断各段滑体的稳定。减重不当，不但不能稳定滑坡，反而可能加剧滑坡的发展。减重后还要验算是否有可能沿某些软弱处重新滑出。采用减重时也要做好排水和地表的防渗工作。

滑坡前缘必须确有抗滑地段存在，才能在此段加载，增加抗滑能力，否则将起到相反的作用。尤其不可在牵引地段加载，增加下滑力促使滑动加剧。前部加载也和减重一样，要经过反复计算，使之能达到稳定滑坡的目的。

（五）其他方法

其他方法主要是改变滑带土的性质、提高滑带土强度，这些方法包括钻孔爆破、焙烧、化学加固和电渗排水等。从理论上来说，这些方法都能起到加固作用，但由于技术和经济的原因，在实践中还很少应用。

第三节 泥石流

一、概述

泥石流是一种含大量泥砂、石块等固体物质的特殊洪流。它与挟砂洪流的本质区别在于流体中固体物质的含量。试验表明，当流体密度大于 1420kg/m^3 时，流体性质将发生质的改变，表露出某些泥石流的特征，如形成龙头、堆积成泥石流垄岗、产生束流现象、直进性爬高、弯道超高、具有较大撞击能力和对沟槽有较大侵蚀能力等。所以，不少学者将密度 1420kg/m^3 作为划分泥石流与挟砂洪流的界线。通常泥石流密度在 1420kg/m^3（泥流 1220kg/m^3）~2440kg/m^3（泥流 2240kg/m^3）。

泥石流暴发具有突然性，常在集中暴雨或积雪大量融化时突然暴发。一旦泥石流暴发，顷刻间大量泥砂、石块形成的"洪流"像一条"巨龙"一样，沿沟谷迅速奔泻而出，有时尘烟腾空、巨石翻滚、泥浆飞溅、山谷雷鸣、地面震动，直到沟口平缓处堆积下来，将沿途遇到的村镇房屋、道路、桥梁瞬间摧毁、掩埋，甚至堵河断流，造成严重的自然灾害，给人民生命财产带来巨大损失。

泥石流是一种山区地质灾害，主要分布在北纬 30~50°的山地。这一纬度带中的中国、日本、美国、俄罗斯、法国、意大利等，都是泥石流发育的主要国家。在这一纬度带中，又主要发育在挤压造山带和地震带，特别是构造破碎带，如太平洋山系、喜马拉雅山脉、阿尔卑斯山脉等。我国是一个多山国家，山区面积达 70% 左右，是世界上泥石流发育的国家之一。我国西南、西北、华北、华东、中南、东北等山区均有泥石流发育，遍及 23 个省区，尤以西南、西北山区最多。天山—阴山山脉、昆仑—秦岭山脉、横断山脉、大凉山、雪峰山、大别山、长白山等山脉，都是泥石流发育地带。

二、泥石流的形成条件

泥石流形成必须具备三个基本条件，即丰富的松散固体物质、充足的突发性水源和陡峻的地形条件。

（一）松散固体物质

组成泥石流松散固体物质的类型、数量和位置取决于泥石流沟流域内的地质环境条件。

松散固体物质的来源包括岩体风化破碎堆积物、崩滑物质、洪积物等。

泥石流松散固体物质的来源是多方面的，一条泥石流沟可能具有多种松散固体物质来源。此外，松散固体物质所处的位置和自身的固结程度也非常重要，靠近沟尾的松散固体物质一般不易搬动，靠近沟口的松散固体物质则相对容易搬动。固结程度高的松散固体物质在靠近沟口也不一定能被搬动。有多少松散固体物质能参加泥石流运动，应具体情况具体分析。

（二）水源条件

水不仅是泥石流的组成部分和搬运介质，同时也是起动松散固体物质（如浸泡软化松散固体物质，降低其抗剪强度，产生浮力，推动瓦解松散固体物质等）和产生松散固体物质（如诱发崩塌、滑坡等）的主要因素，所以水是形成泥石流的基本条件之一。

形成泥石流的突发性水源主要来自集中暴雨、冰雪融水和湖库溃决三种形式。我国大部分地区降雨都集中在5—9月，雨量占全年降水量的60%～90%，并且常以集中暴雨的形式出现。

（三）地形条件

泥石流常发生在地形陡峻、沟床纵坡坡度大的山地，流域形态多呈瓢形、掌形或漏斗形，这种地形因山坡陡峭，植被不易发育，风化、剥蚀、崩塌、滑坡等现象严重，可为泥石流提供丰富的松散物质，并且有利于地表水迅速汇集，形成洪峰，以及对泥石流具有较大的动能。一条典型的泥石流沟，从上游到下游一般可以分为三个区段，即形成区、流通区和沉积区。

1. 形成区

形成区一般在泥石流沟的中上游，由汇水区和松散固体物质供给区组成。汇水区山坡坡度常在30°以上，是迅速汇集水源，形成洪峰径流的地方。地形越陡、植被越少，水流汇集越快。供给水位于汇水区下部，常常坡面侵蚀强烈，两岸岩体破碎，崩塌、滑坡等不良地质发育，可提供大量泥石流松散固体物质。其沟床纵坡一般大于14°，松散固体物质稳定性差，当遇特大洪峰时，可能形成泥石流。

2. 流通区

流通区一般位于泥石流沟中下游，为泥石流流通通道。一般沟床纵坡降大，相对狭窄顺直，两岸岩坡稳定，能约束泥石流使之保持较大泥深和流速，并使泥石流不易停积。该段沟床常有陡坎。由于泥石流一旦发生则不需要太陡的沟坡也能运动，因此该段沟床纵坡有时仅8°左右，也能通过泥石流。

3. 沉积区

沉积区一般位于沟口一带地形开阔平坦的地段。泥石流到此流速变缓，流体分散，迅速失去动能而停积下来，多形成扇形堆积，称为泥石流扇。有的泥石流扇则为多次泥石流改道堆积形成。

在山区，有时沟口被主河床弯道冲刷，使泥石流沟无沉积区。但在主河床下游不远处，一般可见泥石流物质形成的大面积边滩或心滩。

三、泥石流的分类

为深入研究和有效整治泥石流，必须对泥石流进行合理分类。多年来，各相关研究单位和相关行业部门，大多建立有自己的泥石流分类及分类标准。常见的泥石流主要分类形式如下：

（一）按泥石流流体性质分类

1. 黏性泥石流

黏性泥石流一般密度大于1800kg/m^3（泥流大于1500kg/m^3），流体黏度大于0.3Pa·s，体积浓度大于50%。该类泥石流运动时呈整体层流状态，阵流明显，固、液两相物质等速运动，堆积物无分选性，常呈垄岗状。流体黏滞性强、浮托力大，能将巨大漂石悬移。由于泥浆的铺床作用，泥石流流速快，冲击力大，破坏性强，弯道处常有直进性爬高等现象。

2. 稀性泥石流

稀性泥石流一般密度小于1800kg/m^3（泥流小于1500kg/m^3），流体黏度小于0.3Pa·s，体积浓度小于50%。该类泥石流运动时呈紊流状态，无明显阵流，固、液两相物质不等速运动，漂石流速慢于浆体流速，堆积物有明显分选性。其流速和破坏性均小于黏性泥石流。

（二）按泥石流物质组成分类

1. 泥流

泥流中固体物质为泥砂，仅有少量碎石岩屑，液体黏度大，有时出现大量泥球。在我国，泥流主要分布在西北黄土高原地区。

2. 泥石流

泥石流由大量泥砂和巨大块石、漂石组成。在我国主要出现在温暖、潮湿、化学风化强烈的南方地区，如西南、华南等地。

3. 水石流

水石流主要由砂、砾、卵石、漂石组成，黏土含量很少。在我国主要分布在干燥、寒冷，以物理风化为主的北方地区和高海拔地区。北京密云山区即为水石流区。

(三)按泥石流地貌特征分类

1. 山坡型泥石流

山坡型泥石流主要沿山坡坡面上的冲沟发育。沟谷短、浅,沟床纵坡常与山坡坡度接近。泥石流流程短,有时无明显的流通区。固体物质来源主要为沟岸塌滑或坡面侵蚀。

2. 沟谷型泥石流

沟谷型泥石流沟谷明显,长度较大,有时切穿多道次级横向山梁,个别甚至切穿分水岭。形成区、流通区、沉积区明显,松散固体物质来源主要为流域崩塌、滑坡、沟岸坍塌、支沟洪积扇等。

此外,还有按泥石流固体物质来源分类、按泥石流发育阶段分类、按泥石流沉积规模分类、按泥石流发生频率分类、按泥石流激发因素分类和按泥石流危险程度分类等多种分类方法。

四、泥石流的防治措施

泥石流防治是一个综合性工程,在泥石流沟的不同区段,其防治目的和主要防治手段均有所不同。

(一)形成区

形成区防治以水土保持和排洪为主。在汇水区广种植被,延迟地表水汇流时间,降低洪峰流量。在松散固体物质供给区上游,修建环山排洪渠或泄洪隧道,使地表径流不经过松散固体物质堆积场地,或残留的地表径流不足以起动松散固体物质。

(二)流通区

流通区防治以拦渣坝为主。在流通区泥石流已经形成,一般采用多道拦渣坝的形式,将泥石流物质拦截在沟中,使其不能到达下游或沟口建筑物场地。拦渣坝常见的有重力式挡墙和格栅坝两种。重力式挡墙抗冲击能力强,一般间隔不远,使区内拦挡物质能够停积到上游墙体下部,起到防冲护基作用。挡墙的数量和高度以能全部拦截或大部分拦截泥石流物质为准,以减轻泥石流对下游建筑物的危害。格栅坝则既能截留泥石流物质,又能排走流水,已越来越多地被采用,但注意应使其具有足够的抗冲击能力。

(三)沉积区

沉积区防治以排导工程为主。常见的工程措施有排导槽、明洞渡槽和导流堤。排导槽位于桥下,用浆砌片石构筑而成。槽的底坡应大于泥石流停积坡度,使泥石流在桥下一冲而过。槽的横截面积应大于泥石流洪峰横截面积,排导槽出口常与河流锐角相交,以便河流顺利带走排出物质。明洞渡槽主要用于危害严重又不易防治的泥石流沟,在桥梁位置修建明洞,在明洞上方修建排导槽,使上游泥石流通过明洞上方排导槽越过线路位置,从而起到保护线路的目的。明洞一定要有足够的长度,以防特大型泥石流从明洞两端洞门灌入明洞内。导流堤主要用于引导泥石流方向,以保护居民点。

上述防治措施应综合运用,以求取得最好效果。

第四节 岩溶

一、概述

地下水和地表水对可溶性岩石的破坏和改造作用都称为岩溶作用,这种作用及其所产生的地貌现象和水文地质现象总称为岩溶,国际上通称喀斯特(karst)。

岩溶作用的结果表现在以下两方面:一方面形成地下和地表的各种地貌形态,如石芽、溶沟、溶孔、溶隙、落水洞、漏斗、洼地、溶盆、溶原、峰林、孤峰、溶丘、干谷、溶洞、地下湖、暗河及各种洞穴堆积物。另一方面形成特殊的水文地质现象,如冲沟很少,地表水系不发育;岩体的透水性增大,常构成良好的含水层;岩溶水空间分布极不均匀,动态变化大,流态复杂多变;地下水与地表水互相转化敏捷;地下水的埋深一般较大,山区地下水分水岭与地表分水岭常不一致等;等等

岩溶在世界上分布十分广泛,从海平面以下几千米的地壳深处,到海拔5000m以上的高山区均有发育。可溶岩在地球上的分布面积为:碳酸盐岩$4\times10^7km^2$、石膏和硬石膏$7\times10^6km^2$、盐岩$4\times10^6km^2$。可见,碳酸盐岩分布最广,研究这类岩石的岩溶也就具有更为重要的理论和现实意义。

我国碳酸盐岩分布面积约为$2\times10^6km^2$,约占国土总面积的1/5,其中裸露于地表的约$1.3\times10^6km^2$,约占国土总面积的1/7。碳酸盐岩分布的地理位置包括西南、华南、华东、华北等地及西部的西藏、新疆等省区。在川、黔、滇、桂、湘、鄂诸省呈连续分布,面积竟达$5\times10^5km^2$,是我国主要的岩溶区。

我国碳酸盐岩形成于不同的地质时代。华南地区自震旦纪至下古生代的寒武、奥陶纪，上古生代的泥盆、石炭、二叠纪和中生代的三叠纪，碳酸盐岩总厚达3～5km。华北地区则为震旦纪和下古生代，碳酸盐岩总厚1～2km。这些碳酸盐岩为岩溶的形成提供了雄厚的物质基础。

我国疆域辽阔，地跨热带、亚热带和温带不同气候区，与之相应的岩溶类型也丰富多彩，其中南部诸省的灰岩地区岩溶发育，风景绮丽，早已闻名于世，如“桂林山水甲天下”古今传颂。总之，我国岩溶分布之广、面积之大、类型之多，是世界上其他国家所不及的。

岩溶与工程建设的关系十分密切。在水利水电建设中，由于库坝地址选择不当，岩溶导致库水渗漏，影响水库的效益和正常使用，它是水工建设中主要的工程地质问题。在岩溶地区修建隧道、地下洞库和开采矿产，一旦揭穿高压岩溶管道时，就会造成大量突水，有时挟有泥沙喷射，给施工带来严重困难，甚至淹没坑道，造成机毁人亡等事故。在地下洞室施工中遇到巨大溶洞时，洞中高填方或桥跨施工困难，造价昂贵，有时不得不另辟新道，因而延误工期。

在覆盖型岩溶区，覆盖在石芽、溶沟之上的第四系松散土厚度不等，可能引起建筑物地基的不均匀沉陷。当松散土中发育土洞时，可能因土洞塌陷引起建筑物的变形破坏。由于采矿或供水引起地下水位大幅度下降，因地表塌陷对农田及各种工程建筑物的破坏影响就更为严重。

必须指出，虽然在岩溶区进行工程建设时困难大、问题多，但并非所有岩溶区都必然产生上述问题。国内外大量工程实践证明，只要充分掌握岩溶的发育规律，查明影响岩溶发育的因素，预测岩溶对建筑物的危害，并采取有效的防治措施，在岩溶地区是能够进行各种工程建筑的。例如，在岩溶区修建水利水电工程时，因地制宜地采取灌、铺、堵、截、导等措施进行防渗处理；利用碳酸盐岩中所夹的页岩、泥质白云岩等相对隔水层做坝基；利用岩溶发育不均匀性的规律，进行工程选址及提出处理措施；利用溶蚀洼地、地下暗河修建水库；对于大型洞穴可以直接用作厂房和仓库；丰富的岩溶水可以用作城镇工矿供水和农田灌溉的水源。

总之，为了运用岩溶发育规律来指导岩溶区的工程建设，真正做到兴利除害，开展对岩溶的研究有着重要的理论和实际意义。

二、碳酸盐岩的溶蚀机理

参与岩溶过程中的营力及其所引起的岩溶作用较为复杂，如地下水和地表水的溶蚀和沉淀，地表水的侵蚀、剥蚀和堆积，地下洞穴高压空气的冲爆和低压空气的吸蚀，地下水的机械潜蚀、冲蚀与堆积，地下洞穴的重力崩坍、塌陷与堆积。其中以地表水和地下水的溶蚀作用最为经常和积极。溶蚀作用不仅直接塑造了各种地表和地下岩溶地貌，同时又是其他岩溶作用的先导和条件。因此,溶蚀是岩溶作用的本质和关键。同时,自然界分布的可溶盐岩以碳酸盐岩为主。因此,从工程地质观点研究岩溶的形成机理,应以地下水对碳酸盐岩的溶蚀作用为主。

碳酸盐是化学上的难溶盐,如碳酸钙在纯水中的溶解度很低。在常压下,温度为8.7℃时,方解石的溶解度为10mg/L;温度为16℃时,溶解度为13.1mg/L;温度为25℃时,溶解度为14.3mg/L。而在每升天然地下水中碳酸钙的含量可达数百毫克。据研究,其原因是地下水并非纯水,而是化学成分十分复杂的溶液。水中除了最常见的碳酸外,还有无机酸、有机酸和其他盐类。这些化学成分对碳酸盐岩共同起着溶蚀作用。此外,硫酸盐和卤化物的溶蚀是一种纯溶解过程,在一定温压条件下,其溶解度为一常数。而碳酸盐的溶蚀涉及多相体系的化学平衡的复杂溶解过程;同时,又有某些特殊效应使其溶蚀能力加强,致使岩溶发育既有由表及里的趋势,又有地下岩溶优先并强烈发育现象。

三、影响岩溶发育的因素

在讨论影响岩溶发育的因素之前,首先介绍岩溶发育的基本条件。有学者认为,岩溶发育的基本条件有四个:一是具有可溶性岩石;二是岩石是透水的;三是水必须具有侵蚀性;四是水在岩石中应处于不断运动的状态。这四个条件实质上反映了可溶性岩石与具侵蚀能力的水这一对矛盾的两方面。但是,不能把岩溶简单地理解为以室内试验为基础的溶蚀作用,应理解为岩溶作用及其所形成的地貌和水文地质现象的综合。这样,必须把形成岩溶的条件与具体的地质环境结合起来。从这个观点出发,岩溶发育的基本条件应为三个:一是具可溶性岩石;二是具溶蚀能力的水;三是具良好的水的循环交替条件,即具有良好的地下水的补给、径流和排泄条件。而岩溶发育中最为活跃、积极的是地下水的循环交替条件,它受控于气候、地形地貌、地质结构、地表非可溶岩覆盖及植被发育条件等。本节讨论影响岩溶发育的基本条件及控制岩溶发育速度、规模、形态组合、空间分布规律的主要因素。

(一)碳酸盐岩岩性的影响

可溶性岩石是岩溶发育的物质基础,这里仅讨论意义最大的碳酸盐岩的化学成分、矿物成分和结构等方面对岩溶发育的影响。

1.碳酸盐岩成分与岩溶发育的关系

碳酸盐岩是碳酸盐矿物含量超过50%的沉积岩,其成分比较复杂,主要由方解石、白云石和酸不溶物(泥质、硅质等)组成。

不同类型的碳酸盐岩,其溶解度相差很大,因此,直接影响岩体的溶蚀强度和溶蚀速度。为了阐明这个问题,在岩溶研究中,可用比溶蚀度和比溶解度这两个指标来表征碳酸盐岩类相对溶蚀的强度和速度。这两个指标的含义如下：

$$溶蚀度 K_V = \frac{试样溶蚀量(试样试验前后的质量差)}{标准试样溶蚀量(标准试样试验前后的质量差)}$$

$$比溶解度 K_{ev} = \frac{试样溶解速度(试样单位时间内被溶蚀的量)}{标准试样溶解速度(标准试样单位时间内被溶蚀的量)}$$

以上指标的应用条件是：一是标准试样为方解石或轻微大理岩化的亮晶灰岩；二是所有试样块件的尺寸相同，或粉碎到相同的粒度；三是循环水为高浓度 CO_2 的蒸馏水；四是在求 K_V 时，作用的时间一样。

很显然，比溶蚀度 K_V 及比溶解度 K_{ev} 越大，则岩石的溶蚀强度和溶蚀速度也越大。比溶蚀度 K_V 由大到小所对应的碳酸盐岩性依次为：灰岩—云灰岩—泥灰岩—方解石—大理岩—泥质灰岩—灰云岩—白云岩—泥质白云岩。中国地质科学院岩溶地质研究所做过不同岩性、不同结构、不同环境下碳酸盐岩的野外溶蚀试验。这些研究的共同结论是：一是方解石含量越多的岩石，其 K_V 值越高，岩溶发育越强烈，相反，白云石含量越多的岩石，其岩溶发育越弱；二是酸不溶物含量越大，K_V 值越小，特别是硅质含量越高时，岩石越不溶蚀；三是含有石膏、黄铁矿等的碳酸盐岩，K_V 值增大，对岩溶发育有利，含有有机质、沥青等杂质的碳酸盐岩，其 K_V 值降低，不利于岩溶发育。

2. 岩石结构与岩溶发育的关系

实践中发现，有些地区的白云岩、白云质灰岩的岩溶比纯灰岩中的岩溶更发育。此外，有的地区灰岩的成分相近，其他条件也相近，但岩溶发育的层位也有选择性，说明仅用岩石成分来解释碳酸盐岩的溶蚀性有一定的片面性。

碳酸盐岩的比溶蚀度 K_V 具有以下特点：一是碳酸盐岩的成分是比溶蚀度大小的主要控制因素，一般来说灰岩类皆比白云岩类的比溶蚀度高，当酸不溶物含量较低时，对比溶蚀度的影响极不明显；二是泥晶碳酸盐岩的比溶蚀度值一般较高，而交代作用或重结晶亮晶碳酸盐岩的比溶蚀度值普遍较低；灰岩类依次为泥晶>粒屑>亮晶，白云岩类依次为泥晶>细晶>中晶>粗巨晶；三是变质碳酸盐岩的比溶蚀度最低，其中变质灰岩类最为明显，可以比非变质灰岩低一半左右。

（二）气候的影响

气候是岩溶发育的一个重要因素，它直接影响着参与岩溶作用的水的溶蚀能力和速度，控制着岩溶发育的规模和速度。因此，各气候带内岩溶发育的规模和速度、岩溶形态及其组合特征是大不相同的。气候类型的特征表现在气温、降水量、降水性质、降水的季节分配及蒸发量的大小和变化，其中以气温高低及降水量大小对岩溶发育的影响最大。

水是生物新陈代谢过程中必需的物质，也是岩溶作用中各种化学反应的介质。降水(主要是降雨)量大小影响地下水补给的丰缺，进而影响地下水的循环交替条件。降水通过空气，尤其是通过土壤渗透补给地下水的过程中所获得的游离 CO_2 能够大大加强水对碳酸盐岩的溶蚀能力。因此，降水量大的地区比降水量小的地区岩溶发育强烈。

温度高低直接影响各种化学反应速度和生物新陈代谢的快慢，因而对岩溶的发育起着十分重要的作用。据研究，在一个大气压时，溶解于雨水中的 CO_2 随气温升高而减少，如在1℃时为2.92%，10℃时为2.46%，20℃时为2.14%。这种现象似乎与热带区域岩溶发育比温带、寒带区域强烈的事实有矛盾，实际并非如此。从水对碳酸盐岩溶蚀能力的成因来看，除了来自大气中的 CO_2 外，还有生物成因和无机成因的 CO_2，同时还有无机酸和有机酸的参与。从碳酸盐岩的溶蚀速度来看，它不仅取决于水中所含游离 CO_2 的数量，同时还取决于水中化学反应的速度。据试验，温度每增加20～30℃时，水中所含溶解 CO_2 的数量将减少一半；但温度每增加10℃，化学反应的速度却增加一倍或一倍以上。因此温度增高时，碳酸盐岩的溶蚀量总是增加的。

必须指出，气候对岩溶发育的影响是区域性的因素。因此，气候带可以作为岩溶区划中一级单元考虑的主要因素。但对某一确定地区，甚至某一工程建筑场地，气候对岩溶发育差异性的影响就不明显了。

(三)地形地貌的影响

地形地貌条件是影响地下水的循环交替条件的重要因素，进而间接影响岩溶发育的规模、速度、类型及空间分布。

区域地貌表征地表水文网的发育特点，反映了局部的和区域性的侵蚀基准面和地下水排泄基准面的性质和分布，控制了地下水的运动趋势和方向，从而也控制了岩溶发育的总趋势。

地面坡度的大小直接影响降水渗入量的大小。在比较平缓的地段，降水所形成的地表径流缓慢，则渗入量就较大，有利于岩溶发育。相反，地面坡度较陡的地段，地表径流较快，渗入量小，岩溶发育就较差，如谷坡地段的地面坡度大于分水岭地段。垂直渗入带内的岩溶发育较分水岭地段要弱。

不同地貌部位上发育的岩溶形态也不相同。在岩溶平原区，垂直渗入带较薄，在地下不深处就是水平流动带，因此容易形成埋深较浅的溶洞和暗河。在宽平微切割的分水岭地带，垂直渗入带也较薄，可在不深处发育水平洞穴。在深切的山地、高原或高原边缘地区，垂直渗入带很厚，地下水埋藏很深，以垂直岩溶形态为主，只在很深的地下水面附近才发育水平岩溶形态。

在平坦的岩溶化地面或分水岭地段,若有细沟或坳沟发育,由于沟底低洼,容易集水下渗。因此,在沟底发育的岩溶形态远比沟间地段要多。

在地层岩性、地质构造等条件相同时,岩溶水的补给区与排泄区高差越大,则地下水的循环交替条件越好,岩溶发育越强烈,深度也越大。

地形地貌条件还影响地区小气候及区域气候的变化。在低纬度的高山区这种现象比较显著,如位于赤道带的太平洋中的新几内亚岛,该岛上的高山随着高程的变化,岩溶具有明显的垂直分带性。

(四)地质构造的影响

这里所讨论的地质构造是指断裂、褶皱及岩层组合特征,它们与岩溶发育的关系十分密切。

1. 断裂的影响

在可溶盐岩中,由成岩、构造、风化、卸荷等作用所形成的各种破裂面,是地下水运动的主要通道。它使得岩石中原生孔隙互相沟通,使具有侵蚀能力的水深入可溶岩内部,为岩溶发育提供了有利的条件。各种成因的破裂面中以构造作用所形成的断裂(断层和节理裂隙)意义最大。断裂系统的位置、产状、性质、密度、规模及相互组合特点,决定着岩溶的形态、规模、发育速度及空间分布,如沿一组优势裂隙可发育成溶沟、溶槽;沿两组或两组以上裂隙可发育成石芽及落水洞。大型溶蚀洼地的长轴、落水洞与溶斗的平面分带、溶洞和暗河的延伸方向,常与断层或某组优势节理裂隙的走向一致。大型地下溶洞及暗河系,其主、支洞的形态和延伸方向主要受控于断裂的产状及组合特点。规模较大的断层常可构成小型或次级断裂的集水通道,其水源补给充沛,岩溶作用得以不断进行。同时,又能接受不同成分地下水的混合。混合溶蚀的作用加剧断层带附近的岩溶作用,易于形成规模巨大的洞穴。这就是岩溶作用的差异性和岩溶空间分布的不均匀性的重要成因。有时,在有利条件下,具溶蚀能力的地下水沿断层面向下运动时,可加强深循环带中岩溶的发育。

2. 褶皱的影响

不同构造部位断裂的发育程度是不同的,一般来说,褶皱核部比翼部的断裂发育强烈。因此,核部的岩溶比翼部发育强烈,这一结论已为大量的勘探和试验资料所证实。

褶皱的形态、性质及展布方向控制着可溶盐岩的空间分布。因此,也控制了岩溶发育的形态、规模、速度及空间分布。溶蚀洼地的长轴、溶洞和暗河的延伸方向常与褶皱轴向或翼部岩层的走向一致。

褶皱开阔平缓时,碳酸盐岩在地表的分布较广泛,岩溶的分布也较广泛;在紧密褶皱区,可溶盐岩与非可溶盐岩相间分布,地表侵蚀与溶蚀地貌景观也呈相间分布,地下洞穴系统横向发展受限，岩溶主要沿岩层走向发育。

3. 岩层组合特征的影响

碳酸岩盐与非可溶盐岩组合特点不同，就会形成各具特色的水文地质结构，从而控制着岩溶的发育和空间分布。自然界中，碳酸盐岩与非碳酸盐岩的组合关系十分复杂，大致可分为以下四类：

(1)厚而纯的碳酸盐岩

当碳酸盐岩厚百米至数百米时对岩溶发育最为有利。在这种条件下将地下水的动力特征分为四个带(图8-2)，各带岩溶发育的类型、规模和速度是不同的，在剖面上形成岩溶发育的垂直分带现象。

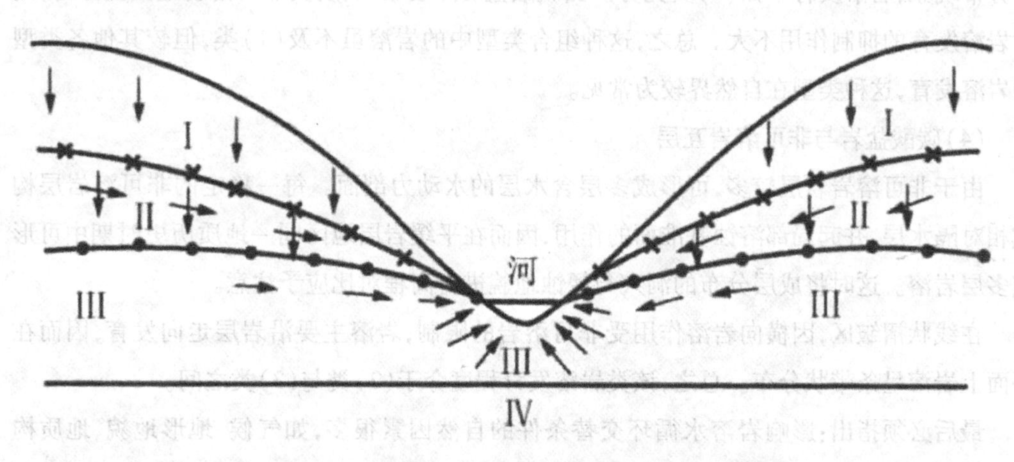

图8-2　厚而纯的碳酸盐岩区岩溶地下水动力分带

Ⅰ包气带；Ⅱ地下水位季节变化带；Ⅲ受河流排泄影响的饱水带；Ⅳ深循环带(箭头表示地下水的运动方向)

包气带(Ⅰ)：也称垂直循环带，在地表至地下水高水位之间，降水沿裂隙垂直间歇下渗，常形成溶隙、落水洞、溶斗等垂直岩溶，各溶蚀通道间的连通性一般较差。本带厚度取决于当地气候与地形条件，最厚可达数百米。

地下水位季节变化带(Ⅱ)：在地下水的高水位与低水位之间。地下水做周期性水平与垂直运动，低水位时本带地下水做垂直运动，高水位时地下水大致呈水平运动。因此，本带水平和垂直方向的岩溶均较发育。其厚度取决于当地潜水位的变幅，由数米到数十米。

饱水带(Ⅲ)：在最低地下水位以下，经常饱水，常年受当地水文网排泄影响。在河谷两岸地下水大致做水平运动，常形成规模较大、连通性较好的水平洞穴；在河谷底部地下水呈收敛状曲线运动，可形成低于河床以下的深岩溶，其发育深度随水力坡度加大而增加。尤其是在河谷底部有较大的断裂破碎带存在的条件下，在谷底以下数十米甚至上百米仍发育有大型溶洞。

深循环带(Ⅳ)：在当地排泄基准面以下一定深度，地下水不受当地水文网的影响，而受区域地貌和地质构造的控制,向更远更低的区域排泄基准面运动。本带位置较深,水的循环交替迟缓,除局部构造断裂等径流特别有利的部位外,岩溶发育很弱。

(2)非可溶岩夹碳酸盐岩

砂页岩中夹少量碳酸盐岩属于这一类型。因砂页岩透水性差,构成相对隔水层,所夹灰岩中地下水的循环交替条件很差,因而岩溶发育极弱。

(3)碳酸盐岩夹非可溶岩

以碳酸盐岩为主,其中所夹非可溶岩的层次少,厚度很小,一般厚数十厘米至数米。由于非可溶岩的存在影响了地下水的运动,其不一定像(1)类那样在剖面上同时形成四个水动力分带现象,岩溶发育不如(1)类充分。当碳酸盐岩厚度较大,所夹非可溶岩埋藏较深时,则对岩溶发育的抑制作用不大。总之,这种组合类型中的岩溶虽不及(1)类,但较其他各类型的岩溶发育,这种类型在自然界较为常见。

(4)碳酸盐岩与非可溶岩互层

由于非可溶岩岩层较多,可形成多层含水层的水动力剖面。每一稳定的非可溶岩层构成相对隔水层,并起局部溶蚀基准面的作用,因而在平缓岩层地区同一地质历史时期中可形成多层岩溶。这时将成层分布的洞穴与侵蚀地貌进行高程对比应予注意。

在线状褶皱区,因横向岩溶作用受非可溶岩的限制,岩溶主要沿岩层走向发育,因而在平面上岩溶呈条带状分布。总之,该类岩溶发育程度介于(2)类与(3)类之间。

最后必须指出:影响岩溶水循环交替条件的自然因素很多,如气候、地形地貌、地质构造、岩层组合、上部第四系覆盖及地表植被土壤发育情况等。其中以地形地貌和地质构造的影响最大,二者构成地下水循环交替条件的基本骨架。由于地形地貌与地质构造以不同情况相组合,因此就会形成补给排泄条件通畅程度和径流途径长短各不相同的各种类型的水循环交替条件。

(五)新构造运动的影响

新构造运动的性质是十分复杂的,从对岩溶发育的影响来看,地壳的升降运动关系最为密切。其运动的基本形式有上升、下降、相对稳定三种。地壳运动的性质、幅度、速度和波及范围,控制着地下水循环交替条件的好坏及其变化趋势,从而控制了岩溶发育的类型、规模、速度、空间分布及岩溶作用的变化趋势。

地壳处于相对稳定时,当地局部排泄基准面与地下水面的位置都比较固定,水对碳酸盐岩长时间进行溶蚀作用,地下水动力分带现象及剖面上岩溶垂直分带现象都十分明显,有利于侧向岩溶作用,岩溶形态的规模较大。在地表形成溶盆、溶原、溶洼及峰林地形;在地下各种岩溶通道十分发育,尤其在地下水面附近,可形成连通性较好、规模巨大的水平溶洞和暗河。地壳相对稳定的时间越长,则地表与地下岩溶越强烈。

当地壳上升时,控制碳酸盐岩地区的侵蚀基准面,如流经碳酸盐岩分布区的河流的水位相对下降,则地下水位也相应下降。这时,虽然地下水的径流排泄条件较好,但因地下水位不断下降,侧向岩溶作用时间短暂;同时,地下水动力分带现象不明显。因此,岩溶不如前者发育,水平溶洞和暗河规模小而少见,而以垂直形态的岩溶(如溶隙、垂直管道)为主,岩溶作用的深度大,岩溶作用的差异性和岩溶空间分布的不均匀性都不显著。当地壳上升越快时,岩溶发育的不均匀性越不显著。

处于上升运动的灰岩山区,有时发现河谷中的地下水位低于河水位,甚至有的地方地下水位在河床以下数十米至数百米。这种河流称为悬托河,它对水工建筑物渗漏的影响极大,在这种河谷中修建水库时必须谨慎从事。事实证明,并非岩溶发育的上升山区一定存在悬托河,它是在特殊条件下岩溶作用的结果。据研究,形成悬托河的基本条件有三个:一是具深厚的碳酸盐岩;二是地下水向排泄区运动过程中径流通畅;三是地下水排泄基准面不断下降。前两个条件是形成悬托河的必要条件,二者反映了一个地区碳酸盐岩的地层岩性和地质构造特点;第三个条件是形成悬托河的充分条件。悬托河谷区地下水的排泄基准面可能包括海平面、内陆盆地或山前平原的河水位或湖水位、山区的干流河水位等。其下降原因可能是干流河水的垂直侵蚀速度大于支流,它与水文气象因素的变化有关。此外,新构造断陷或大陆区地壳不均衡上升,地下水的排泄区位于断陷的下降盘或相对上升微弱的地区,在断陷的上升盘或相对上升强烈的地区可能形成悬托河。

当地壳下降时,研究区与地下水排泄区之间,水的循环交替条件减弱,岩溶不大发育。当地壳下降幅度较大时,地下水的活动变得十分迟缓。地表可能为第三纪或第四纪的沉积物所覆盖,覆盖层厚度为数米至数十米者为覆盖型岩溶;覆盖层厚度为数十米至数百米者为掩埋型岩溶。这时已形成的岩溶被深埋于地下,新岩溶作用微弱以致停止发育。

从某一更长的地质历史时期来看,与岩溶发育有关的地壳升降运动的三种基本形式可以构成各种复杂的组合运动形式,如间歇性上升、振荡性升降、间歇性下降等。

当新构造运动处于间歇性上升,即上升—稳定—再上升—再稳定的地区时,就会形成水平溶洞成层分布。各层溶洞间高差越大,则地壳相对上升的幅度越大;水平溶洞的规模越大,则地壳相对稳定的时间越长。同时,这种成层分布的溶洞还可与当地相应的侵蚀地貌,如河流阶地进行对比,以了解岩溶的演变历史。这种类型在山区较常见,可形成裸露型岩溶。

经历振荡性升降运动的地区,岩溶作用由弱到强、由强到弱反复进行,以垂直形态的岩溶为主,水平溶洞规模不大,且其成层性不明显。

处于间歇性下降的地区,岩溶多被埋藏于地下,其规模虽不大,但具成层性,洞穴中有松散物充填，从层状洞穴的分布情况及充填物的性质可以查明岩溶发育特点及形成的相对时代，进而了解岩溶的演变历史。这种类型多见于平原或大型盆地区，并能形成覆盖型岩溶或掩埋型岩溶。

第五节　地面沉降

一、概述

地面沉降是指地面高程的降低，又称地面下沉或地沉，均指地壳表面某一局部范围内的总体下降运动。地面沉降的特点是以缓慢的、难于察觉的向下垂直运动为主，只有少量的或基本没有水平方向的位移，可能影响的平面范围可大至几千平方千米。在某些实例中地面沉降是一种自然动力地质现象，而在多数实例中这种现象是由人类活动所引起的，常以地壳表层一定深度内岩土体的压密固结或下沉为主要形式。近年来的研究成果表明，地面沉降产生于特定的地质环境中并受到多种诱发因素的制约和影响。

引起地面沉降的因素包括自然地质因素和人类工程活动因素两大类。地面沉降可以由单一因素诱发，但在许多情况下是由几种因素综合作用的结果。在诸因素中，人类工程活动因素常起着重要的作用。

自19世纪末以来，随着世界范围内人类工程活动强度和规模的不断增大，在许多具备适宜的地质环境的地区陆续出现了地面下沉现象。在诸多实例中，由于人类抽取地下液体的工程活动而引起地面沉降的情况最为普遍。意大利的威尼斯城是最早被发现因抽取地下水而产生地面沉降的城市。之后，日本、美国、墨西哥、中国、欧洲和东南亚一些国家和地区中的许多位于沿海或低平原上的城市地区，由于抽取地下液体的工程活动，均先后出现了较严重的地面沉降问题。

地面沉降与人类工程活动有着直接的联系，它常常产生于具备了特定地质环境的工业化和城市化地区，给这些地区的社会经济发展、城市建设、环境保护和人类生活带来危害。地面沉降所引起的不良后果包括沿海城市低地面积扩大、海堤高度下降而引起海水倒灌、海港建筑物破坏和装卸能力降低、油田区地面运输线和地下管线扭曲断裂、城市建筑物基础脱空开裂、桥梁净空减小、城市供水及给排水系统失效及因长期过量抽取地下水而导致地下水资源枯竭和水质恶化等。它是一种威胁人类生活和生存的环境工程地质问题或地质灾害。

地面沉降是由多种动力地质因素特别是人类活动因素所引起的工程动力地质作用。这种作用的后果无论对城市环境还是各种类型工程建筑物的稳定都是不利的。该问题的严重性已越来越引起有关学科专家的重视,因而近年来人们已把地面沉降问题列为工程地质学及环境地质学的重要课题加以研究。

二、地面沉降的诱发因素及地质环境

地面沉降的发生和发展应具备必要的地质环境和诱发因素。弄清产生地面沉降的地质环境,有助于在区域规划中及时判定这种灾害可能产生的地域部位;而对诱发因素的分析则有利于地面沉降机制的研究、发展过程的预测、制订合理的资源开发计划和采取防治灾害的措施。

(一)地面沉降的诱发因素

这里所说的诱发因素是指可能引起地面产生沉降的潜在或触发性因素,其形式和性质是多种多样的。不同因素所诱发的地面沉降的范围、速率及持续时间不同。一个地区的地面沉降可由单一因素所诱发,也可是多种因素综合诱发的结果。总括各种诱发因素,大致可归纳为两大类。

1. 自然动力地质因素

(1)地球内营力作用

包括地壳近期下降运动、地震、火山运动等。由地壳运动所引起的地面下降是在漫长的地质历史时期中缓慢地进行的,其沉降速率较低,一般不构成灾害性后果。但是在地壳沉降区内的不同地点沉降速率并非完全一致,常常表现出相对不均一性。这种相对沉降差可能对某些地区的水准基点产生影响,从而影响到地面沉降量的测量精度。

(2)地球外营力作用

包括溶解、氧化、冻融等作用。地下水对土中易溶盐类的溶解、土壤中有机组分的氧化、地表松散沉积物中水分的蒸发等,均可能造成土体孔隙率或密度的变化,促进土体自重固结过程而引起地面下降。就全球范围而言,大气圈的温度变化可以引起极地冰盖和陆地小冰川的融化或冻结。其后果除在气候上的累积效应外,还将引起海水体积的变化和海平面的升降。

2. 人类活动因素

人类活动因素是诱发高速率地面沉降的重要因素。在诸多人类活动因素中,与地面沉降的发生和发展关系最为密切的因素是抽取地下液体的活动。由于各种形式的抽取地下液体而导致地面沉降的实例,几乎占当前世界范围内地面沉降全部实例的绝大部分。由于这种情况下的地面下沉是逐渐演变的,其后果往往在已明显地表现为灾害之后才被认识,因而其危害性也最大。抽取地下液体活动包括以下几种典型情况:

(1)持续性超量抽取地下水

在松散介质含水系统中长期地、周期性地开采地下水,当开采量超过含水系统的补给资源(动储量)限额时,将导致地下水位的区域性下降,从而引起含水砂层本身的压密及其顶底部一定范围内饱水黏性土层中的孔隙水向含水层运移(越流作用)。在渗流的动水压力和土层孔隙水排出所导致的附加有效应力作用下,黏土层发生压密固结,从而综合影响导致了地面沉降。

(2)开采石油

开采石油是人工抽取地下液体的另一种重要形式,在某些埋藏较浅的半固结砂岩含油层中,抽取石油可引起砂岩孔隙液压的下降,未完全固结的砂岩在上覆岩层自重压力作用下继续固结,引起采油区地段下降。此外,某些封闭油藏中存在着异常孔隙压力(超孔隙液体压力),当采油过程导致超孔隙液压消散时,含油砂岩孔隙结构将发生调整,孔隙率下降,岩层总体积减小,在上覆地层随之"松动"的条件下,可能导致油田地面沉降。

人类活动对地面沉降的诱发因素还包括:大面积农田灌溉引起敏感性土的水浸压缩;地面高荷载建筑群相对集中时,其静荷载超过土体极限荷载而引起的地面持续变形;在静荷载长期作用下软土的蠕变引起的地面沉降;地面振动荷载引起的地面沉陷等。

(二)地面沉降的地质环境

地面沉降一般发生在未完全固结成岩的近代沉积地层中,其密实度较低,孔隙度较高,孔隙中常为液体所充满。地面沉降过程实质上是这些地层的渗透固结过程的继续。基于这一观点可将产生地面沉降的主要地质环境模式归纳为以下几种:

1. 近代河流冲积环境模式

该模式以河流中下游高弯度河流沉积相为主。属于这种模式的河流常处于现代地壳沉降带中,河床迁移频率高,因而沉积物特征为多旋回的河床沉积土——下粗上细的粗粒土和泛沉积土,并以细粒黏性土为主的多层交错叠置结构。一般地说,粗粒土层平面分布呈条带状或树枝状,侧向连续性较差。

2. 近代三角洲平原沉积环境模式

三角洲位于河流入海地段,介于河流冲积平原与滨海大陆架的过渡地带。随着地壳的节奏性升降运动,河口地段接受了陆相和海相两种沉积物。其沉积结构具有由陆源碎屑——以中细砂为主夹有机黏土与海相黏土交错叠置的特征(图8-3)。在没有强大潮流和波浪能量作用时,三角洲前缘不断向海洋发展形成建设性三角洲。在平面上可分为三角洲平原、三角洲前缘和前三角洲。

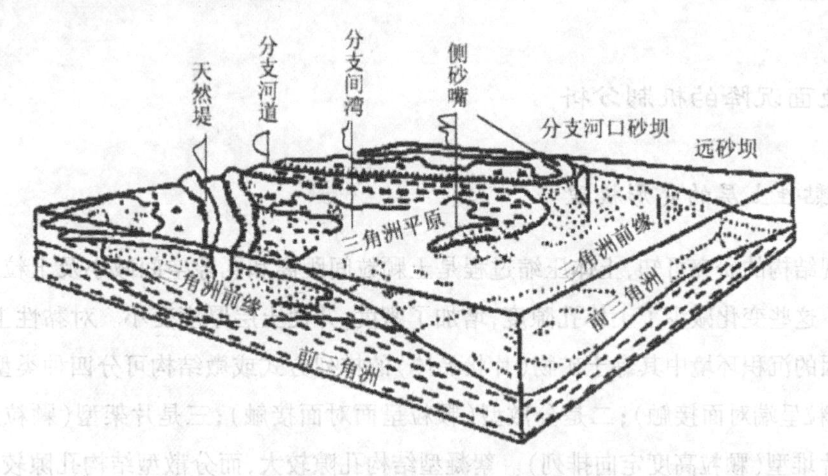

图 8-3　三角洲平原沉积环境模式

我国长江三角洲主体部分属于建设性三角洲，并继续向外淤积扩展形成广阔的三角洲平原，位于其上的上海、常州、无锡等城市地面沉降的发生和发展均受这种地质环境模式的控制。

3. 断陷盆地沉积环境模式

该模式一般位于三面环山、中部以断块下降为主的近代活动性地区。盆地下降过程中不断接受来自周围剥蚀区的碎屑物质，堆积了多种成因的粒度不均一的沉积层。沉积物结构受断陷速率和节奏的控制。在这类地质环境中两大类诱发因素均可能导致较严重的地面沉降。按其地理位置可分为两种类型：

(1) 临海式断陷盆地

这类盆地位于滨海地区，常受到近期海浸影响。其沉积结构由海陆交互相地层组成。我国台北和宁波盆地均属于这种模式，并已产生了地面沉降现象。

(2) 内陆式断陷盆地

这类盆地位于内陆高原的近代断陷活动地区。盆地内接受来自周围物源区的多种成因的陆相沉积。断陷运动的不均一性造成沉积物粒度变化和不同的旋回韵律。我国汾渭地堑中的盆地属于此种类型。其新生界沉积层总厚度自北向南增大，最大厚度达 8.0m 左右。其中的大同盆地新生界厚 2.0～3.0m，由第四系冲、洪积砂砾层及湖相黏土层交错沉积而成，下部为第三系半固结砂岩、黏土岩或玄武岩，由太古界变质岩构成基底。近年来，随着该区采煤工业及坑口电厂的建设，工业抽用地下水量与日俱增。地下水位大幅度下降，地面沉降速率约 2mm/a，表明这类地质环境中由于人类工程活动引起地面沉降问题的可能性和敏感性。

三、地面沉降的机制分析

(一)黏性土层的变形机理

从微观结构的研究可知,土体压缩过程是土颗粒间距离和孔隙空间减小及土粒重新排列的结果。这些变化减少了土体孔隙度,增加了密度,并使土层厚度变小。对黏性土而言,在不同成因的沉积环境中其黏土矿物(片状晶体)的排列方式或微结构可分四种类型:一是絮凝型(颗粒呈端对面接触);二是分散型(颗粒呈面对面接触);三是片架型(颗粒杂乱排列);四是片堆型(颗粒高度定向排列)。絮凝型结构孔隙较大,而分散型结构孔隙较小。此外,黏性土层孔隙水压力的调整需要较长的时间,即有效应力增长与黏性土相应的压密变形过程之间存在着时间滞后。因此,地面沉降的开始可能与抽水所引起的水位下降同步,但沉降过程的结束则常滞后于该地下水位的下降期。这就是地面沉降过程常较抽液过程时间滞后的原因。

(二)黏性土层的固结历史

土体自沉积后在各种自然地质作用下所经历的固结变形过程称为土体的固结历史,可以由密度与应力之间的相关曲线形式来反映。图 8-4 表示了黏性土层在天然沉积荷载条件下的一般固结变形及成岩过程,以及由于地壳上升而带来的侵蚀或冰退作用产生的卸荷回弹过程。该过程由含水量(孔隙比)与垂直有效应力的关系表示,并同时表示了相应过程中土体强度及水平有效应力与垂直有效应力之间的关系。未完全固结成岩的黏性土体的固结历史相当于(a)—(b)—(c)过程,即天然(原始)固结过程;或(a)—(b)—(c)—(d)过程,即天然(原始)固结一回弹过程。已固结成岩的地层其固结历史相当于(a)—(b)—(c)—(c′)过程。成岩后的岩体在上覆荷载卸除条件下,因岩石已具强联结结构,其孔隙度将基本保持恒定而不出现明显的回弹[(c′)—(e)过程]。任一黏性土层的原始固结或原始回弹的半对数曲线(e-lgp)的斜率(压缩指数 C_c 或回弹指数 C_e)反映了该土层的固结历史特征,e-p 或 e-lgp 曲线上的任一点表达了土层固结历史中某一特定阶段的固结状态。

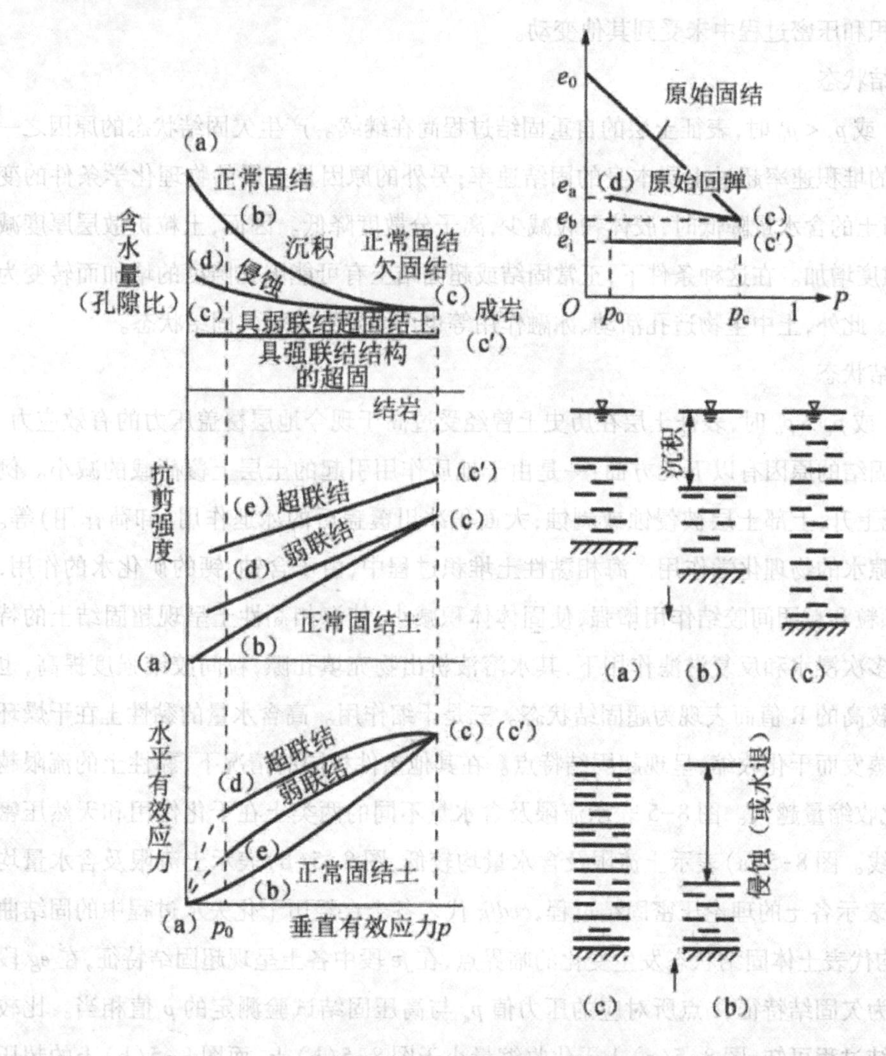

图 8-4　黏性土层固结历史图解

(a)沉积初期，正常固结；(b)地壳下降过程中的连续沉积，正常固结或欠固结；(c)沉积终止；(c′)在地层自重荷载有效应力下固结成岩；(d)因侵蚀冰退等卸荷作用的回弹过程，超固结；(e)成岩后卸荷过程，超固结

(三)黏性土层的固结状态

各种成因的黏性土体所经历的地质历史大致可由其目前所呈现的固结状态反映出来。对固结状态的判别一般通过对土体的先期(预)固结压力 P_c 和现今所受到的有效覆盖压力内相对比来决定。按前期固结比 $OCR=p_c/p_o$ 可将黏性土固结状态分为三种类型：

1. 正常固结状态

当 $OCR=1$ 或外 $p_c=p_0$ 时，表明在现今有效覆盖压力下，地层已完成相应的固结过程。

该土层在沉积和压密过程中未受到其他变动。

2. 欠固结状态

OCR <1 或 $p_c < p_0$ 时，表征土层的自重固结过程尚在继续。产生欠固结状态的原因之一是上覆土层的堆积速率超过土层本身的固结速率；另外的原因是土层的物理化学条件的变化。例如，当土的含水量降低时，胶体颗粒减少，离子分散度降低。因而，土粒扩散层厚度减少，粒间孔隙度增加。在这种条件下，正常固结或超固结土有可能因孔隙度的增加而转变为欠固结状态。此外，土中生物造孔活动、冰融作用等也可能导致土层欠固结状态。

3. 超固结状态

OCR >1 或 $p_c > p_0$ 时，表征土层在历史上曾经受过高于现今地层覆盖压力的有效应力。形成土层超固结的原因有以下几方面：一是由于地质作用引起的土层上覆荷载的减小。例如，由于地壳上升，上部土层被侵蚀或剥蚀；大面积冰川覆盖后的冰退作用（卸荷作用）等。二是矿化孔隙水的物理化学作用。海相黏性土堆积过程中，由于含钠、钙的矿化水的作用，土粒凝集，颗粒和粒团间胶结作用增强，使固体体积减小，使海相黏性土呈现超固结土的特征。黄土在多次浸水和反复淋滤作用下，其水溶液析出物充填孔隙，粒间胶结强度提高，也常使黄土有较高的 R 值而表现为超固结状态。三是干缩作用。高含水量的黏性土在干燥环境中因水分蒸发而干化收缩，呈现超固结特点。在其他条件相同的情况下，黏性土的流限越高，土体干化收缩量越大。图 8-5 表示流限及含水量不同的两类土在干化作用和天然压密下的固结曲线。图 8-5(a)表示土流限及含水量均较低，图 8-5(b)表示土流限及含水量均较高。*ab* 线表示各土的理论压密固结过程，*acdfg* 代表各土在经历干化失水过程中的固结曲线。*d*、*e* 点均代表土体固结状态发生变化的临界点，在 *fe* 段中各土呈现超固结特征，在 *eg* 段中各土表现为欠固结特征，*e* 点所对应的压力值 p_e 与高压固结试验测定的 p 值相当。比较两种土的固结过程可知，图 8-5(a)土干化收缩量小于图 8-5(b)土，而图 8-5(b)土的超压密状态的范围 *fe* 显然大于图 8-5(a)土。四是人类工程活动，如打桩、碾压和振动等也可能引起土体在一定范围内的超固结。

从以上讨论中可以看出，只有在第一种情况下，土层的超固结状态是由于地层静荷载的预压固结作用而形成的，其 P_c 值确切反映了土体固结历史中的最大有效应力值。在其他情况下，黏性土的超固结状态的形成与土的物理化学条件及气候条件有关。此时，由试验测定的 P_c 值仅反映黏性土体固结历史中所具有的最大结构强度。在适当条件下，固结状态可以相互转化。因而，在研究黏性土体固结状态时应结合土体的地质历史对黏性土体的形成机制和固结历史进行全面剖析，从而对其变形趋势做出正确预测。

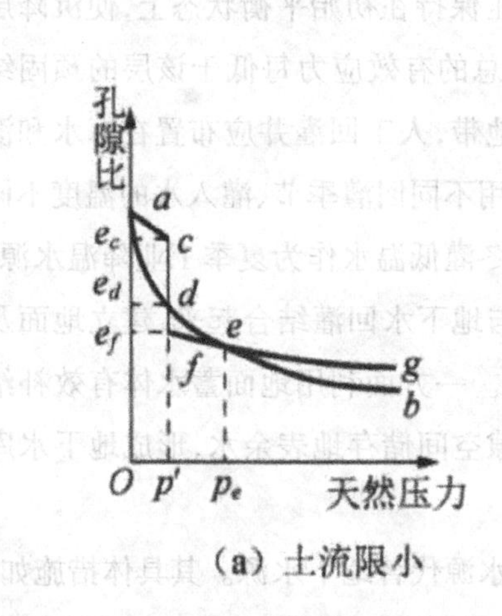

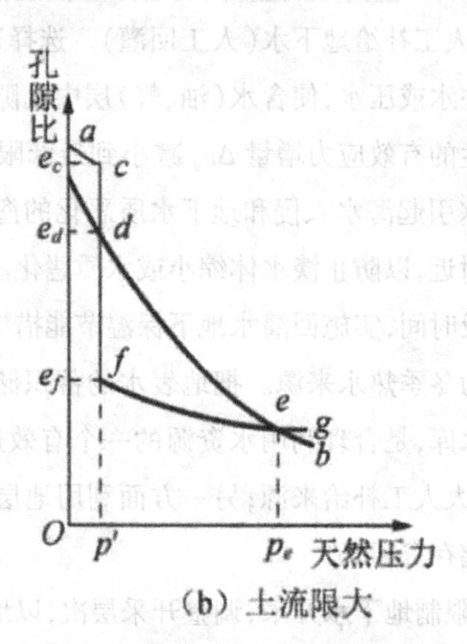

(a) 土流限小　　　　(b) 土流限大

图 8-5　流限及含水量不同的两类土在干化作用和天然压密下的固结曲线

四、地面沉降的控制和治理

对地面沉降研究的过程,实质上也是寻求控制或避免地面沉降灾害的有效方法和措施的过程。换言之,解决了地面产生沉降的机制问题,则控制和治理这种灾害的手段和方法也就不难解决了。当前对地面沉降的控制和治理措施可分两类。

(一)表面治理措施

对已产生地面沉降的地区,要根据其灾害规模和严重程度采取地面整治及改善环境,其方法主要如下:

第一,在沿海低平原地带修筑或加高挡潮堤、防洪堤,防止海水倒灌淹没低洼地区。

第二,改造低洼地形,人工填土加高地面。

第三,改建城市给、排水系统和输油、气管线,整修因沉降而被破坏的交通线路等线性工程,使之适应地面沉降后的情况。

第四,修改城市建设规划,调整城市功能分区及总体布局。规划中的重要建筑物要避开沉降区。

(二)根本治理措施

从研究消除引起地面沉降的根本因素入手,谋求缓和直到控制或终止地面沉降的措施。其主要方法如下:

第一，人工补给地下水（人工回灌）。选择适宜的地点和部位向被开采的含水层、含油层施行人工注水或压水，使含水（油、气）层中孔隙液压保持在初始平衡状态上，使沉降层中因抽液所产生的有效应力增量 Δp_e 减小到最低限度，总的有效应力每低于该层的预固结应力 p_c。在抽水引起海水入侵和地下水质恶化的海岸地带，人工回灌井应布置在海水和淡水体的分界线附近，以防止淡水体缩小或水质恶化。利用不同回灌季节、灌入水的温度不同调整回灌层次及时间，实施回灌水地下保温节能措施。冬灌低温水作为夏季工业降温水源，夏灌高温水作为冬季热水来源。把地表水的蓄积储存与地下水回灌结合起来，建立地面及地下联合调节水库，是合理利用水资源的一个有效途径。一方面利用地面蓄水体有效补给地下含水层，扩大人工补给来源；另一方面利用地层孔隙空间储存地表余水，形成地下水库以增加地下水储存资源。

第二，限制地下水开采，调整开采层次，以地面水源代替地下水源。其具体措施如下：以地面水源的工业自来水厂代替地下水供水源地；停止开采引起沉降量较大的含水层而改为利用深部可压缩性较小的含水层或基岩裂隙水；根据预测方案限制地下水的开采量或停止开采地下水。

第九章

工程地质勘察

第一节　建筑工程地质勘察

一、工程地质勘察等级

在我国建筑工程中,工程地质勘察也称岩土工程勘察。由于各项工程建设的重要性、场地和地基的复杂程度不同,它们的工程地质勘察任务也会不一样,涉及的工作内容、工作量及勘察方法也不一样,例如钻孔的数量、钻孔的深度、取原状土试验项目与原位测试种类的多少等均会有所区别。为此,首先要确定工程地质勘察等级。

建筑工程地质勘察等级,应根据建筑工程重要性等级、建筑场地等级和建筑地基等级综合分析确定。

建筑工程重要性等级根据工程破坏后果的严重性,按表9-1划分为三个等级。建筑场地和地基的等级则根据场地和地基的复杂程度,分别按表9-2和表9-3划分为一级(复杂)、二级(中等复杂)和三级(简单)场地和地基。建筑工程地质勘察等级可按表9-4划分为甲级、乙级和丙级三个等级。

表9-1　工程重要性等级

工程重要性等级	破坏后果	工程类型
一级	很严重	重要工程
二级	严重	一般工程
三级	不严重	次要工程

表 9-2 建筑场地等级

建筑场地等级	复杂程度
一级(复杂场地)	符合下列条件之一者:对建筑抗震危险的地段;不良地质现象强烈发育;地质环境已经或可能受到强烈破坏;地形地貌复杂;有影响工程的多层地下水、岩溶裂隙水或其他水文地质条件复杂、须专门研究的场地
二级(中等复杂场地)	符合下列条件之一者:对建筑抗震不利的地段;不良地质作用一般发育;地质环境已经或可能受到一般破坏;地形地貌较复杂;基础位于地下水位以下的场地
三级(简单场地)	符合下列条件者:地震设防烈度等于或小于6度,或对建筑抗震有利的地段;不良地质作用不发育;地质环境基本未受破坏;地形地貌简单;地下水对工程无影响

注:场地等级的确定,从一级开始,向二级、三级推定,以最先满足的为准。

表 9-3 建筑地基等级

建筑地基等级	复杂程度
一级(复杂地基)	符合下列条件之一者:岩土种类多,很不均匀,性质变化大,须特殊处理;严重湿陷、膨胀、盐渍、污染的特殊性岩土,以及其他情况复杂,须做专门处理的岩土
二级(中等复杂地基)	符合下列条件之一者:岩土种类较多,不均匀,性质变化较大;除一级地基规定以外的特殊性岩土
三级(简单地基)	符合下列条件者:岩土种类单一,均匀,性质变化不大;无特殊性岩土

表 9-4 建筑工地地质勘察等级

建筑工程地质勘察等级	评定标准
甲级	在工程重要性、场地复杂程度和地基复杂程度等级中,有一项或多项为一级
乙级	除勘察等级为甲级和丙级以外的勘察项目
丙级	工程重要性、场地复杂程度和地基复杂程度均为三级

注:建筑在岩质地基上的一级工程,当场地复杂程度等级和地基复杂程度等级均为三级时,工程地质勘察等级可定为乙级。

二、工程地质勘察阶段

工程地质勘察阶段的划分是与设计阶段的划分相一致的。一定的设计阶段需要相应的工程地质勘察工作。勘察阶段可分为可行性研究勘察、初步勘察和详细勘察三个阶段。可行性研究勘察应符合选择场址方案的要求;初步勘察应符合初步设计的要求;详细勘察应符合施工图设计的要求。对场地条件复杂或有特殊要求的工程,宜进行施工勘察。对场地较小且无特殊要求的工程,可合并勘察阶段。当建筑物平面布置已经确定,且场地或其附近已有工程地质相关资料时,可根据实际情况,直接进行详细勘察。

每个工程地质勘察阶段都有该阶段的具体任务、应解决的问题、重点工作内容和工作方法以及工作量等,在各有关工程地质勘察规范或工作手册中都有明确规定。以下为建筑工程各个工程地质勘察阶段的基本要求与内容。

(一)可行性研究勘察阶段

可行性研究勘察阶段,也是选址阶段,该阶段应对拟建场地的稳定性和适宜性做出评价。为此,在确定建筑场地时,在工程地质条件方面,宜避开下列地区或地段:

一是不良地质作用发育,且对场地稳定性有直接危害或潜在威胁的。

二是地基土性质严重不良的。

三是对建(构)筑物抗震危险的。

四是洪水或地下水对建(构)筑场地有严重不良影响的。

五是地下有未开采的有价值矿藏或未稳定的地下采空区的。

本阶段的工程地质勘察工作要求:

一是收集区域地质、地形地貌、地震、矿产、当地的工程地质、岩土工程和建筑经验等资料。

二是在充分收集和分析已有资料的基础上,通过踏勘了解场地的地层、构造、岩性、不良地质作用及地下水等工程地质条件。

三是当拟建场地工程地质条件复杂,已有资料不能满足要求时,应根据具体情况进行工程地质测绘和必要的勘探工作。

(二)初步勘察阶段

初步勘察阶段应对场地内拟建建筑地段的稳定性做出评价。本阶段的工程地质勘察工作有:

一是收集拟建工程的可行性研究报告、工程地质和岩土工程资料以及工程场地范围的地形图。

二是初步查明地质构造、地层结构、岩土工程特性、地下水埋藏条件及冻结深度,初步判定水和土对建筑材料的腐蚀性。

三是查明场地不良地质作用的成因、分布、规模、发展趋势，并对场地的稳定性做出评价。

四是对抗震设防烈度大于或等于6度的场地，应初步判定场地和地基的地震效应。

五是对高层建筑可能采取的地基基础类型、基坑开挖与支护、工程降水方案进行初步分析评价。

初步勘察应在搜集分析已有资料的基础上，根据需要进行工程地质测绘或调查以及勘探、测试和物探工作。

（三）详细勘察与施工勘察阶段

详细勘察应密切结合技术设计或施工图设计，按单体建（构）筑物或建筑群提出详细工程地质资料和设计、施工所需的岩土参数，对建筑地基做出岩土工程评价，并对地基类型、基础形式、地基处理、基坑支护、工程降水和不良地质作用的防治等提出建议。详细勘察的具体内容应视建筑物的具体情况和工程要求而定。

基坑或基槽开挖后，若发现岩土条件与勘察资料不符合，或者施工中发现必须查明的异常情况时，应进行施工勘察，并进行必要的检测和监测，以解决施工中的工程地质问题，提出相应的勘察资料。具体内容视工程要求而定。

三、工程地质测绘和调查

岩石出露或地貌、地质条件较复杂的场地，应进行工程地质测绘。对地质条件简单的场地，可用调查代替工程地质测绘。工程地质测绘和调查宜在可行性研究或初步勘察阶段进行，在详细勘察阶段可对某些专门地质问题做补充调查。

（一）工程地质测绘和调查的内容及比例尺

工程地质测绘和调查是早期工程地质勘察阶段的主要勘察方法，它的任务是在地形地质图上填绘出测区的工程地质条件。测绘和调查的成果是提供给其他工程地质工作如勘探、取样、试验、监测等的规划、设计和实施的基础。在山区和河谷地区，工程地质测绘和调查是最主要的工程地质勘察方法。通过工程地质测绘和调查可以大大减少勘探和试验的工作量，并具有指导勘探和试验的作用。但是，工程地质测绘和调查仅是在野外的地表进行填图，要完全掌握一个地区的工程地质条件，单靠地表测绘填图是不够的，要获得高质量的测绘图件尚须有勘探、试验等工作配合。

工程地质测绘和调查的内容包括工程地质条件的全部要素，即测绘和调查拟建场地的地层、岩性、地质构造、地貌、水文地质条件、不良地质作用、已有建筑物的变形和破坏状况和建筑经验、可利用的天然建筑材料的质量及其分布等。因而,工程地质测绘和调查是多种内容的测绘和调查,它有别于矿产地质或普查地质测绘和调查。工程地质测绘和调查是围绕工程建筑所需的工程地质问题而进行的。假如测区已进行过地质、地貌、水文地质等方面的测绘和调查,则工程地质测绘和调查可以此为基础以工程地质观点进行工程地质条件的综合。如尚缺一些内容,须做一些补充性的专门工程地质测绘和调查工作。如没有上述的地质、地貌等基础材料,则须进行上述全部内容的测绘和调查。这种测绘和调查称为综合性工程地质测绘和调查。

工程地质测绘和调查的范围,应包括场地及其附近地段。测绘的比例尺一般有以下三种:

1. 小比例尺测绘

比例尺1∶5000~1∶50 000,一般在可行性研究勘察(选址勘察)时使用,是为了了解区域性的工程地质条件。

2. 中比例尺测绘

比例尺1∶2000~1∶5000,一般在初步勘测阶段时采用。

3. 大比例尺测绘

比例尺1∶500~1∶2000,适用于详细勘察阶段。

当遇到对工程有重要影响的地质单元体(滑坡、断层、软弱夹层、洞穴等),可采用扩大的比例尺。

(二)工程地质测绘和调查方法

工程地质测绘和调查方法主要有相片成图法和实地测绘调查法。相片成图法是利用地面摄影或航空(卫星)摄影的相片,在室内进行解译,结合所掌握的区域地质资料,划分地层岩性、地质构造、地貌、水系和不良地质作用等,并在相片上选择需要调查的若干地点和路线,然后据此做实地调查、进行核对修正和补充。将调查得到的资料,转绘在等高线图上而成工程地质图。

当该地区没有航测等相片时,工程地质测绘和调查主要依靠野外工作,即实地测绘调查法。

实地测绘调查法主要有以下三种:

1. 路线法

它是沿着一些选择的路线,穿越测绘场地,将沿线所测绘或调查到的地层、构造、地质现象、水文地质、地质和地貌界线等填绘在地形图上。路线形式可为直线形或折线形。观测路线应选择在露头及覆盖层较薄的地方。观测路线方向应大致与岩层走向、构造线方向及地貌单元相垂直,这样可以用较少的工作量获得较多的工程地质资料。路线法一般用于中、小比例尺的工程地质测绘。

2. 布点法

它是根据地质条件复杂程度和测绘比例尺的要求,预先在地形图上布置一定数量的观测路线和观测点。观测点一般布置在观测路线上,但观测点应根据观察目的和要求进行布点,例如为了研究地质构造、地质界线、不良地质作用、水文地质等不同目的。布点法是工程地质测绘的基本方法,常用于大、中比例尺的工程地质测绘。

3. 追索法

它是沿地层走向或某一地质构造线或某些不良地质作用界线进行布点追索,主要目的是查明局部的工程地质问题。追索法常在布点法或路线法基础上进行,它是一种辅助方法。

(三)遥感技术在工程地质测绘中的应用

遥感是指根据电磁辐射的理论,应用现代技术中的各种探测器,接收远距离目标辐射来的电磁波信息,传送到地面接收站加工处理成遥感资料(图像或数据),用来探测识别目标物的整个过程。将卫星照片和航空照片的解译应用于工程地质测绘和调查,能很大程度上节省地面测绘和调查的工作量,做到省时、高质、高效,减小劳动强度,节省工程勘察费用。

将遥感资料应用于工程地质测绘和调查中须经过初步解译、野外踏勘和验证以及成图三个阶段:

1. 初步解译阶段

根据摄影相片上地质体的光学和几何特征,对航片和卫片进行系统的立体观测,对地貌及第四纪地质进行解译,划分松散沉积物与基岩界线,进行初步构造解译等工作。

2. 野外踏勘和验证阶段

由于气候、地形、植被等因素变化会使地质信息随地而异,同时由于视域覆盖的影响和遥感影像的特点,使一些资料难以获得,因此须在野外对遥感相片进行检验和补充。在这一阶段,须携带图像到野外,核实各典型地质体在照片上的位置,并选择一些地段进行重点研究,以及在一定间距穿越一些路线,做一些实测地质剖面和采集必要的岩性地层标本。现场地质观测点数,宜为工程地质测绘点数的 30% ~50% 。

3. 成图阶段

将解译取得的资料、野外验证取得的资料以及其他方法取得的资料,集中转绘到地形底图上,然后进行图面结构的分析。如有不合理现象,要进行修正,重新解译。必要时,到野外复验,直至整个图面结构合理为止。

遥感影像资料比例尺,可按下列要求选用:

第一,航片比例尺,宜采用1:25 000-1:100 000c

第二,陆地卫星影像宜采用不同时间各个波段的1:250 000~1:500 000黑白相片和假彩色合成或其他增强处理的图像。

第三,热红外图像的比例尺不宜小于1:50 000。

四、工程地质勘探和取样

工程地质勘探是在工程地质测绘和调查的基础上,为了进一步查明地表以下工程地质问题,取得深部工程地质资料而进行的。勘探的方法主要有井探、槽探、洞探、钻探和地球物理勘探等,在选用时应符合勘察的目的及岩土的特性。静力触探、动力触探作为勘探手段时,应与钻探等其他勘探方法配合使用。

(一)井探、槽探和洞探

井探、槽探是用人工或机械方式挖掘井、槽,以便直接观察岩土层的天然状态以及各地层之间接触关系等地质结构,并能取出接近实际的原状结构土样。探井、探槽的深度不宜超过地下水位。在坝址、地下工程、大型边坡等勘察中,当需要详细查明深部岩层性质、构造特征时,可采用竖井或平洞进行勘探。

在井探、槽探和洞探中采用的井、槽、洞的类型见表9-5。

表9-5 井、槽、洞的类型

类型	特点	用途
试坑	深数十厘米的小坑,形状不定	局部剥除地表覆土,揭露基岩
浅井	从地表向下垂直,断面呈圆形或方形,深5~15m	确定覆盖层及风化层的岩性及厚度,取原状样,载荷试验,渗水试验
探槽	在地表垂直岩层或构造线挖掘成深度不大(小于3~5m)的长条形槽子	追索构造线、断层,探查残积坡积层、风化岩石的厚度和岩性
竖井	形状与浅井同,但深度可超过20m以上,一般在平缓山坡、漫滩、阶地等岩层较平缓的地方,有时须支护	了解覆盖层厚度及性质,构造线、岩石破碎情况、岩溶、滑坡等,岩层倾角较缓时效果较好
平洞	在地面有出口的水平坑道,深度较大,适用较陡的基岩岩坡	调查斜坡地质构造,对查明地层岩性、软弱夹层、破碎带、风化岩层效果较好,还可取样或做原位试验

(二)钻探

1.工程地质钻探的概念

工程地质钻探是获取地表下准确的地质资料的重要方法，而且通过钻探的钻孔采取原状岩土样和进行现场力学试验也是工程地质钻探的任务之一。

钻探是指在地表下用钻头钻进地层的勘探方法。在地层内钻成直径较小并具有相当深度的圆筒形孔眼的孔称为钻孔。通常将直径达500mm以上的钻孔称为钻井。钻孔的要素如图9-1所示。钻孔上面口径较大，越往下越小，呈阶梯状。钻孔的上口称孔口；底部称孔底；四周侧壁称孔壁。钻孔断面的直径称孔径；由大孔径改为小孔径称换径。从孔口到孔底的距离称为孔深。

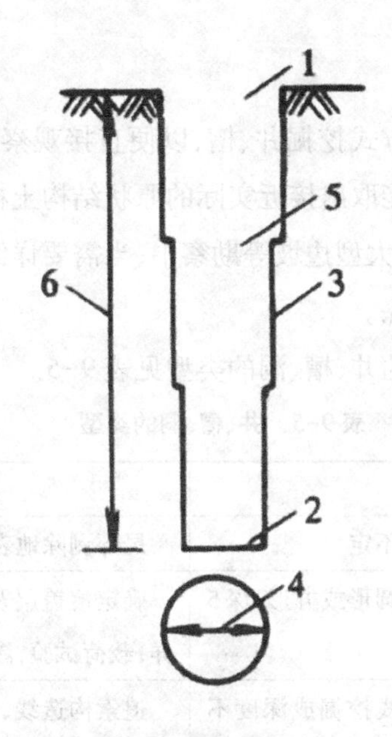

图9-1　钻孔要素

1——孔口；2——孔底；3——孔壁；4——孔径；5——换径；6——孔深

钻孔的直径、深度、方向取决于钻孔用途和钻探地点的地质条件。钻孔的直径一般为75~150mm，但在一些大型建(构)筑物的工程地质钻探时，孔径往往大于150mm，有时可达到500mm。钻孔的深度为数米至上百米，视工程要求和地质条件而定，一般的建筑工程地质钻探深度在数十米以内。钻孔的方向一般为垂直，也有打成倾斜的钻孔，这种孔称为斜孔。在地下工程中有打成水平甚至直立向上的钻孔。

2.钻探过程和钻进方法

钻探过程中有三个基本程序：

(1)破碎岩土

在工程地质钻探中广泛采用人力和机械方法,使小部分岩土脱离整体而成为粉末、岩土块或岩土芯的现象,叫作破碎岩土。岩土之所以被破碎是借助冲击力、剪切力、研磨和压力来实现的。

(2)采取岩土

用冲洗液(或压缩空气)将孔底破碎的碎屑冲到孔外,或者用钻具(抽筒、勺形钻头、螺旋钻头、取土器、岩芯管等)靠人力或机械将孔底的碎屑或样心取出于地面。

(3)保全孔壁

为了顺利地进行钻探工作,必须保护好孔壁,不使其坍塌。一般采用套管或泥浆来护壁。

可根据岩土破碎的方式,钻进方法有以下三种:

(1)冲击钻进

此法采用底部圆环状的钻头。钻进时将钻具提升到一定高度,利用钻具自重,迅猛放落,钻具在下落时产生冲击动能,冲击孔底岩土层,使岩土达到破碎之目的而加深钻孔。

(2)回转钻进

此法采用底部嵌焊有硬质合金的圆环状钻头进行钻进。钻进中施加钻压,使钻头在回转中切入岩土层,达到加深钻孔的目的。在土质地层中钻进,有时为有效地、完整地揭露标准地层,还可以采用勺形钻钻头或提土钻钻头进行钻进。

(3)综合式钻进

此法是一种冲击回转综合式的钻进方法。它综合了前两种钻进方法在地层钻进中的优点,以达到提高钻进效率的目的。其工作原理是:在钻进过程中,钻头施加一定的动力,对岩石产生冲击作用,使岩石的破碎速度加快,破碎粒度比回转剪切粒度增大。同时由于冲击力的作用使硬质合金刻入岩石深度增加,在回转中将岩石剪切掉。这样就大大提高了钻进的效率。

(4)振动钻进

此法采用机械动力所产生的振动力,通过连接杆和钻具传到圆筒形钻头周围土中。由于振动器高速振动的结果,圆筒钻头依靠钻具和振动器的重量使得土层更容易被切削而钻进,且钻进速度较快。这种钻进方法主要适用于粉土、砂土、较小粒径的碎石层以及黏性不大的黏性土层。

(三)岩土试样的采取

工程地质钻探的主要任务之一是在岩土层中采取岩芯或原状土试样。在采取试样过程中应该保持试样的天然结构,以获得可靠的岩土物理力学指标。岩芯试样由于其坚硬性,其天然结构难以被破坏,而土试样则不同,它很容易被扰动,其天然结构会受到不同程度的破坏。因此,采取原状土试样是工程地质勘察中的一项重要技术。但是在实际工程地质勘察的钻探过程中,要取得完全不扰动的原状土试样是不可能的。造成土样扰动有三个原因:一是外界条件引起的土试样的扰动,如钻进工艺、钻具选用、钻压、钻速、取土方法选择等,若在选用上不够合理时,都将会造成其土质的天然结构被破坏;二是采样过程造成的土体中应力条件发生了变化,引起土样内质点间相对位置的位移和组织结构的变化,甚至出现质点间原有黏聚力的破坏;三是采取土试样时,须用取土器采取,但不论采用何种取土器,它都有一定的壁厚、长度和面积,当切入土层时,会使土试样产生一定的压缩变形,壁愈厚所排开的土体愈多,其变形量愈大,这就造成土试样更大的扰动。由上述可见,所谓原状土试样实际上都不可避免地遭到了不同程度的扰动。为此,在采取土试样过程中,应力求使试样的被扰动量降低,并尽力排除各种可能增大扰动量的因素。

土试样质量可根据土工试验的目的按表9-6分为四个等级,以便尽量减少土试样的扰动对试验结果的影响。

表9-6 土试样质量等级

级别	扰动程度	试验内容
Ⅰ	不扰动	土类定名、含水量、密度、强度试验、固结试验
Ⅱ	轻微扰动	土类定名、含水量、密度
Ⅲ	显著扰动	土类定名、含水量
Ⅳ	完全扰动	土类定名

注:不扰动是指原位应力状态虽已改变,但土的结构、密度和含水量变化很小,能满足室内试验各项要求;除地基基础设计等级为甲级的工程外,在工程技术要求允许的情况下可用Ⅱ级土试样进行强度和固结试验,但宜先对土试样受扰动程度做抽样鉴定,判定用于试验的适宜性,并结合地区经验使用试验成果。

在钻孔取样时,采用薄壁取土器所采得的土试样定为Ⅰ~Ⅱ级;对于采用中厚壁或厚壁取土器所采得的土试样定为Ⅱ~Ⅲ级;对于采用标准贯入器、螺纹钻头或岩芯钻头所采得的黏性土、粉土、砂土和软岩的试样皆定为Ⅲ~Ⅳ级。

为取得Ⅰ级质量的土试样,应普遍采用薄壁取土器来采取,以满足土工试验全部的物理力学参数的正确获得。

合理的钻进方法是保证取得不扰动土样的第一个前提。也就是说,钻进方法的选用首先应着眼于确保孔底拟取土样不被扰动。这一点几乎对任何种土类都适用,而对结构敏感或不稳定的土层尤为重要。在钻孔中采取Ⅰ、Ⅱ级土试样时,应满足下列要求:

一是在软土、砂土中宜采用泥浆护壁,如使用套管,应保持管内水位等于或稍高于地下水位，取样位置应低于套管底三倍孔径的距离。

二是采用冲洗、冲击、振动等方式钻进时，应在预计取样位置 1m 以上改用回转钻进。

三是下放取土器前应仔细清孔，清除扰动土，孔底残留浮土厚度不应大于取土器废土段长度（活塞取土器除外）。

四是采取土试样宜用快速静力连续压入法。

Ⅰ、Ⅱ、Ⅲ级土试样应妥善密封，防止湿度变化，严防曝晒或冰冻。在运输中应避免振动，保存时间不宜超过三周。对易于振动液化和水分离析的土试样宜就近进行试验。

（四）地球物理勘探

地球物理勘探简称物探，它是通过研究和观测各种地球物理场的变化来探测地层岩性、地质构造等地质条件。地球物理场有电场、重力场、磁场、弹性波的应力场、辐射场等。由于组成地壳的不同岩层介质往往在密度、弹性、导电性、磁性、放射性以及导热性等方面存在差异，这些差异将引起相应的地球物理场的局部变化。通过量测这些物理场的分布和变化特征，结合已知地质资料进行分析研究，就可以达到推断地质性状的目的。该方法兼有勘探与试验两种功能。和钻探相比，具有设备轻便、成本低、效率高、工作空间广等优点。但物探不能取样，不能直接观察，故多与钻探配合使用。

物探宜运用于下列场合：

一是作为钻探的先行手段，了解隐蔽的地质界线、界面或异常点。

二是作为钻探的辅助手段，在钻孔之间增加地球物理勘探点，为钻探成果的内插、外推提供依据。

三是作为原位测试手段，测定岩土体的波速、动弹性模量、动剪切模量、卓越周期、电阻率、放射性辐射参数、土对金属的腐蚀性等参数。

物探方法有：研究岩土电学性质及电场、电磁场变化规律的电法勘探；研究岩土磁性及地球磁场、局部磁异常变化规律的磁法勘探；研究地质体引力场特征的重力勘探；研究岩土弹性力学性质的地震勘探；研究岩土的天然或人工放射性的放射性勘探；研究物质热辐射场特征的红外探测方法；研究岩土的声波和超声波传递及衰减变化规律的声波探测技术等。工程地质物探采用上述方法解决了许多工程地质问题。但在工程地质物探方法上，采用得最多、最普遍的物探方法，首推电法勘探。它常在初期的工程地质勘察中使用，以初步了解勘察区的地质情况，配合工程地质测绘使用；此外，常用于古河道、暗浜、洞穴、地下管线等的勘察。为此，在这里着重介绍有关电法勘探的基本知识。

电法勘探是用以研究地下地质体电阻率差异的勘探方法，也称电阻率法。电阻率是岩土的一个重要电学参数，它表示岩土的导电特性。不同的岩土有不同的电阻率，也就是说，不同岩土有不同的导电特性。电阻率在数值上等于电流在材料里均匀分布时该种材料单位立方体所呈现的电阻,常用单位为欧姆·米,记作Ω·m。岩土的电阻率变化范围很大,各种岩土有其自身的电阻率,但是它们之间仍存在着很大的差异。正是由于存在电阻率的差异,才有可能进行电阻率法勘探。

影响岩土电阻率大小的因素很多,主要是岩土成分、结构、构造、孔隙裂隙、含水性等。如第四纪的松软土层中,干的砂砾石电阻率高达几百至几千欧姆·米,饱水的砂砾石电阻率显著降低。在同样饱水情况下,粗颗粒的砂砾石电阻率比细颗粒的细砂、粉砂高。潜水位以下的高阻层位反映粗颗粒含水层的存在,作为隔水层的粘土类电阻率远比含水层低。因而利用电阻率的差异可勘探砂砾石层与黏土层的分布。

在地面电阻率法工作中,将供电电极A和B与测量电极M和N都放在地面上(图9-2)。A和B极在观测点M上产生的电位为u_M,在N点上产生的电位为u_N,则MN两极的电位差为:

$$\Delta u_{MN} = u_M - u_N \tag{9-1}$$

则可求得该点的视电阻率ρ为:

$$\rho_s = \frac{2\pi}{\frac{1}{AM} - \frac{1}{AN} - \frac{1}{BM} + \frac{1}{BN}} \cdot \frac{\Delta u_{MN}}{I}$$

$$= K\frac{\Delta u_{MN}}{I} \tag{9-2}$$

式中K——装置系数;I——A极经过地层流到B极上的电流量,也就是供电回路的电流强度。

Δu_{MN}和I可以用电位计和电流计测得。电法勘探利用图9-2所示的四极排列和极间距离的变化而产生两种常用的电探法:电剖面法和电测深法。电剖面法的特点是采用固定极距的电极排列,沿剖面线逐点供电和测量,获得视电阻率剖面曲线,通过分析对比,了解地下勘探深度以上沿测线水平方向上岩土的电性变化,在工程地质中能帮助查明地下的构造破碎带、地下暗河、洞穴等不良地质现象。电测深法也称电阻率垂向测深法,它的原理是:当电源接到A、B两点上(图9-3),电流从一个接地流出,进入岩土层中并流到第二个接地。电流密度由流线的密度决定。电流在接地附近最大,并且在某一深度处减到最小。随着两个接地间距离的增加,电流密度重新改变分布情况,即流线分布得更深些。这样,当改变A和B两点间的距离时,就可以改变电测深的深度。这个深度一般为电极A、B间距离的1/4~1/3。测量供电电极A与B之间的电流强度以及接收M与N之间的电位差就可以求得岩土层的电阻率及其随深度的变化,从而得到解译地下地质状况的依据。

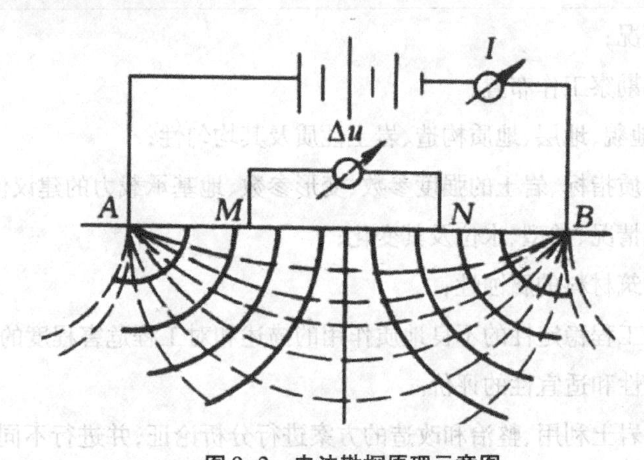

图 9-2　电法勘探原理示意图

虚线表示流线分布图，实线表示电位线

五、工程地质勘察报告书和图件

工程地质勘察报告书和图件是工程地质勘察的成果，它是在总结归纳该工程勘察资料的基础上，用书面方式来表达的。因而它是勘察成果的最终体现，并作为设计部门进行设计的最重要的基础资料。报告书和图件应该充分反映工程场址的客观实际，且方便、实用。

工程地质勘察的内业整理是勘察工作的主要组成部分。它把现场勘察得到的工程地质资料和与工程地质评价有关的其他资料进行统计、归纳和分析，并编成图件和表格；将现场和各个方面收集得来的材料，按工程要求和分析问题的需要进行去伪存真、系统整理，以适应工程设计和工程地质评价的实际需要。

勘察资料的内业整理一般是在现场勘察工作告一段落或整个勘察工程结束后进行的。内业整理工作一般包括有：现场和室内试验数据的整理和统计、工程地质图件的编制以及工程地质报告书的编写。

（一）工程地质报告书的内容

工程地质报告书是工程地质勘察的文字成果。工程地质报告书必须有明确的目的性，应根据任务要求、勘察阶段、工程特点和地质条件等具体情况编写。报告书应该简明扼要、切合主题；所提出的论点，应有充分的实际资料作为依据，并附有必要的插图、照片、表格以及文字说明。

报告书的任务在于阐明拟建工程的工程地质条件，分析存在的工程地质问题，并做出工程地质评价，得出结论。报告书的内容主要包括：

一是勘察目的、任务要求和依据的技术标准；

二是拟建工程概况；

三是勘察方法和勘察工作布置；

四是场地地形、地貌、地层、地质构造、岩土性质及其均匀性；

五是各项岩土性质指标、岩土的强度参数、变形参数、地基承载力的建议值；

六是地下水埋藏情况、类型、水位及其变化；

七是土和水对建筑材料的腐蚀性；

八是对可能影响工程稳定性的不良地质作用的描述和对工程危害程度的评价；

九是对场地稳定性和适宜性的评价。

报告书同时应对岩土利用、整治和改造的方案进行分析论证，并进行不同方案的技术经济论证，提出对设计、施工和现场监测要求的建议；对工程施工和使用期间可能发生的工程地质问题也需要进行预测，提出相应监控和预防措施的建议。

当需要对岩土工程测试、检验或监测、工程事故以及其他一些专题工程地质问题进行分析论证时，可撰写专题报告书，以使这些专题问题得到十分明确的分析和评价。

报告书的结论部分是在上述工作的基础上对任务书中所提出的以及实际工作中所发现的各项工程地质问题做出简短明确的答案，因而内容必须明确具体，措辞必须简练正确。

对丙级工程地质勘察的成果报告内容可以适当简化，以图表为主，辅以必要的文字说明。

（二）工程地质图和其他附件

工程地质报告书应附有各种工程地质图，如分析图、专门图、综合图等。这些图件对说明工程地质报告书是最基本的。工程地质报告书依赖这些图件来说明和评价。

工程地质图是由一套图组成的，平面图是最主要的，但是没有必要的附件，平面图将不易了解，也不能充分反映工程地质条件。这些附件有：

1. 勘探点平面位置图

当地形起伏时，该图应绘在地形图上。在图上除标明各勘探点（包括探井、探槽、钻孔等）的平面位置、各现场原位测试点的平面位置和勘探剖面线的位置外，还应绘出工程建筑物的轮廓位置，并附场地位置示意图，各类勘探点、原位测试点的坐标及高程数据表。

2. 工程地质剖面图

以地质剖面图为基础，反映地质构造、岩性、分层、地下水埋藏条件、各分层岩土的物理力学性质指标等。

工程地质剖面图的绘制依据是各勘探点的成果和土工试验成果。工程地质剖面图用来反映若干条勘探线上工程地质条件的变化情况。由于勘探线的布置是与主要地貌单元的走向垂直或与主要地质构造轴线垂直或建筑主要轴线相一致,故工程地质剖面图能最有效地揭示场地工程地质条件。

3. 地层综合柱状图(或分区地层综合柱状图)

反映场地(或分区)的地层变化情况,并对各地层的工程地质特征等做简要的描述,有时还附各土层的物理力学性质指标。

4. 土工试验图表

主要是土的抗剪强度曲线和压缩曲线,一般由土工试验室提供。

5. 现场原位测试图件

如载荷试验、标准贯入试验、十字板剪切试验、静力触探试验等的成果图件。

6. 其他专门图件

对于特殊性土、特殊地质条件及专门性工程,根据各自的特殊需要,绘制相应的专门图件,如各种分析图等。

第二节　公路工程地质勘察

公路工程包括路基工程、桥梁工程和隧道工程。公路工程地质勘察可分为预可行性研究勘察、可行性研究勘察、初步勘察和详细勘察四个阶段。预可行性研究勘察阶段的任务是了解建设项目所处区域的工程地质条件及存在的工程地质问题;可行性研究勘察阶段的任务是初步查明公路沿线的工程地质条件和对工程建设有影响的工程地质问题;初步勘察和详细勘察阶段的任务则应分别符合初步设计和施工图设计的要求,对公路工程中不同的单位工程有不同的工作内容。

一、路基工程地质勘察

(一)路基工程地质问题

公路路基包括填方路基(路堤)、挖方路基(路堑)和半挖半填路基三种主要形式。路基的主要工程地质问题有路基边坡稳定性问题、路基基底稳定性问题、公路冻害问题以及天然建筑材料问题等。

1. 路基边坡稳定性问题

路基边坡包括天然边坡、傍山路线的半填半挖路基边坡以及深路堑的人工边坡等。具有一定的坡度和高度的边坡在重力作用下,其内部应力状态也不断变化。当剪应力大于岩土体的强度时,边坡即发生不同形式的变形和破坏。其破坏形式主要表现为滑坡、崩塌和错落。土质边坡的变形主要取决于土的矿物成分,特别是亲水性强的黏土矿物及其含量。除受地质、水文地质和自然因素影响外,与施工方法是否正确也有很大关系。岩质边坡的变形主要决定于岩体中各种软弱结构面的性状及其组合关系。它们对边坡的变形起着控制作用。只有同时具备临空面、滑动面和切割面三个基本条件,岩质边坡的变形才有发生的可能。

开挖路堑形成的人工边坡,由于加大了边坡的陡度和高度,使边坡的边界条件发生变化,破坏了自然边坡原有应力状态,进一步影响边坡岩土体的稳定性。另外,路堑边坡不仅可能产生工程滑坡,而且在一定条件下,还能引起古滑坡复活。由于古滑坡发生时间长,在各种外营力的长期作用下,其外表形迹早已被改造成平缓的边坡地形,很难被发现。若不注意观测,当施工开挖形成滑动的临空面时,就可能造成边坡失稳。

2. 路基基底稳定性问题

一般路堤和高填路堤对路基基底要求要有足够的承载力,基底土的变形性质和变形量的大小主要取决于基底土的力学性质、基底面的倾斜程度、软土层或软弱结构面的性质与产状等。它往往使基底发生巨大的塑性变形而造成路基的破坏。

3. 道路冻害问题

根据地下水的补给情况,路基冻胀的类型可分为表面冻胀和深源冻胀。前者发生在地下水埋深较大地区,其冻胀量一般为30~40mm,最大达60mm。其主要原因是路基结构不合理或养护不周,致使道砟排水不良。深源冻胀多发生在冻结深度大于地下水埋深或毛细管水带接近地表水的地区,地下水补给丰富,水分迁移强烈,其冻胀量较大,一般为200~400mm,最大达600mm。公路的冻害具有季节性,冬季在负气温长期作用下,土中水分重新分布,形成平行于冻结界面的数层冻层,局部尚有冻透镜体,因而使土体积增大(约9%)而产生路基隆起现象;春季地表面冰层融化较早,而下层尚未解冻,融化层的水分难以下渗,致使上层土的含水量增大而软化,在外荷载作用下,路基出现翻浆现象。

4. 建筑材料问题

路基工程需要的天然建筑材料不仅种类较多,而且数量较大。同时要求各种材料产地沿线两侧零散分布。这些材料品质的好坏和运输距离的远近,直接影响工程的质量和造价,有时还会影响路线的布局。

(二)勘察的基本内容与要求

初步勘察和详细勘察阶段对一般路基、高路堤、陡坡路堤和深路堑有不同的勘察内容与要求。高路堤是指填土高度大于20m,或填土高度虽未达到20m,但基底有软弱地层发育,填土有可能失稳而产生过量沉降及不均匀沉降的路堤。陡坡路堤是指地面横坡坡率陡于1：2.5，或坡率虽未陡于1：2.5，但填土有可能沿斜坡产生横向滑移的路堤。深路堑是指垂直挖方高度超过20m的土质边坡或超过30m的岩质边坡，或者需要特殊设计的边坡。

1.初步勘察阶段

(1)一般路基

应根据现场地形地质条件，结合路线填挖设计，划分工程地质区段，分段基本查明工程地质条件。基底有软弱层发育的填方路段，应评价路堤产生过量沉降、不均匀沉降及剪切滑移的可能性。挖方路段有外倾结构面时，应评价边坡产生滑动的可能性。一般路基工程地质调查和测绘(调绘)可与路线工程地质调绘一并进行，调绘的比例尺宜为1：2000。当工程地质条件简单时，勘探测试点数量每千米不少于2个；而当工程地质条件较复杂或复杂时，应增加勘探测试点数量，勘探深度不小于2m。

(2)高路堤

应基本查明工程地质条件，对工程建设场地的适宜性进行评价，分析、评估高路堤产生过量沉降、不均匀沉降及地基失效导致路堤产生滑动的可能性。应沿拟定的线位及其两侧的带状范围进行1：2000工程地质调绘，调绘宽度不宜小于2倍路基宽度。应根据现场地形地质条件选择代表性位置布置横向勘探断面，每段高路堤的横向勘探断面数量不得少于1条。每条勘探横断面上的钻孔数量不得少于1个，勘探深度宜至持力层或岩面以下3m，并满足沉降稳定计算要求。

(3)陡坡路堤

应基本查明工程地质条件，对工程建设场地的适宜性进行评价，分析、评估陡坡路堤沿斜坡产生滑动的可能性。应沿拟定的线位及其两侧的带状范围进行1：2000工程地质调绘，调绘宽度不宜小于2倍路基宽度。每段陡坡路堤的横向勘探断面数量不宜少于1条；当工程地质条件复杂时，应增加勘探断面的数量。每条勘探横断面上的勘探点数量不宜少于2个，勘探深度应至持力层或稳定的基岩面以下3m。

(4)深路堑

应基本查明工程地质条件，对工程建设场地的适宜性进行评价，分析深路堑边坡的稳定性。应沿拟定的线位及其两侧的带状范围进行1：2000工程地质调绘，调绘宽度不宜小于边坡高度的3倍。对地质构造复杂、岩体破碎、风化严重、有外倾结构面或堆积层发育、上方汇水区域较大以及地下水发育的边坡，应扩大调绘范围。有岩石露头时，岩质边坡路段应进行节理统计，调查边坡岩体类型和结构类型。应根据现场地形地质条件选择代表性位置布置横向勘探断面，每段深路堑横向勘探断面的数量不得少于1条。每条勘探横断面上的勘探点数量不宜少于2个。控制性钻孔深度应至设计高程以下稳定地层中不小于3m。

2.详细勘察阶段

对一般路基、高路堤、陡坡路堤和深路堑进行详细勘察时,应在确定的路线上查明它们的工程地质条件,应对初步勘察阶段调绘资料进行复核。当路线偏离初步设计线位或地质条件须进一步查明时,应进行1∶2000补充工程地质调绘。一般路基、高路堤、陡坡路堤和深路堑在详细勘察阶段的勘探、取样和测试要求同初步勘察阶段的要求。

二、桥梁工程地质勘察

按多孔跨径总长和单孔跨径长度可将公路桥梁分为特大桥、大桥、中桥和小桥四种类型,见表9-7。桥梁桥位多是公路路线布设的控制点,桥位变动会使一定范围内的路线也随之变动。影响桥位选择的因素有路线方向、水文地质条件与工程地质条件。工程地质条件是评价桥位好坏的重要指标之一。桥梁工程地质勘察一般应包括两项内容:首先应对各比较方案进行调查,配合路线、桥梁专业人员,选择工程地质条件比较好的桥位;然后再对选定的桥位进行详细工程地质勘察,为桥梁及其附属工程的设计和施工提供所需要的工程地质资料。

表9-7　桥梁分类

桥涵分类	多孔跨径总长	单孔跨径
	L(m)	L_k(m)
特大桥	$L>1000$	$L_k>150$
大桥	$100\leqslant L\leqslant 1000$	$40\leqslant L_k\leqslant 150$
中桥	$30<L<100$	$20\leqslant L_k\leqslant 40$
小桥	$8\leqslant L\leqslant 30$	$5\leqslant L_k<20$

(一)桥梁工程地质问题

桥梁是公路工程中的重要组成部分,由正桥、引桥和导流建筑物等工程组成。正桥是主体,位于河岸桥台之间。桥墩均位于河中。引桥是连接正桥与路线的建筑物,常位于河漫滩或阶地之上,它可以是高路堤或桥梁。导流建筑物,包括护岸、护坡、导流堤和丁坝等,是保护桥梁等各种建筑物的稳定、不受河流冲刷破坏的附属工程。桥梁结构可分为梁桥、拱桥和钢架桥等。不同类型的桥梁,对地基有不同的要求,所以工程地质条件是选择桥梁结构的主要依据。桥梁工程建设主要有活动性地质构造、不良地质作用及岸坡稳定性、地基稳定性和冲刷等工程地质问题。

1.活动性地质构造

桥位及其附近的区域性断裂及活动性断裂威胁桥梁的安全,一旦发生断裂活动,对桥梁是致命性的。因此,对于跨江、跨海大桥及特大桥等重要性桥梁,应选择多个桥位方案,并充分调查桥位及其附近的活动性断裂,以对桥位方案进行比选。

2. 不良地质作用及岸坡稳定性

桥位及其附近的滑坡、崩塌、泥石流等不良地质作用及岸坡稳定性对桥梁结构及通行构成威胁,严重的可以损毁或冲毁桥梁。

3. 地基稳定性和冲刷

桥梁墩台地基稳定性主要取决于墩台地基中岩土体承载力的大小。它对选择桥梁的基础和确定桥梁的结构形式起决定作用。当桥梁为静定结构时,由于各桥孔是独立的,相互之间没有联系,对工程地质条件的适应范围较广。但超静定结构的桥梁对各桥墩台之间的不均匀沉降特别敏感。拱桥受力时,在拱脚处产生垂直和向外的水平力,因此对拱脚处地基的地质条件要求较高。另外,墩台的修建,使原来的河槽过水断面减少,局部增大了河水流速,改变了流态,对桥基产生强烈冲刷,威胁桥墩台的安全。

由此,根据工程地质条件选择桥位应符合下列原则:

第一,桥位应选择在河道顺直、岸坡稳定、地质构造简单、基底地质条件良好的地段。

第二,桥位应避开区域性断裂及活动性断裂。无法避开时,应垂直于断裂构造线走向,以最短的距离通过。

第三,桥位应避开岩溶、滑坡、泥石流等不良地质及软土、膨胀性岩土等特殊性岩土发育的地带。

(二)勘察的基本内容与要求

1. 初步勘察阶段

桥梁初步勘察应根据现场地形地质条件,结合拟定的桥型、桥跨、基础形式和桥梁的建设规模等确定勘察方案,基本查明场地的各种工程地质条件,包括褶皱的类型、规模、形态特征、产状及其与桥位的关系、水下地形的起伏形态、冲刷和淤积情况以及河床的稳定性、桥梁通过煤气层和采空区时有害气体对工程建设的影响等。

桥梁初步勘察阶段的工程地质调绘应符合下列规定:

第一,跨江、跨海大桥及特大桥应进行 1∶10 000 区域工程地质调绘,调绘的范围应包括桥轴线、引线及两侧各不小于 1000m 的带状区域。存在可能影响桥位或工程方案比选的隐伏活动性断裂及岩溶、泥石流等不良地质时,应根据实际情况确定调绘范围,并辅以必要的物探等手段探明。

第二,工程地质条件较复杂或复杂的桥位应进行 1∶2000 工程地质调绘,调绘的宽度沿路线两侧各不宜小于 100m。当桥位附近存在岩溶、泥石流、滑坡、危岩、崩塌等可能危及桥梁安全的不良地质时,应根据实际情况确定调绘范围。

第三,工程地质条件简单的桥位,可对路线工程地质调绘资料进行复核,不进行专项1∶2000工程地质调绘。

桥梁初步勘察应以钻探和原位测试为主,勘探测试点应结合桥梁的墩台位置和地貌地质单元沿桥梁轴线或在其两侧交错布置,勘探测试点的数量和深度应控制地层、断裂等重要的地质界线和说明桥位工程地质条件。

桥梁初步勘察应对工程建设场地的适宜性进行评价;受水库水位变化及潮汐和河流冲刷影响的桥位,应分析岸坡、河床的稳定性;含煤地层、采空区、气田等地区的桥位,应分析、评估有害气体对工程建设的影响;并应分析、评价锚碇基础施工对环境的影响。

2. 详细勘察阶段

桥梁详细勘察应根据现场地形地质条件和桥型、桥跨、基础形式制订勘察方案,查明桥位工程地质条件。应对初步勘察工程地质调绘资料进行复核。当桥位偏离初步设计桥位或地质条件须进一步查明时,应进行1∶2000补充工程地质调绘。

桥梁详细勘察阶段的工程地质勘探应符合下列要求:

第一,桥梁墩台的勘探钻孔应根据地质条件按图9-3在基础的周边或中心布置。当有特殊性岩土、不良地质或基础设计施工须进一步探明地质情况时,可在轮廓线外围布孔,或与原位测试、物探结合进行综合勘探。

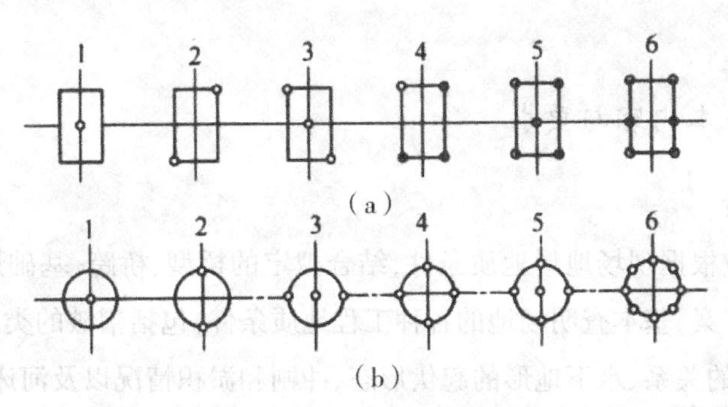

图9-3 桥梁勘探钻孔布置图

(a)方形布置;(b)圆形布置

第二,工程地质条件简单的桥位,每个墩台宜布置一个钻孔;工程地质条件较复杂的桥位,每个墩台的钻孔数量不得少于一个。遇有断裂带、软弱夹层等不良地质或工程地质条件复杂时,应结合现场地质条件及基础工程设计要求确定每个墩台的钻孔数量。

第三,沉井基础或采用钢围堰施工的基础,当基岩面起伏变化较大或遇涌砂、大漂石、树干、老桥基等情况时,应在基础周围加密钻孔,确定基岩顶面、沉井或钢围堰埋置深度。

第四,悬索桥及斜拉桥的桥塔、锚碇基础、高墩基础,其勘探钻孔宜按图9-3中的4、5、6

布置,或按设计要求研究后布置。

第五,桥梁墩台位于沟谷岸坡或陡坡地段时,宜采用井下电视、硐探等探明控制斜坡稳定的结构面。

第六,钻孔深度应根据基础类型和地基的地质条件确定:对于天然地基或浅基础,钻孔钻入持力层以下的深度不得小于3m;对于桩基、沉井、锚碇基础,钻孔钻入持力层以下的深度不得小于5m,持力层下有较弱地层分布时,钻孔深度应加深。

三、隧道工程地质勘察

按隧道所在的位置,公路隧道分为山岭隧道、水底隧道和城市隧道。山岭隧道又分越岭隧道和傍山隧道两种。越岭隧道是穿越分水岭或山岭垭口的隧道,这种隧道可能有较大的深度和长度;傍山隧道,又称河谷线隧道,是指因线路受地形限制,沿河傍山而修建的隧道,这种隧道长短不一,一般埋藏较浅。

隧道多是路线布设的控制点,隧道按长度不同,可划分为四种类型,见表9-8。长隧道可影响路线方案的选择。勘察工作通常包括两项内容:一是隧道方案与位置的选择;二是隧道洞口与洞身的勘察。前者除隧道方案的比较外,有时还包括隧道展线或明挖的比较;后者是对选定的方案进行详细的工程地质勘察。

表9-8 隧道按长度分类

分类	特长隧道	长隧道	中隧道	短隧道
长度(m)	$L>3000$	$3000 \geq L>1000$	$1000 \geq L>500$	$L \leq 500$

注:隧道长度系指两端洞门墙墙面与路面的交线同路线中线交点间的距离。

(一)隧道工程地质问题

隧道工程建设包括路线和隧道位置的选择、洞口位置的选择、隧道几何和结构构造设计、支护结构的设计与施工等。在隧道工程建设的整个过程中均应重视其工程地质问题。隧道工程地质问题主要有洞口附近的不良地质作用、洞口边坡稳定性、围岩失稳塌方及大变形、突水突泥、瓦斯突出等。

1.洞口附近不良地质作用

洞口附近的滑坡、崩塌、泥石流和山洪灾害等均可能会严重威胁隧道的安全,不仅可能会冲毁或堵塞通向隧道的道路,而且其中的流体碎屑物可能穿越和淤塞隧道。

2.洞口边坡稳定性

隧道洞口段一般地质条件较差,岩体较破碎,地表水及地下水较丰富,施工开挖不当容易导致洞口坍塌和边坡失稳事故。

3. 围岩失稳塌方及大变形

无论是塑性还是脆性围岩，在围岩自重应力、构造应力、节理裂隙发育分布等作用下产生周边位移和拱顶下沉，当其变形达到一定限值（硬质、脆性围岩的变形限值远小于塑性围岩）后，将失去其自身的稳定性并发生围岩的塌方，包括高地应力下发生的岩爆。对于塑性围岩，则可能会产生隧道的大变形。另外，块状镶嵌结构岩体因处于临空面倒楔形块体（关键块体）坍落，或倾斜岩层隧道边墙和拱部的张拗折部位坍落，也容易引发隧道围岩的塌方。当隧道覆盖层厚度不大时，隧道围岩的塌方和大变形则可导致地表的变形和塌陷。

4. 突水突泥

突水是指由于隧道的开挖，造成隧道开挖面与前方水体和含水体间、隧道周边与隧道洞壁外侧存在的水体、含水体间岩盘厚度过小，不足以抵抗水体、含水体侧向压力；或由于地下水位的上升，水体、含水体侧向压力增大导致隧道开挖面与前方水体和含水体间、隧道周边与隧道洞壁外侧存在的水体、含水体间岩盘破坏，水体、含水体中水向隧道大量涌出。若开挖面前方存在饱水或过饱水黏土岩溶等含泥构造，则会引发突泥灾害。突水突泥灾害常见于岩溶地质结构隧道的施工中。若围岩中的水体与地表水体有联系，突水突泥还会造成地表水源的枯竭。

5. 瓦斯突出。隧道穿越含瓦斯煤层或穿越其附近的破碎、节理发育的围岩时，可能遇到瓦斯突出问题。瓦斯含量在5% ~16%时，遇到明火会引起爆炸。

根据工程地质条件选择隧道的位置，应符合下列规定：

第一，隧道应选择在地层稳定、构造简单、地下水不发育、进出口条件有利的位置，隧道轴线宜与岩层、区域构造线的走向垂直。

第二，隧道应避免沿褶皱轴部，平行于区域性大断裂，以及在断裂交会部位通过。

第三，隧道应避开高应力区，无法避开时洞轴线宜平行最大主应力方向。

第四，隧道应避免通过岩溶发育区、地下水富集区和地层松软地带。

第五，隧道洞口应避开滑坡、崩塌、岩堆、危岩、泥石流等不良地质，以及排水困难的沟谷低洼地带。

第六，傍山隧道，洞轴线宜向山体一侧内移，避开外侧构造复杂、岩体卸荷开裂、风化严重以及堆积层和不良地质地段。

（二）勘察的基本内容与要求

1. 初步勘察阶段

隧道初步勘察应根据现场地形地质条件，结合隧道的建设规模、标准和方案比选，确定勘察的范围、内容和重点，并应基本查明隧址的工程地质条件。

隧道初步勘察的工程地质调绘应符合下列规定：

第一，工程地质调绘应沿拟定的隧道轴线及其两侧各不小于200m的带状区域进行，调绘比例尺为1：2000。

第二，当两个及以上特长隧道、长隧道方案进行比选时，应进行隧址区域工程地质调绘，调绘比例尺为1：10 000～1：50 000。

第三，特长隧道及长隧道应结合隧道涌水量分析评价进行专项区域水文地质调绘，调绘比例尺为1：10 000-1：50 000。

第四，工程地质调绘及水文地质调绘采用的地层单位宜结合水文地质及工程地质评价的需要划分至岩性段。

第五，有岩石露头时，应进行节理调查统计。节理调查统计点应靠近洞轴线，在隧道洞身及进出口地段选择代表性位置布设，同一围岩分段的节理调查统计点数量不宜少于两个。

隧道初步勘察的勘探应以钻探为主，结合必要的物探、挖探等手段进行综合勘探。钻孔宜沿隧道中心线，并在洞壁外侧不小于5m的地层分界线、地质构造、高应力区、特殊性岩土分布地段、岩溶和突水突泥地段、煤系地层等位置布置。勘探深度应至路线设计高程以下不小于5m。遇采空区、岩溶、地下暗河等不良地质时，勘探深度应至稳定底板以下不小于8m。

隧道初步勘察应对隧道工程建设场地的水文地质及工程地质条件进行说明，分段评价隧道的围岩等级；分析隧道进出口地段边坡的稳定性及形成滑坡等地质灾害的可能性；分析高应力区岩石产生岩爆和软质岩产生围岩大变形的可能性；对傍山隧道产生偏压的可能性进行评估；分析隧道通过储水构造、断裂带、岩溶等不良地质地段时产生突水、突泥、塌方的可能性；隧道通过煤层、气田、含盐地层、膨胀性地层、有害矿体、富含放射性物质的地层时，分析有害气体（物质）对工程建设的影响；对隧道的地下水涌水量进行分析计算；评估隧道工程建设对当地环境可能造成的不良影响及隧道工程建设场地的适宜性。

2. 详细勘察阶段

隧道详细勘察应根据现场地形地质条件和隧道类型、规模制订勘察方案，查明隧址的工程地质条件。隧道详勘应对初步勘察阶段工程地质调绘资料进行核实。当隧道偏离初步设计位置或地质条件须进一步查明时，应进行补充工程地质调绘，补充工程地质调绘的比例尺为1：2000。

隧道详细勘察的勘探测试点应在初步勘察的基础上，根据现场地形地质条件及水文地质、工程地质评价的要求进行加密。

第三节 港口工程地质勘察

港口是具有水陆联运设备和条件，供船舶安全进出和停泊的运输枢纽。港口按所处位置，可分为河口港、海港和河港。河口港位于河流入海口或受潮汐影响的河口段内，可兼为海船和河船服务。河口港的特点是，码头设施沿河岸布置，离海不远而又无须建防波堤，如岸线长度不够，可增设挖入式港池。海港位于海岸、海湾或潟湖内，也有离开海岸建在深水海面上的。位于开敞海面岸边或天然掩护不足的海湾内的港口，通常须修建相当规模的防波堤。河港位于天然河流或人工运河上的港口，包括湖泊港和水库港。湖泊港和水库港水面宽阔，有时风浪较大，因此同海港有许多相似处，如往往须修建防波堤等。

港口有水域和陆域两大部分。水域是供船舶航行、运转和停泊装卸之用，有防波堤、防潮砂堤、灯塔等建筑。陆域部分是指与水面相毗连、与港务工作直接有关的港区，要有码头、船坞、船台、仓库、道路、车间、办公楼等建筑。由于港口工程建筑物种类繁多，对于工程地质勘察来说，陆域中与水相连的工程如码头、护岸工程等和水域中的防波堤等皆称为港口水工建筑物，它的工程地质勘察有特殊要求。而离开水面影响的工程属非水工建筑物，它的工程地质勘察与一般的建筑工程勘察相同。

（一）港口工程地质问题

港口工程场地地质条件一般较复杂：地形上有一定坡度；地貌上往往跨越两个或两个以上的微地貌单元；地层较复杂，层位不稳定，常分布有高压缩性软土、混合土、层状构造（交错层）土和各种基岩及风化带。由于长期受水动力作用的影响，这些地段不良地质作用发育，多滑坡、岸边坍塌、冲淤、潜蚀和管涌等工程地质问题。

作用在港口水工建筑物及基础上的外力频繁、强烈且多变，影响很大。由水头差产生的水平推力，对水工建筑物的稳定性十分不利。水流（力）及所携带的泥砂，对水工建筑物及基础具有冲刷和掏蚀破坏作用。水的浮托力和渗透压力不仅会降低水工建筑物和地基的稳定性，而且可能引起物理、化学作用对水工建筑物及基础的侵蚀和腐蚀。波浪力、浮冰撞击力、船舶挤靠力、系缆力以及地震时引起的动水压力等，垂直或水平地作用在水工建筑物上，可引起水工建筑物的水平位移，垂直沉降。

表9-9、表9-10列出了港口码头和防波堤对地基的要求。

表 9-9　码头对地基的要求

类别		特点	对地基的要求
重力式码头		靠自重抵抗滑动和倾倒,地基受到的压力大,沉降大,对不均匀沉降敏感	稳定性、均匀性好的地基,如基岩、砂、卵石或硬黏土
板桩码头		板桩墙起着挡土的作用,主要荷载是土的侧压力	有沉桩可能,在桩尖处有强度较高的土层
高桩码头		垂直荷载和水平荷载都通过桩传递给地基	岸坡地基稳定性好,有沉桩可能,适用于软土较厚,且有较好的土作桩尖持力层
实体	斜坡码头	利用天然岸坡加以修整填筑而成	岸坡地基稳定性好,强度能满足要求即可
架空	斜坡码头	类似倾斜的桥,荷载通过墩台和桩(墩)传至地基	重力式墩台要求地基土强度较高、变形小桩(柱)式墩台要求桩尖处有较好的土作持力层
混合式码头		由不同结构类型组合而成	按采用的主要结构类型考虑

表 9-10　防波堤对地基的要求

类别		对地基的要求	适用情况
重力式防波堤		与重力式码头相同	
板桩式防波堤	双排板桩	荷载与重力式防波堤同,但自重较小	水深 6~8m
板桩式防波堤	格形钢板桩	荷载与重力式防波堤同,但自重较小	水深较大,波浪较强
斜坡式防波堤		对地基要求不高,如土质较好,一般可不设置基床;如土质较差,则须设置垫层	地基土较差,水深较浅,且盛产石料

(二)勘察的基本内容与要求

港口工程地质勘察阶段宜分为可行性研究阶段勘察、初步设计阶段勘察和施工图设计阶段勘察。场地较小且无特殊要求的工程可合并勘察阶段。当工程方案已经确定,且场地已有工程地质勘察资料时,可根据实际情况直接进行施工图设计阶段勘察。工程地质条件复杂或有特殊要求的工程宜进行施工期勘察。

港口工程地质勘察应根据工程设计要求、场地的工程地质条件与当地勘察经验,经济合理地综合应用工程地质调查和测绘、勘探、原位测试等多种技术方法。

可行性研究阶段勘察、初步设计阶段勘察和施工图设计阶段勘察的基本内容与要求如下:

1. 可行性研究阶段勘察

本阶段勘察应与可行性研究的阶段相适应。对于大中型工程、重点工程和技术复杂的过程，应分为预可行性研究阶段勘察和工程可行性研究阶段勘察两个阶段。对于小型工程和技术成熟的工程，可直接进行工程可行性研究勘察。

预可行性研究阶段勘察应对场地的稳定性和建筑的适用性进行初步评价，满足主体工程的方案设计需要。该阶段勘察方法应以收集、分析现有资料和现场踏勘为主。当已有资料不能满足要求时，应进行工程地质调查或测绘，必要时布置少量勘探测试工作。

工程可行性研究阶段勘察应对场地的稳定性和建筑的适宜性做出基本评价，满足主体工程的初步设计需要。该阶段勘察方法应在收集资料的基础上根据工程要求、拟布置的主体建筑物的位置和场地工程地质条件布置工程地质测绘和勘探测试工作。

工程可行性研究阶段勘察应包括下列内容：

第一，初步划分地貌单元；

第二，调查研究地质构造、地震活动和不良地质作用的成因、分布、发育等；

第三，调查研究岩土分布、成因、时代和主要岩土层的物理力学性质；

第四，调查地下水类型、含水层性质、地下水与地表水位的动态变化，分析对岸坡与边坡稳定的影响；

第五，分析评价场地稳定性和建筑的适宜性；

第六，根据需要对陆域形成、地基处理的适宜性进行岩土工程评价。

2. 初步设计阶段勘察

初步设计阶段勘察应初步查明建筑场地工程地质条件，提供地基基础初步设计所需要的岩土参数，对建筑地基做出岩土工程评价，满足确定总平面布置、建筑物结构和基础形式、施工方法和场地不良地质作用防治的需要。该阶段应采用工程地质调查、测绘、勘探和多种原位测试相结合的方法进行。勘察工作应充分利用场地已有资料，勘察过程中应根据掌握的地质条件变化情况，及时调整勘察方法和技术要求。

初步设计阶段勘察工作应根据工程建设的技术要求，并结合场地地质条件完成下列内容：

第一，划分地貌单元；

第二，初步查明岩土层性质、分布规律、形成时代、成因类型、基岩的风化程度及埋藏条件；

第三，查明与工程建设有关的地质构造，收集地震资料；

第四，查明不良地质作用的分布范围、发育程度和形成原因；

第五，初步查明地下水类型、含水层性质，调查水位变化幅度、补给与排泄条件；

第六,分析场地各区段工程地质条件,分析评价岸坡与边坡稳定性和地基稳定性,推荐适宜建设地段,提出基础形式、地基持力层、陆域形成和地基处理的建议;

第七,对抗震设防烈度大于等于6度的场地进行场地和地基的地震效应勘察。

3. 施工图设计阶段勘察

施工图设计阶段勘察应查明建筑场地工程地质条件,提供相应阶段地基基础设计、施工所需的岩土参数,对建筑地基做出岩土工程评价,并提出地基类型、基础形式、陆域形成、地基处理、基坑支护、工程降水和不良地质作用的防治等设计、施工中应注意的问题和建议。该阶段勘察工作应采取勘探、取样试验和原位测试相结合的方法。

施工图设计阶段勘察应包括下列内容:

第一,收集附有坐标和地形的建筑总平面图,场区的地面整平标高,建筑物类型、规模、荷载、结构特点、基础形式、埋置深度和地基容许变形等资料;

第二,查明影响场地的不良地质作用的类型、成因、分布范围、发展趋势和危害程度,提出整治方案的建议;

第三,查明各个建筑物影响范围内岩土分布及其物理力学性质;

第四,分析和评价地基的稳定性、均匀性和承载力;

第五,评价岩土疏浚的难易程度及土的特性;

第六,当须进行沉降计算时,提供地基变形计算参数;

第七,查明地下水的类型、埋藏条件,提供地下水位及其变化幅度;

第八,判定水和土对建筑材料的腐蚀性;

第九,在季节性冻土地区,提供场地的标准冻结深度。

4. 施工期勘察

下列情况应根据设计、施工的要求进行施工期勘察:

第一,地质条件复杂,须进一步查明施工图设计确定的天然和人工地基位置处的地质情况时;

第二,基槽和航道开挖、打桩等施工中,出现地质情况与原勘察资料不符时;

第三,施工中遇到障碍物时;

第四,须进行岩土工程检验与监测时;

第五,施工中出现其他工程地质勘察问题须进一步查明时。

施工期勘察应针对须解决的具体工程地质问题,结合现场条件,合理选择勘察方法,确定勘察工作量,提供相应的勘察资料,并做出分析、评价和建议。

第十章

地质环境监测技术

第一节　地下工程地下水环境动态监测技术

一、监测点网布设原则

第一，岩溶山区地下工程地下水环境监测范围与水文地质环境调查范围一致。

第二，监测工作应按水文地质单元布置。

第三，监测工作应充分考虑地下水的流向（垂直于水平流向）布置监测点。

第四，考虑监测结果的代表性和实际采样的可行性、方便性，尽可能选择能反映地下水现状的井泉点、暗河等布设监测点，结合适量的水文地质勘探钻孔。

水文地质勘探钻孔主要沿地下工程轴线设置，宜布置在以下部位：

一是地堑、地垒等断块式构造的断裂影响带；二是断层或裂隙密集带；三是可溶岩与非可溶岩接触带；四是溶蚀洼地、串珠状漏斗发育处；五是潜在的岩溶地下水分水岭地带及其两侧。

第五，监测点网布设能反映地下水补给源和地下水与地表水的水力联系，对与岩溶地下水有水力联系的地表水体也应进行监测。

第六，监测点网不要轻易变动，尽量保持地下水监测工作的连续性。

在实时监测和跟踪监测阶段，还应根据涌水情况，补充主要的涌水点作为监测点，地下工程进出口端的总排水口也应进行监测。

二、监测指标

根据地下施工对岩溶地下水可能带来的潜在环境影响，在背景监测阶段应对水量（井、泉、暗河），水位（水文地质勘探钻孔、地表水体），水化学简分析，同位素^{2}H、^{3}H、^{18}O，水质等进行监测。

三、监测时段与频率

鉴于岩溶地下水的敏感性，监测时段宜从地下工程施工前（至少一个水文年）一直延续至建成后，地下水动态稳定之后至少一个水文年，气候异常时应延长监测时间。

在背景监测阶段，应分别对一个连续水文年的枯、平、丰水期的地下水的各项指标各监测一次，若在现阶段已经存在较明显的环境水文地质问题，则应增加监测频率与时间。在实时监测阶段和跟踪监测阶段，监测频率提高，不同监测指标的频率有所不同，详见表 10-1 和表 10-2。

表 10-1　岩溶隧道地下水环境实时监测频率

监测对象	监测指标				
	水量（水位）	水质（Ⅲ建设项目）	水化学	同位素	降水量/蒸发量
地表井、泉、暗河	1 次/（1～天）	≥1 次/月	1 次/（1～2 月）	1 次/（2～3 月）	——
隧道内涌水点	≥3 次/天，变化较大时加密	——	突发涌水 1 次；长期涌水 1 次/（1～2 月）	突发涌水 1 次；长期涌水 1 次/（2～3 月）	——
隧道口排水	≥1 次/天，变化较大加密	≥1 次/月			
地表水体	1 次/（3～5 天）	≥1 次/月	——	——	——
地下水探孔	1 次/（1～3 天）	——	——	——	——
气象	——	——	——	——	1 次/天

表 10-2　岩溶隧道地下水环境跟踪监测频率

监测对象	监测指标				
	水量（水位）	水质（HI 建设项目）	水化学	同位素	降水量/蒸发量
地表井、泉、暗河	1 次/15 天	1 次/月	枯、平、丰水期各 1 次	枯、平、丰水期各 1 次	
隧道口排水	≥1 次/天，变化较大加密	1 次/月			
地表水体	1 次/15 天	1 次/2 月	——	——	——
地下水探孔	1 次/5 天	——	——	——	——
气象	——	——	——	——	1 次/天

第二节　岩溶塌陷监测技术

一、监测方法

（一）岩溶管道系统水（气）压力监测技术

研究与实验表明，当水（气）压力变化或作用于第四系底部土层的水力坡度达到该层土体的临界值时，第四系土层就会发生破坏，进而产生地面塌陷。

岩溶管道系统水（气）压力监测技术采用岩溶管道裂隙系统中水（气）压力变化速度（v）和作用于第四系底部土层的水力坡度（I）为塌陷指标，监测系统主要由埋藏于观测井中的压力传感器和与其连接的数据自动采集系统组成。通过监测范围内土体成分和结构的调查，并进行原状土样渗透变形试验或室内模型试验，确定土体发生塌陷的临界条件 v_0 和 I_0。通过两种判别指标可以预测岩溶塌陷、沉降的发生。岩溶水压力波动速率 v 与 v_0 的比较：当 $v \geqslant v_0$ 时，基岩面附近的土层可能发生渗透破坏，有产生塌陷、沉降的可能。

由岩溶水压力、土层水压力以及两个传感器距离计算出来的水力坡度（I）与临界坡度（I_0）的比较：当 $I \geqslant I_0$ 时，基岩面附近的土层将可能发生渗透破坏，有产生塌陷的可能。

（二）光导纤维监测技术

光导纤维监测技术也称为布里渊散射光时域反射监测技术，是一种不同于传统监测方法的全新应变监测技术。其原理是当单频光在光纤内传输时会发生布里渊背向散射光，而布里渊背向散射光与应变和温度成正比，在温差小于5℃时，可以将温度影响忽略不计，此时光纤中的应变量可按式（10-1）计算：

$$\varepsilon = \Delta V_B / [V_B(o) \times C] \tag{10-1}$$

式中：V_B ——某应变下的布里渊频移；$V_B(o)$ ——无应变下的布里渊频移；C ——应变比例常数，ε 为应变量。

岩溶管道系统水（气）压力监测技术主要用于监测隧道沿线两侧范围内潜在的岩溶塌陷、沉降发生区，而光导纤维监测技术则主要用于监测隧道上方地表的塌陷、沉降。岩溶山区隧道工程地表岩溶塌陷、沉降的监测应结合两种监测技术，以提高监测预报的可靠性。

（三）地质雷达监测技术

地质雷达又叫探地雷达，我国在20世纪90年代引进这一技术，广泛应用于公路、铁路沿线及地质灾害易发地区的监测工作。其原理是通过发射端向地面发射高频电磁波,电磁波通过不同地面介质的反射波的形状是不同的;在接收端接收这些不同形状的反射波,反映到雷达图上,就可以分析地下的情况。当有土层扰动或溶洞(土洞)时,解析的雷达图上可以发现与周围介质的图像有明显的差异。地质雷达可以监测土层扰动或溶洞的发育变化过程。

经过多年的实际应用推广,地质雷达在岩溶塌陷监测中的应用已十分广泛。其优点主要有:一是技术成熟,应用范围广;二是能定期监测溶洞的变化;三是对线性工程监测效果最好,如公路、铁路等;四是操作布设相对简单。而不足之处主要有:一是受场地周边电磁波干扰大,影响探测效果;二是不能直接读取数据,需要专业人士分析数据,而且会出现多解性的情况;三是探测深度有限。

二、监测点布置

监测点布设应以突发岩溶塌陷的安全监测为主,兼顾抢险设计、施工和科研的需要。

岩溶管道系统水(气)压力监测点应布置于地下工程地下水疏干影响范围内、地下岩溶管道发育、地表为第四系土层覆盖的区域。在上述区域内,监测点着重布置于如下部位:一是已查明的岩溶管道上方;二是断层破碎带;三是地下水强径流带;四是背斜轴部与倾伏端;五是向斜核部与扬起端。岩溶塌陷动力监测应充分利用现有水井、泉点、钻孔、基坑等开展监测工作,必要时,应通过钻探快速成孔,且雨量监测点不少于一个。

光导纤维监测仅须沿地下工程轴线将光纤埋设于第四系地层中,光纤连接上数据接收器即可对地下工程上方潜在的岩溶塌陷、沉降进行监测。

三、监测时间与频率

岩溶塌陷、沉降的监测工作应从施工前至少一个水文年开始,直至周边地下水动态连续两个水文年变化相对稳定后方可结束。隧道施工前的监测主要是为了查明施工期状态下岩溶塌陷、沉降发生的敏感区,并提前采取防治措施,以免施工开始后产生严重灾害。

岩溶管道系统水(气)压力监测技术和光导纤维监测技术均可采用数据自动采集技术,可实现实时监测,控制监测频率十分方便。一般监测的频率为1h一次,如遇到隧道揭露集中排水点、隧道涌水量突增、暴雨、干旱等情况,可将监测频率提高至10s一次。

第三节 爆破振动监测

在运用爆破方法进行地下工程开挖建设中,若周边有危岩以及重要建(构)筑物时,要进行爆破振动监测。

监测中应以振速峰值来衡量爆破地振动强度,并要求爆破振动强度应小于危岩、滑坡、建(构)筑物允许振动强度安全指标,若超过安全指标,应根据监测结果及时调整爆破参数和施工方法,制定防振措施,指导爆破安全作业,减少或避免爆破振动的危害。

在选择仪器时,应尽量选择装配有能够同时监测多个爆破振动参数的数据采集系统,如能同时监测测点振速、加速度以及振动频率等振动参数。

爆破振动监测分为洞内新开挖硐室围岩稳定性监测、既有两室结构振动监测、洞外危岩及建(构)筑物监测三部分。

在新开挖隧道的迎爆面边墙沿横向布置三个测点,其他测点根据工程实际需要及业主要求进行布置;在既有硐室结构的关键部位布置测点;对于危岩,可以设置在主控结构面附近,建(构)筑物布置在代表性裂缝附近,在监测振动数据的同时用简易量测方法或仪器定期自动连续测量。

第四节 围岩变形及应力监测

第一,地下工程围岩变形监测内容是施工监控量测的重要项目,位移收敛值是最基本的量测数据,通过对围岩变形及其速度进行测量,以掌握围岩内部变形随时间变化的规律,从而判断围岩的稳定性,为确定二次支护的时间提供依据,以保证结构总变形量在规范允许值之内,更好地用于指导施工。

第二,围岩变形监测分为周边水平净空收敛量和拱顶的竖向沉降量,水平净空收敛测量主要采用收敛计,拱顶下沉采用普通水准测量。

第三,监测断面纵向间距取10~40m,每断面布置2个或3个测点,通常在围岩所处地质条件较差(围岩级别大于Ⅳ)或在穿越特殊构造带的地方应缩小断面间距,从密布点。

第四,围岩表面位移观测点的埋设采用钢筋混凝土钻孔浇筑而成,埋没深度不小于0.2m。测点在观测断面距离开挖面2.0m的范围内埋设,并在当次爆破后及下次爆破前的24h内测读初始读数。

第五,初测收敛断面应尽可能靠近开挖面,距离宜为1.0m,收敛测桩应牢固地埋设在围岩表面,其深度不宜大于20cm;收敛测桩在安装埋设后应注意保护,避免因测桩损坏而影响观测数据的准确性。

第六,为了减少观测时的人为误差,观测时应尽可能由固定人员和观测设备操作,并测读三次取其平均值,以保证观测精度。

第七,在隧道洞口段施工,或地质条件变差、量测值出现异常情况时,量测频率应加大;必要时1h或更短时间量测一次;对于地质条件好且位移收敛稳定的隧道,可加大断面间距;对于围岩较差,位移收敛长期不稳定时,应缩小量测断面的间距。净空变化位移监测的频率可参照表10-3所示的位移变化速度及距开挖面的距离来确定。

表10-3　净空位移监测频率

位移速度/(mm/d)	距工作面距离(B)/m	监测频率
>10	0~1	1~2次/d
5~10	1~2	1次/d
1~5	2~5	1次/2d
<1	5以上	1次/7d

说明:B为隧道开挖宽度;当水平收敛位移速度为0.1~0.2mm/d时,可以认为围岩基本稳定,此时可以停止监测。

第八,拱顶下沉量测也属于位移量测,通过测量观测点与基准点的相对高差变化量得出拱顶下沉量和下沉速度,其量测数据是判断支护效果、指导施工工序、保证施工质量和安全的最基本资料;拱顶下沉监测值主要用于确认围岩的稳定性,事先预报拱顶崩塌。

第九,拱顶下沉监测可采用精密水准仪、铟钢尺及钢挂尺测量观察点与基准点之间的高差。拱顶下沉测点的布置应与周边位移收敛一致,位于同一断面上,拱顶下沉监测频率如表10-4所示。

表10-4　拱顶下沉监测频率

测试断面布置	间测间隔时间			
	1~15天	16天~1月	1~3个月	>3个月
每10~40m一个断面,每个断面三个测点	1~2次/天	1次/天	1~2次/周	1~3次/月

第十,围岩应力监测可采用压电型钻孔应力传感器进行监测(图10-1),具体施工方式如下:

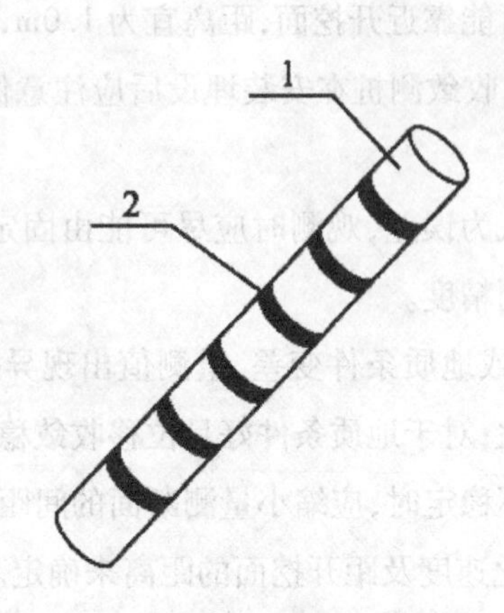

图 10-1　压电型钻孔应力传感器

1. 金属筒；2. 应变片

一是在设计监测点位置进行钻孔，要求钻孔孔径略大于钻孔应力传感器的金属筒外径，深度与传感器长度相匹配。

二是对钻孔进行清孔，将已贴好应变片的应力传感器送入钻孔中，外露端与围岩临空面齐平。

三是在金属筒内浇筑素混凝土，混凝土标号通常为 C15～C25，利用小型机械进行振捣，使其形成密实的混凝土填心。

四是待混凝土填心完全凝固后，将钻孔应力传感器与数据采集设备连接即可实施围岩不同深度处的应力监测。

第五节　地下工程地质环境监测新技术

一、针入式土体分层沉降测量装置

（一）技术背景

有关土体分层沉降测量的仪器装置主要有分层标和基岩标，以及部分现有的专利仪器，根据电磁感应原理制作的磁环式分层沉降仪在岩土工程中被普遍使用。其中，基岩标和分层标联合全球卫星定位系统测量适用于大面积区域长时间监测，自动化及智能化程度高，但价格昂贵、精度偏低；磁环式沉降仪设备简单、操作方便，但在实施过程中通过人工下放磁探头，人为误差较大，若磁环间距较小，土体里磁性矿物质含量较高时会对探头磁感应产生影响,再加上钢尺精度为±1mm,整体情况误差较大,精度偏低。

该土体分层沉降测量装置能弥补现有分层沉降测量设备精度偏低、价格昂贵、可靠度不足的缺点,并且操作简便,短期测量且可回收重复利用,适用于隧道工程、基础工程及地质环境保护中土体沉降的监测。

二、装置介绍

第一,该针入式土体分层沉降测量装置,主要由防护罩 101 及竖向开缝套管 112、顶盘及底座 111、测针 109、中空齿轮转轴 107、测线 110、阻挡钢丝 108 及读数装置 103 共六部分组成。

第二,防护罩 101 固定在孔外土体中,对露出地表的部分进行防护,如图 10-2 所示。

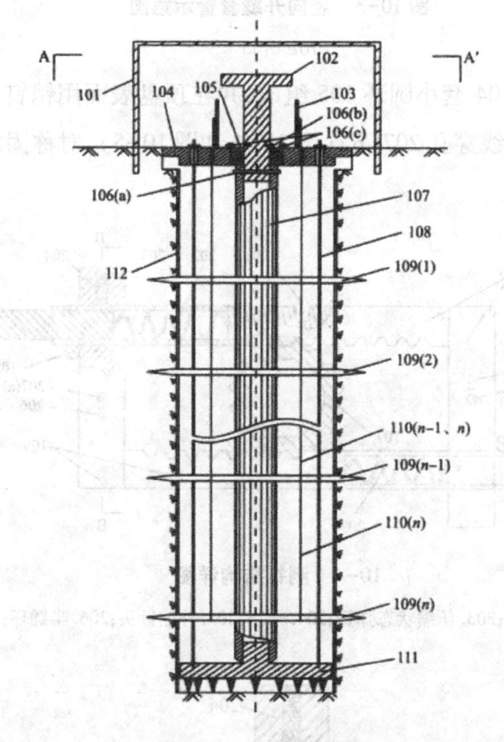

图 10-2　装置大样图

101. 防护罩;102. 圆盘转轴;103. 读数装置;104. 大圆环;105. 小圆环;106. 销钉(a)、(b)、(c);107. 中空齿轮转轴;108. 阻挡钢丝;109. 测针;110. 测线;111. 底座;112. 竖向开缝套管

第三,竖向开缝套管 112 中线两边对称局部开缝,缝宽大于测针 109 两伸缩针头 205 间距,一端沿缝中线设有开口 701,如图 10-3 所示。

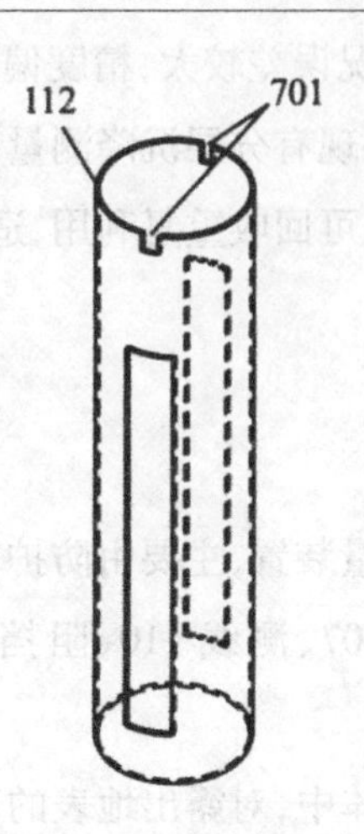

图 10-3　竖向开缝套管示意图

701. 开口

第四，顶盘由大圆环 104 套小圆环 105 组成，并在顶盘表面用销钉 106（c）将其固定；大圆环上设有两个对称的测线穿孔 207（b）（图 10-4 和图 10-5），对称固定有两个突出端 403，如图 10-6 所示。

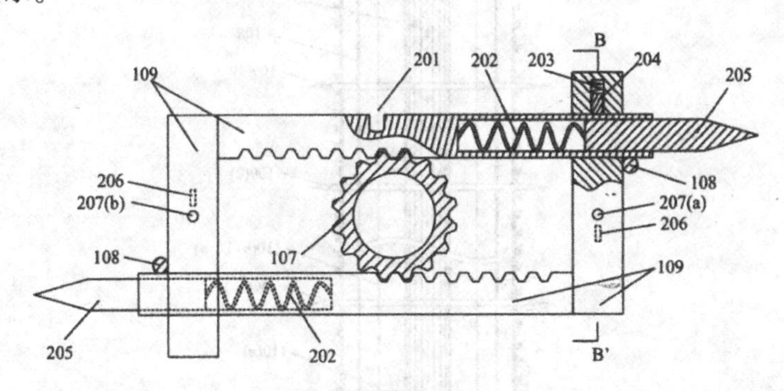

10-4　测针结构详图

201. 卡槽；202. 自然状态弹簧；203. 压缩状态弹簧；204. 卡块；205. 伸缩针头；206. 半圆环；207. 测线穿孔（a）、（b）

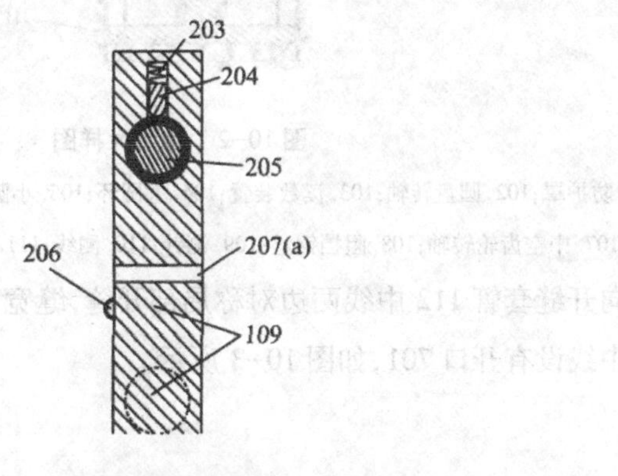

10-5　B-B′剖面图

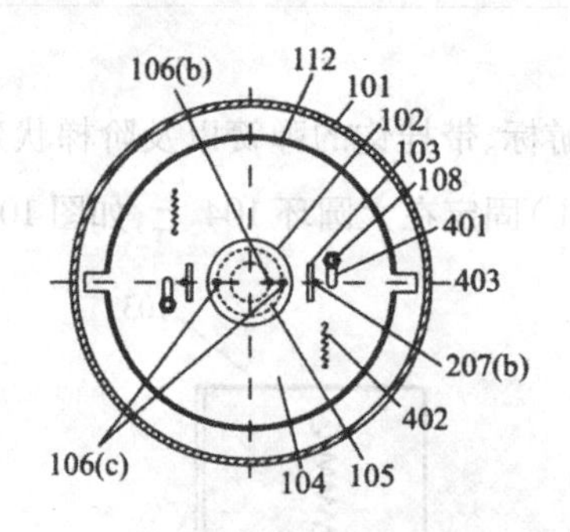

图 10-6　A-A´剖面图

401. 条形穿孔;402. 弹簧挂钩;403. 突出端

第五,圆盘转轴 102 穿过小圆环 105 中心,插入中空齿轮转轴 107,中部设有对称的销钉孔,用销钉 106(b)与小圆环 105 固定,下部设有贯通销钉孔,用销钉 106(a)固定中空齿轮转轴 107,如图 10-7 所示。

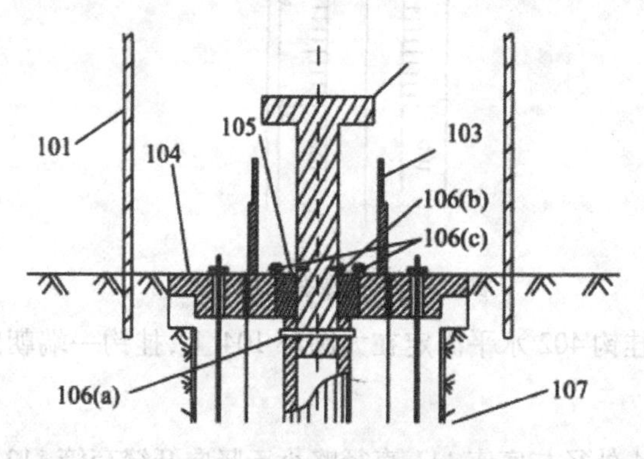

图 10-7　孔口结构放大图

第六,底座 111 下盘固定有锥形短针,上盘固定有与中空齿轮转轴内径相同的短圆柱,盘上设有两螺纹孔,见图 10-2。

第七,测针 109 主要由两根 L 形的单针组成,其中一根单针上设有圆柱形卡槽 201(使用前用橡胶填塞),另一根端部设有压缩状态弹簧 203、圆柱形卡块 204,卡块与压缩状态弹簧 203 连接处为平面,另一端为球面;每根单针上均设有测线穿孔 207(a)、半圆环 206,端部为中空,中空部分连接有自然状态弹簧 202,伸缩针头 205,见图 10-4 和图 10-5。

第八,中空齿轮转轴 107 一端为横向切平面与小圆环 105 搭接,切平面下部对称设有插销孔,另一端为靴状切面与底座 111 搭接,见图 10-2。

第九,测线 110 为高强度低松弛细线一端与半圆环 206 绑接,并穿过测线穿孔 207(a)、207(b),另一端套上圆环并做好编号,从上到下为 0,1,2,…,$n-1$,n,每根测针 109 上连接两根测线 110。

第十,阻挡钢丝 108 一端通过螺纹孔跟底座 111 连接,另一端穿过条形穿孔 401 用螺母与大圆环104连接。

第十一，读数装置103由游标、带挂钩的弹簧以及阶梯状刻度板组成，游标固定在挂钩上，刻度板紧挨测线穿孔207(b)固定在大圆环104上，如图10-8所示。

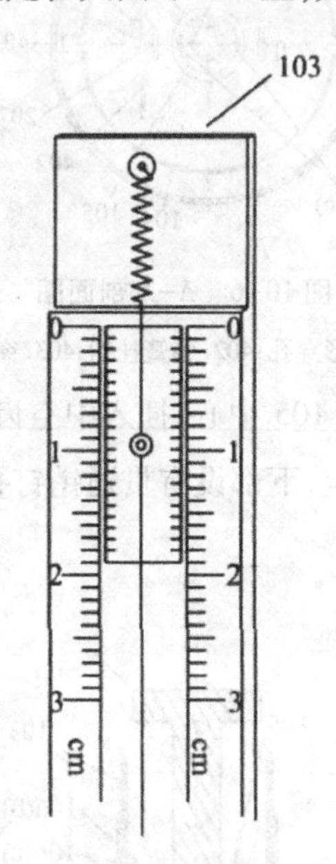

图10-8　读数装置示意图

第十二，临时弹簧挂钩402水平固定在大圆环104上，挂钩一端朝向测线穿孔207(b)，见图10-6。

第十三，大圆环104外径与底座111直径略小于竖向开缝套管112内径。

第十四，小圆环105外径略大于中空齿轮转轴107外轮廓直径。

第十五，测线110一端套上的圆环直径略大于测线穿孔207(b)直径。

三、工作原理

实施例一：短期可回收测量。

第一，该针入式土体分层沉降测量装置，主要是利用中空齿轮转轴将测针插入或是紧挨着土体，跟随土体一同沉降，通过固定在测针上的测线将沉降量传递到孔口，再通过读数装置测量出土体的分层沉降值。

第二，用取心钻机钻取与测量装置量程规格相同的钻孔，分析并记录每层土体厚度，清理孔底残渣。

第三，将竖向开缝套管开口一端朝上，及时缓慢下放套管，防止孔壁发生坍塌，并分别在套管开口处开挖一土槽用以固定顶盘突出端。

第四,根据土体分层厚度情况,确定所需要的测针数以及连接每根测针的测线长度,制备好备用。

第五,每根测针使用前已按图 10-4 所示装配完好,卡槽用橡胶填塞。

第六,在孔外将中空齿轮转轴水平横放,按图 10-4 所示从相同的希轮位置处将所需测针穿到中空齿轮转轴上。

第七,将顶盘套在圆盘转轴上,并用销钉(b)固定,再将圆盘转轴插入中空齿轮转轴,对准销钉孔,插入销钉(a)固定。

第八,在中空齿轮转轴靴状端口套上底座,用阻挡钢丝将顶盘和底座连接,一端用螺纹孔固定,将阻挡钢丝移到条形穿孔偏离中线一侧用螺母固定,见图 10-4。

第九,将备好的测线一端绑接在半圆环上,然后穿过测线穿孔引到顶盘外,再套上已做好编号的圆环,并挂在临时弹簧挂钩上,每根测针连接两根测线。

第十,待所有孔外工作准备完毕后,将装置缓慢送入孔内,当顶盘接近孔口时,逆时针缓慢旋转装置,将顶盘突出端对准土槽,然后继续下放至孔底。

第十一,取下销钉(b),顺时针转动圆盘转轴,带动测针向两端伸出,当转动半周时,再插上销钉(b)将圆盘转轴和小圆环固定,此时卡槽刚好移动到卡块处,伸缩针头均已同步插入或是紧挨着土体。

第十二,分别取下挂在临时弹簧挂钩上的圆环,然后挂在读数装置上,记下初始读数 $S_{0左}, S_{1左}, S_{2左}, \cdots, S_{n-1左}, S_{n左}, S_{o右}, S_{1右}, S_{2右}, \cdots, S_{n-1右}, S_{n右}$,取下圆环放在测线穿孔(b)旁,让测线处于自然状态,由于圆环直径大于测线穿孔(b)的直径,圆环不会掉进孔里。

第十三,经过一段时间后再将圆环挂到读数装置上,记下读数: $s_{0左}^{'}, s_{1左}^{'}, s_{2左}^{'}, \cdots, s_{n-1左}^{'}, s_{0右}^{'}, s_{1右}^{'}, s_{2右}^{'}, \cdots, s_{n-1右}^{'}, s_{n右}^{'}$,则第 n 层的沉降值 Δs_n:

$$\Delta s_{n左} = (s_{n左}^{'} - s_{n-1左}^{'}) - (s_{n左} - S_{n-1左}) \quad (10-2)$$

$$\Delta s_{n右} = (s_{n右}^{'} - s_{n-1右}^{'}) - (s_{n右} - S_{n-1右}) \quad (10-3)$$

$$\Delta s_n = (\Delta s_{n左} + \Delta s_{n右}) /2 \quad (10-4)$$

第十四,读完数之后取下销钉(b),逆时针旋转圆盘转轴,带动测针向中间收缩,旋转半周后再插上销钉(b),从孔中抽出装置,以备下次再用。

实施例二:长期一次性测量。

第一,前序步骤在实施例一中第九和第十之间附加上:取下填塞在卡槽里的橡胶;其余第一至第十一均相同。

第二,取出销钉(c),将圆盘转轴、小圆环和中空齿轮转轴一同缓慢抽出钻孔,由于此时卡块在弹力作用下已部分深入卡槽中,测针不能自动回缩。

第三,将阻挡钢螺母端移到条形穿孔靠近中线一侧,让阻挡钢丝偏离测针,并用橡胶填塞条形穿孔。

第四,后续步骤和实施例一中第十二和第十三相同。

二、一种塌陷监测新方法

(一)背景技术

由于岩溶土洞均处在地面以下,且埋深各异,极具隐蔽性,给实时监测带来了极大的困难。目前,相关的监测方法主要有地质雷达、TDR(BOTDR)技术以及水(气)压力监测,但是前两者费用太高,后一种对监测结果不易得出较为准确的结论,并且三种方法操作便捷性低。

本节介绍的地面塌陷监测方法,能够弥补上述监测方法费用高、操作复杂的缺点,同时准确性高、设备简单,可进行实时连续自动化监测,还可以回收监测设备重复利用,适用于对各种岩溶土洞的监测。

(二)监测方法介绍

第一,该岩溶土洞塌陷监测方法,主要由模数转换及报警系统 31、信号传输电缆 05、磁环 32、开关型霍尔元件 33 以及托盘 34 五部分组成,如图 10-9 所示。

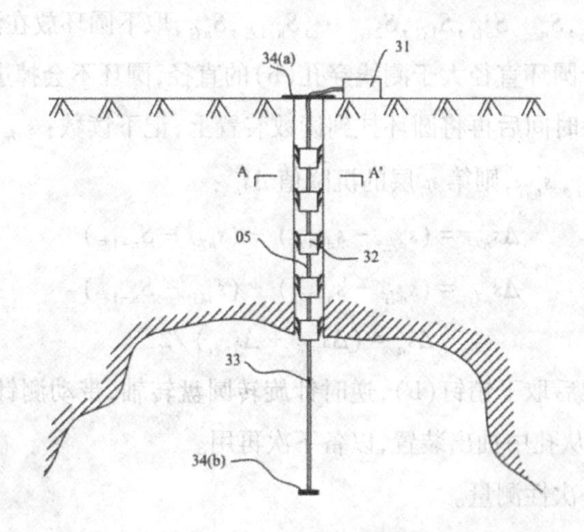

图 10-9　监测示意图

31. 模数转换及报警系统;32. 磁环;33. 开关型霍尔元件;34. 托盘,(a)为中部开孔托盘,(b)为圆饼托盘

第二,磁环 32 由开口圆筒 01、卡片 02、圆筒铁皮 03 和磁钢 04 组成(图 10-10)。

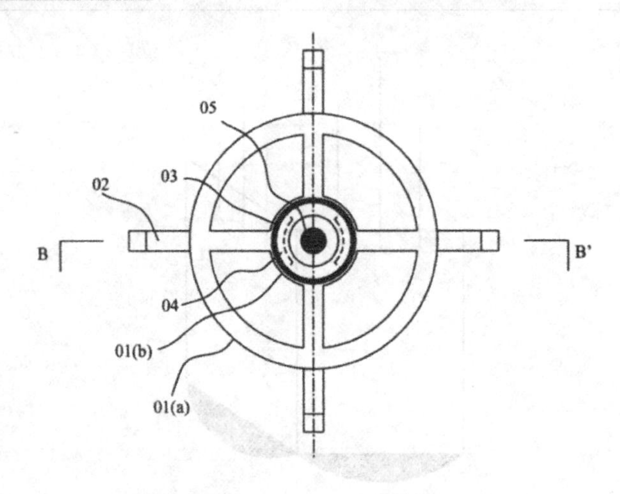

图 10-10　A-A′剖面图

01. 开口圆筒,(a)外筒,(b)内筒;02. 卡片;03. 圆筒铁皮;04. 磁钢;05. 信号传输电缆

第三,开口圆筒 01 由外筒 01(a)和内筒 01(b)通过十字形横梁连接,内筒 01(b)直径和高度比外筒 01(a)小,外筒 01(a)的高度宜取 10～15cm(图 10-11)。

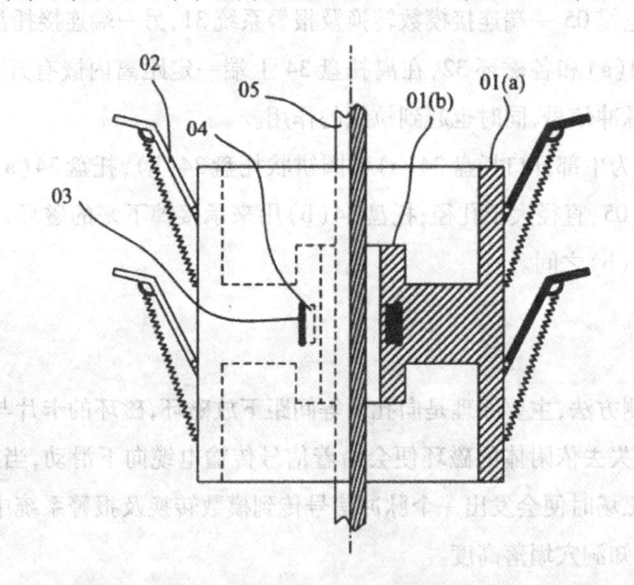

图 10-11　B-B′剖面图

第四,卡片 02 连接在外筒 0l(a)±并且可以绕连接点在竖直平面内 180°旋转,另一端连接有弹簧,每个磁环 32 的四个正方向上分别设置有两个卡片 02。

第五,圆筒铁皮 03 镶嵌在内筒 01(b)中,用来屏蔽磁钢的磁场。

第六,磁钢 04 为弧形体,镶嵌在内筒 01(b)中,对称分布有两个,内侧紧贴圆筒铁皮 03。

第七,中开关型霍尔元件 33 总共有两个,为提高监测灵敏度,将两个霍尔元件垂直安装在信号传输电缆 05 中,如图 10-12 所示。

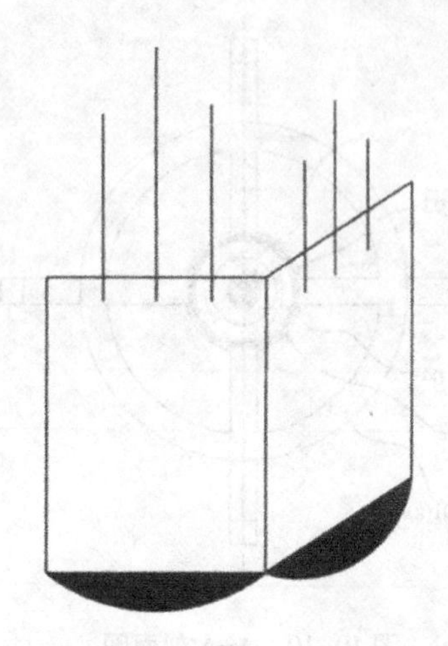

图 10-12　霍尔元件安装示意图

第八，模数转换及报警系统 31 用来处理开关型霍尔元件 33 传出的脉冲信号，并记录脉冲数显示在 LED 屏上，同时每监测到一次脉冲便发出警报。

第九，信号传输电缆 05 一端连接模数转换及报警系统 31，另一端连接托盘 34(b)，从上到下依次穿过托盘 34(a)和各磁环 32，在离托盘 34 上端一定距离内嵌有开关型霍尔元件 33；其主要用来传输脉冲信号，同时也起到拉线的作用。

第十，托盘 34 分为中部开口托盘 34(a)和圆饼状托盘 34(b)，托盘 34(a)置于孔口，用以固定信号传输电缆 05，直径大于孔径；托盘 34(b)用来承接掉下来的磁环，直径介于磁环内筒 01(a)和外筒 01(b)之间。

三、实施原理

第一，该塌陷监测方法，主要原理是向孔内等间距下放磁环，磁环的卡片与岩土体紧贴，当岩土体发生塌落时失去依附体的磁环便会沿着信号传输电缆向下滑动，当滑到霍尔元件处，霍尔元件感应到磁场时便会发出一个脉冲信号传到模数转换及报警系统中进行存储，通过统计脉冲数便可得知洞穴塌落高度。

第二，首先打设一个与装置规格相匹配的钻孔，钻孔必须打到洞穴顶部，将洞穴与外界大气连通，记录钻孔深度即洞穴埋深。

第三，在信号传输电缆内嵌霍尔元件的一端连接上圆饼状托盘 34(b)，并将圆盘和电缆线下放到孔底，务必保证霍尔元件到地面的距离超出钻孔深度 H=50～100cm(图 10-9)。

第四，按等间距 s(30～50cm)布置磁环，并计算出所需的磁环数 $n=H/s$，然后将各个磁环下放到孔内规定位置，在磁环上弹簧的拉力作用下，卡片会紧贴孔壁。

第五，待各磁环下放完毕后，在孔口处安装上中部开口托盘 34(a)用来固定电缆线，随后将电缆线接入模数转换及警报系统,接通电源并调试仪器后便可开始进行实时监测。

第六,若遇到洞穴穹顶部分发生塌落时,和孔壁紧密接触的磁环会随岩土体一起塌落,但由于磁环串在电缆上,所有塌落的磁环会沿着电缆向下滑动。当某个磁环滑落到安装有开关型霍尔元件处时,霍尔元件会感应到相关磁场,产生一个脉冲电压,该脉冲电压经过电缆传输到地面的模数转换及报警系统中进行存储,并引起系统的报警响应。

第七,如果一次性塌落高度比较大,将带动多个磁环发生滑动,此时系统将会接收到多个脉冲信号,并累积存储。由于串联在电缆线上相邻磁环内磁钢之间的垂直距离最小为一个外筒01(a)的高度,再加上磁钢外的一层圆筒铁皮的磁场屏蔽作用,当有多个磁环一起滑下时,霍尔元件也能产生多个与之相应的脉冲信号。

第八,当发生塌落后,卡片失去支撑并在弹簧的拉力作用下向外筒01(a)壁收回,同时磁环沿电缆线滑过霍尔元件处后,便会停留在圆饼托盘处。

第九,过一段时间后,便可以方便地从系统的LED屏上读出产生的脉冲信号数m,进而得出此监测时间段内,洞穴穹顶发生的塌落高度 $h = (m - 1)s$ 。

第十,如须回收利用,可以将所有未发生滑动的磁环下放到孔底,并沿电缆线滑动到圆饼托盘处,然后拉动电缆线将所有磁环提出孔外以备下一次监测使用。

第十一章 资源与环境

第一节 水资源与环境

水是我们需求的最基本的资源,充足、安全、可持续的水供给是人类最重要的环境目标。

地球上的水文循环,也称水循环,意指地球上的水从一个储存空间转移到另一个储存空间,比如从河流到海洋、从湖泊到大气层等。最简单的水循环模式,可以描述为水从海洋蒸发到大气层,然后降水落到海洋,形成地表或地下径流,再通过蒸发回到大气层。水循环包括了蒸发(蒸腾)、降水、迁移、径流等主要过程,可以用数字来量化这些过程。从海洋经大气层进入陆地的年均水量,与从陆地通过河流和地下水流进入海洋的水量是平衡的;同样,在蒸发与降水之间,也存在总量上的平衡关系。不同的是,从陆地进入海洋的水,会携带大量的泥沙颗粒和一些化合物。在这些化合物中,不乏人类活动产生的物质,比如农业、工业和城市化产生的有机废物和营养物。

地球上水的存在形式包括液态、固态和气态,因此水也是一种多形态的资源。在不同空间,水的滞留时间不同,可以从几天到几千年,甚至更长。地球上99%的水是人类不能利用或不适合人类利用的,不仅因为水的盐度限制,而且还因为水存在的形式和空间限制。因此可以说,地球上所有的人都依赖于不到1%的可利用水。

水是现代文明的基本组成部分。随着社会人口的急剧膨胀以及社会经济的快速发展,人类对水资源的需求量越来越大,由此引发的资源供需矛盾也越来越突出。然而,水的问题还远不只是存在供需矛盾,水资源开发利用过程还常常导致区域性水资源枯竭、海水入侵、地面变形、水质恶化等环境地质问题;人类构筑水坝、建筑异地调水工程也会引起上下游或周围水陆生态环境的改变。

一、水资源状况

（一）水资源概念

水是人类生存和人类文明的命脉。人类生活及社会生产活动从来就离不开水，但是人们并没有较早地认识到水是一种资源。

地球上的水是在一定条件下循环再生的，过去人们普遍以为水是“取之不尽、用之不竭”的。然而，随着社会的发展，人类社会对水的需求量越来越大，加上环境污染、生态平衡破坏，人们开始感到可用水的匮乏；另外，人们在长期的社会实践中逐渐认识到地球上水所特有的循环再生、运动变化规律，并认识到水是有限的。随后，人们才逐渐把水量、水质、水平衡等问题同人类的生存与发展联系在一起，并开始将水当作资源看待。

什么是水资源？其提法大致有以下三种：

一是广义的提法，包括地球上的一切水体及水的其他存在形式，如海洋、河川、地下水、土壤水、冰川、大气水等。

二是狭义的提法，指陆地上可以逐年得到恢复、更新的淡水。

三是工程上的提法，指上述可以恢复、更新的淡水中，在一定的技术经济条件下可以为人们利用的那一部分水。

以上各种提法是人们从不同角度对水资源含义的理解。通常，涉及给水排水工程及节水问题的水资源含义，接近于上述第三种提法。

对于一定面积的流域，其水资源总量是指当地降水形成的地表和地下产水量，即地表产流量与降水入渗补给地下水量之和。通常，采用下式计算水资源分区的水资源总量：

$$W = R_s + P_r = R + P_r - R_g \qquad (11-1)$$

式中：W 为水资源总量；R_s 为地表产流量（不包括河川基流）；P_r 为降水入渗补给量（山丘区用地下水排泄总量代替）；R 为河川径流量；R_g 为河川基流量（平原区只计降水入渗补给量形成的河道排泄量）。

（二）全球水资源状况

地球的表面积约 5.1 亿 km^2，被水覆盖的面积约为 3.6 亿 km^2，占地球表面积的 71%。地球上的水以多种形式存在，有海洋水、地下水、湖泊水、河水、沼泽水、大气水、冰川、永久雪盖、土壤水等。

全球水资源总量为 $1.386\times10^{18}m^3$，其中海洋水、咸水、湖水与深层高矿化度水约占 98%，淡水仅占 2%。由于绝大部分的淡水以冰川的形态存在，可供人类利用的淡水又不到其总量的1%，有人比喻说，在地球这个大水缸里可以供人类利用的水只有一汤匙。

通过全球水文循环，每年在全球陆地上形成的可更新淡水量通常以河川年径流量为代表，为$4.7\times10^{13}m^3/a$。由于全球各大洲自然条件不同，降水和径流量差异较大(表11-1)。

表11-1　世界各大洲年降水及年径流分布

大洲	陆地面积	年降水		年径流		径流系数
	/($\times10^4km^2$)	mm	$\times10^{12}m^3$	mm	$\times10^{12}m^3$	
亚洲	4347.5	741	32.2	332	14.41	0.45
非洲	3012.0	740	22.3	151	4.57	0.25
北美洲	2420.0	756	18.3	339	8.20	0.45
南美洲	1780.0	1596	28.4	661	11.76	0.41
南极洲	1398.0	165	2.31	165	2.31	1.00
欧洲	1010.0	790	8.29	306	3.21	0.39
澳大利亚	761.5	456	3.47	39	0.30	0.09
大洋洲其他国家	133.5	2704	3.61	1566	2.09	0.58
全球陆地	14 902.5	798	118.88	314	46.85	0.39

(三)我国水资源状况

我国水资源总量不少，河川年径流量为$2.7\times10^{12}\sim2.8\times10^{12}m^3$，低于加拿大、巴西、印尼、俄罗斯和美国，处于世界第六位，但人均占有水量仅$2180m^3/a$，仅列世界第110位，为世界人均占有水量的1/4。由于我国可利用水资源量占天然水资源量的比重小，水污染普遍较严重，水的浪费现象也十分严重，导致了我国可利用水资源日益短缺，已被联合国列为13个水资源贫乏的国家之一。

根据我国各地水资源总量及人均占有量的排序，我国31个省、自治区和直辖市中有一半以上人均占有水量低于全国平均量。国际上认为水资源紧张限度为人均年水资源量低于$1000m^3$。目前，我国辽宁、山西、江苏、河南、山东、河北、北京、上海、宁夏、天津等省(自治区、直辖市)都已达到了此限值，这些地区地处沿海或中原，大部分分属辽河、海滦河、黄河流域，人口众多，社会经济发达，城市化程度高，在土地、矿产等天然资源及社会经济基础等方面都具有进一步发展的巨大潜力，而水资源短缺却成为这些地区可持续发展的制约因素。

造成以上部分省份水资源严重紧缺的局面与我国水资源时空分布不均匀有密切的关系。

一方面，水资源的地区分布极不均衡。如以年降水深400mm划界，全国约有45%的国土处在年降水深少于400mm的干旱少水地区，如内蒙古、甘肃、宁夏、新疆西北部等地。根据水资源、人口、耕地的地区分布及河流的径流分布,水资源在地区分布上是极不均匀的,与人口、耕地的分布也不相适应。

二、地表水与地下水

(一)地表水

1. 地表径流

地表径流是水文循环的重要组成部分,是地表水沿地球表面坡地、河流等水体迁移的过程,对地表物质的侵蚀与迁移具有重要的影响。影响地表径流的因素同样能够影响地球物质的侵蚀、迁移与沉积,这些因素包括地表水体积、水深和流速。水流速度越大,能够搬运的颗粒体积也越大,从推移质到悬移质到溶解质都可以随水流迁移。

根据地面上水流的汇集特点,可以划分流域,它是指水流向某个河流汇集的地域范围。相邻流域之间的界限称为分水岭。流域有大有小,较大流域可以分为若干个小流域,因为较大河流通常都有若干条支流,每条支流与相邻支流之间都有分水岭。比如,中国七大流域中最大的长江流域,总流域面积180万km^2,是世界第三大流域,横跨中国东部、中部和西部三大经济区,共计19个省(自治区、直辖市),占中国国土面积的18.8%。长江流域内有大小不同的无数条支流,1万km^2以上的支流就有49条,如汉江、嘉陵江、岷江、雅砻江、湘江、乌江、赣江等,这些支流都可以划分出更小的流域。

2. 影响径流的因素

地表径流和产沙的变化受流域内地质、地形、气候、植被以及土地利用影响很大,在不同时间具有不同的特征。比如,在洪水期的地表水径流就明显区别于枯水季节的相应特征。

(1)地质因素

影响地表水径流和产沙特征的主要地质因素包括岩石和土壤类型、矿物、风化程度以及岩石和土壤结构。渗透性能差的黏土土层和裂隙不发育的出露岩石,径流以地表径流为主,并汇集成许多河流。相反,对于渗透性能好的沙质土和裂隙发育的出露岩石,降水形成的径流会部分转化为地下径流,形成的溪流密度就较小。

(2)地形因素

人们常用地势来描述地形起伏的高低与险峻的态势,是最高点和最低点标高差。相对于邻近河流,地势陡峻的地形坡度大,河流的河床坡度大,相应地水流流速也大,并影响着降水径流的地表与地下分配。地势陡峻,降水渗透能力低,地表径流占很大比例。

(3)气候因素

影响径流和沉积物搬迁的气候因素包括降水强度、历时及其季节性变化。一般来说,径流量大、产沙量大的径流与不常见的高强度降水有关,在陡峭、不稳的地形条件下,岩石和土壤很容易遭受剧烈的侵蚀。

(4)植被因素

植被能够影响径流与产沙量的变化,主要有以下体现:植被可以通过拦截和蒸腾来减少地表径流;由于气候变化、森林火灾或土地利用减少,植被覆盖率降低,会增加地表径流和产沙量;滨岸植被通过根茎的固土作用能够抵御河堤侵蚀;在森林地带堆积的枯枝落叶能显著防御溪流的形成与作用。

(5)土地利用因素

该类影响主要体现在农业开发和城市化扩张方面。农业开发能够增加地表径流和土壤的侵蚀;而城市化带来的地面硬化会降低表层的渗透性并增强地面径流。

(二)地下水

地下水的补给来源主要是大气降水,并通过入渗进入地下土层和岩层形成的。在地下空间,地下水形成途径可以分为两个带:渗流带和饱和带。渗流带是指地下水位以上的空间部分,又称非饱和带,其中的水流称非饱和流;饱和带是地下水位以下的空间部分,饱和带的地下水称饱和流。这两个分带可以随着地下水位上下波动而变动。大气降水转变成地下水,或者地表污染物质进入饱和带,都需要经过渗流带。因此,渗流带在某些时候具有预警作用。

水从地表渗透进入地下水赋存空间,可能受到下面因素的影响:

一是地形坡度。坡度陡的地形,形成的地表径流多,相应渗透到地下的水量就少。

二是土壤与岩石类型。空隙体积大的土壤或岩石有利于水的入渗,比如砂性土壤和裂隙发育的岩石。

三是降水量和降水强度。低强度的降水、融雪有利于入渗,而高强度的降水则利于地面径流不利于入渗。

四是植被。树叶和枝干可以拦截降水,被拦截的雨水缓缓落地可以增加入渗。

五是土地利用。城市硬化路面和建筑物顶面会减少入渗,农业用地增加地面径流和土壤侵蚀会减少入渗,森林砍伐减少植被覆盖率、增加土壤侵蚀和地面径流从而也减少入渗。

1. 含水层

通俗地讲,含有并能提供可利用水量的地下水储存空间,称为含水层。在含水层内存在不同类型的地球物质,包括透水性强的砂砾、裂隙发育岩石,而一些渗透性能差的黏土或页岩类物质则能够阻止地下水的运动,常起到隔水的作用。

含水层可以分为非承压含水层和承压含水层。前者在我国常被叫作“潜水”,含水层顶面不承压,或者说地下水面是一个自由水面。当含水层顶面是承压层,则成为承压含水层。在一个地区,两种含水层可以同时存在。对于承压含水层,当承压水面高于地面高程时,可以形成自流条件。在这些地带打井,能够形成自流井。另外,除了承压和非承压含水层外,还有一种含水层被称为局部含水层,我国也称之为“上层滞水”,是指在区域性水位以上的局部饱和带,常常与不透水的透镜体岩层联系在一起,这种含水层通常也是不承压的。

水进入含水层的过程被称为地下水补给。地下水补给有自然与人为之分,自然补给最常见的形式是大气降水补给,而人为导致的补给包括农业灌溉水的入渗、渠道入渗,以及人工回灌。相反,水从含水层排出的过程被称为地下水排泄。自然排泄的形式常见的是泉,地下水通过泉而出露地表,常出现在河流或溪流的源头;人为排泄的形式主要是通过钻井和民井来提取地下水。

当通过井来提取地下水时,能够形成地下水面的降落漏斗。降落漏斗可以改变地下水流向,尤其是大规模的降落漏斗能够改变区域性的地下水流向,并导致地下水位的区域性下降。其结果可以导致浅层抽水井失去作用,必须开挖更深的钻井才能抽出地下水。

2. 地下水运动

地下水运动速率和方向通常取决于地下水位的水力坡度和含水层物质的类型。对于非承压含水层来说,地下水位的水力坡度可以用地下水位的坡度来表示,而含水层物质的类型主要体现在它的渗透能力即渗透系数参数上。该参数在国外也被称为水力传导系数,是指单位时间内单位体积的地下水通过垂直于水流方向的单位过水断面的能力,用 $m^3/d/m^2$ 即 m/d 表示,与含水层物质之间的空隙体积和连通性有关。

在水文地质学上,单位体积的沉积物或岩石中有效空隙体积所占的百分比,称为孔隙度。在不同的含水层物质中,该值可以从 1% 变化到 50% 不等,表 11-2 列出了几种不同物质的孔隙度和渗透系数。需要注意的是,某些孔隙度很大的物质,比如黏土,其渗透系数却很小,这是因为它们的空隙很小,能够吸水并阻止水的运动;而孔隙度较大的砂砾物质也因为空隙大连通性强而具有大的渗透系数。这也是为什么砂砾能够形成含水层而黏土形成弱透水层的原因。

表 11-2 几种地球物质的孔隙度和渗透系数

分类	地球物质	孔隙度/%	渗透系数/(m/d)
沉积物	黏土	50	0.041
	砂	35	32.8
	砾石	25	205.0
	砂砾	20	82.0

续表

分类	地球物质	孔隙度/%	渗透系数/(m/d)
岩石	砂岩	15	28.7
	致密石灰岩或页岩	5	0.041
	花岗岩	1	0.0041

地下水在砂砾含水层中运动速度快,在弱透水层中运动受到阻滞,运动速度很慢。地下水运动速度等于水力坡度和渗透系数的乘积。这一定律在地下水动力学中定量地描述了地下水运动特点。

3. 地下水供给

在很多国家和地区,地下水是人类主要的饮用水水源。因此,保护地下水资源是一个备受关注的环境问题。地下水的供给通常是通过泉水、民井和钻井来完成的,然而不少地区地下水开采量严重超过了含水层的天然补给量。在这些情况下,地下水正在被当作一种不可更新的"矿产"资源看待。在我国,地下水超采是一个普遍而严重的问题。

(三)地表水和地下水关系

地下水和地表水的关系非常密切,以至于常常被认为是一种资源的两方面。比如,湖泊中的地表水渗透进入地下含水层,地下水补给河流成为地表水,地下水最终向海洋排泄成为地表水。几乎所有的天然地表水体包括河流、湖泊、湿地,以及人工建成的水库都存在渗漏问题,提取地表水会引起地下水资源减少;相反,抽取地下水也会减少河流流量、降低湖泊水位,使得湿地干涸。因此,在地下水管理问题上,需要将地表水和地下水联系起来认识。

这里,需要介绍两种河流类型:一是常年性河流,国外也称之为流出型河流,指河流常年有水流,在枯水季节地下水向河床渗漏,维持河床水流;二是季节性河流,国外对应称之为流入型河流,河床通常高于地下水位。对于季节性河流,河水向下渗透通过渗流带进入饱和带,地下水位可以形成一个隆起的水面。

从环境保护角度,季节性河流可能带来地下水的污染。当河流被污染后,地表水渗入饱和带会导致地下水污染,尤其在枯水季节这样的现象更为普遍。

在可溶岩地区,地表水和地下水的关系更为明显,比如岩溶地区。由于岩溶地貌发育的独特性,裂隙、溶隙、溶洞、落水洞、天窗、岩溶泉的发育,使得地表水和地下水常常相互转化,导致岩溶区地下水环境十分脆弱。比如:溶洞被利用为污废水的排放点,由于溶洞底部通常与地下水相连,排放的污废水直接进入地下水饱和带;地下洞穴的发育是地面塌陷的基础,进一步形成房屋、公路和其他设施损坏的诱发因素;在岩溶地区,地下水的开采又常常引起岩溶泉的干涸,进而引起岩溶泉环境生态的退化,导致生物多样性退化。

三、水利用与水管理

(一)水利用

谈到水利用,必须区分河道外水利用和河道内水利用。河道外利用是指将水抽离水源到陆地上的利用,包括灌溉、火力发电及其他工业、生活公共用水。河道外利用包括了消耗性利用,即河道外用水后不能立即返回到河流或地下水中的水,如蒸发、参与作物生长、转化为产品、被动物与人体吸收的水。对于河道内利用,是指不离开水源水体的用水,包括通航、水力发电、鱼类及野生生物生境和娱乐用水,这部分用水没有消耗。

河道内用水常常引起一些争论,因为每种用途要求不同的条件。比如,鱼类和野生生物要求水位有季节性波动,要求流量能够满足生物栖息、繁衍的要求。然而,这些水位与流量的要求与水力发电要求不一致,后者为实现发电目标则需要每天都有大流量。类似地,通航、娱乐用水与生境用水、水力发电用水之间都可能存在一些不匹配的要求。

1. 水的输送

在现代社会里,由于水资源分配的时空不均,不同地区社会经济发展引起的水需求程度差异,经常需求从降水丰富的地区,通过水利工程调水,来解决一些地区的高需求。

2. 水利用分布

从全球水利用的平均分布看,大约有70%的取水量用在农业上,而工业占20%,城市与农村生活用水占10%。

在水利用方面,公众节水意识正在逐渐提高,污水处理后的回用技术不断发展,这些趋势将能够有效地减少淡水资源的利用,提高水资源利用效率。

3. 水保持

水保持是指提高水利用效率以减少取水量和消耗水量的行为。如何才能提高水利用效率,降低取水量和消耗性水量呢？由于灌溉是最大的消耗性水利用方式,改进农业灌溉技术可能减少20%~50%的取水量。落后的技术会浪费大量的水资源,而现实也表明先进的灌溉技术将能够大量节约用水,比如灌溉渠的三面光和覆盖能够有效降低渠道水的渗透和蒸发;计算机监测渠道放水和灌溉制度;综合利用地表水和地下水;夜间灌溉减少水蒸发;微灌和滴灌技术应用;等等。

尽管城市和农村家庭用水只占总取水量的10%,但这样的用水需求是集中性的,可以反映出当地水利用紧张的问题。通过更有效的家庭用水方式、增强家庭节水意识也能够在低成本条件下节约用水。

改进冷却塔冷却技术,可以减少25%～30%的热电工业用水;更新工业设备、增加污水处理率、增加循环用水可以减少制造工业用水。随着科学技术的不断创新和发展,水保持领域的技术发展将有望显著减少取水量。

(二)水管理

水管理是一个复杂的话题,随着水需求的不断增加,也将变得越来越困难。尽管在许多干旱半干旱地区水的供给问题很严峻,但在湿润多雨地区不少大的城市一样存在类似的问题。解决这样的问题,需要寻找备用资源,更好地保护与管理现有的可用资源,包括控制人口的增长。

不少城市已经将水当作像油气一样的商品,在市场上买卖,这样会出现水价与水配置的动态变化,会提高水的利用效率。比如,农业灌溉地区可能与城市合作,将部分用水供应给城市,以满足城市不断增长的水需求。通过节水措施减少农田灌溉的水损失,这种水资源的重新配置不会给农作物生长带来负面影响。如今,农业地区缺乏资金开展节水措施,而缺水的城市则可以资助农村节水工程的建设。很明显,将来水将变得越来越贵,如果水价合适,就可能会出现这样的用水策略。

水管理的一个重要目标就是需要认识到水太多与水太少是自然现象,但是可以被规划的,可以在可利用范围内进行水配置或平衡水需求。水管理强调地表水和地下水都受制于自然因素,但是可以被调节的。在丰水年份,地表水是丰富的,浅层地下水也会得到补偿。这时候人们的注意力更多地集中在应对洪水上,而不是水短缺。然而,在干旱年份,又需要对策来克服水缺乏问题。从管理策略上讲,应该优先利用地表水,适当限制利用地下水,以保障地下水在枯水年份发挥更重要的作用;在枯水年份,可以适当以大于补给的速率来超采地下水,这超采的部分有望在丰水年份得到自然或人工补偿。

水越来越影响或制约一个地区或国家的发展。当前,一个新的概念使我们能够从全球角度来看待水资源,那就是“虚拟水”,是指生产某个产品(比如汽车或一个面包)必要的水量。之所以称为“虚拟”,是因为这些水分似乎是看不见的。

由于商品的流动性,虚拟水概念认为,一个地区的人可以通过进口产品来影响另一地区的水资源。比如,美国和巴西利用大量水资源生产粮食产品出口到其他国家,而这样的用水过程也给当地水供给和水环境带来了压力。对于地方性或全球性水资源规划,虚拟水的概念是有意义的。一个受水资源困扰的干旱国家或地区,从其他水资源丰富的国家或地区进口粮食,将更有利于利用当地水资源来发展其他水用途。

四、水资源开发利用的环境问题

(一)水利工程的影响

虽然建坝可以追溯到几千年以前,但事实证明,到20世纪,大坝的数量、类型和规模才开始激增。

世界的水需求量从20世纪中期开始到目前为止已增长了三倍。为适应水需求量的迅速增长,不得不大规模建设堤坝,改变河流通道。现在建造的大坝有多种用途,包括供水、灌溉、发电、防洪和疗养娱乐等。在很多情况下,大坝的多种用途普遍为人们所公认,能够产生多种效益。遗憾的是,有些用途相互制约,相互之间存在矛盾。例如,水库的高水位,对干旱期灌溉是一种合适的储水方法;然而,对于防洪水库水位应尽可能低些,以便调节洪水保障人们的生命和财产安全。

从另一个角度看,水利工程所产生的各种影响也是很显著的。确切地说,是以某些自然、社会环境和土地资源等为代价的。一些不恰当的水利工程,更是对区域的水沙平衡有巨大的影响。

水库大坝坝址是水利水电工程的枢纽,大坝建成后水库蓄水,库区的地质环境将发生明显的变化,主要表现在以下几方面:

1. 水库及上游淤积

对水利工程来说,流域管理中受到广泛关注的是水库淤积问题,也是在开发水资源、水能资源过程中的全球性工程问题。世界上任何一条河流都夹带泥沙,河流含沙率最高的是我国的黄河,含沙率为2.20%,最低的是非洲第二长河——扎伊尔河(又称刚果河),含沙率为0.0034%。

水库淤积会引起库区及其周围环境发生变化,并使水库使用寿命缩短,这是大坝对环境的第一个影响。水库淤积不仅缩短水库的使用寿命,而且会给上下游防洪、灌溉、航运、排涝治碱、工程安全和生态平衡带来影响。水库的建设极大地改变了原河流水动力条件和河流地质作用,使其侵蚀、搬运和沉积作用发生很大的改变。水库淤积不仅对上游和库区产生极大影响,而且由于清水下泄,下游水流冲刷作用增强,向下侵蚀显著,河道下切,河流变直,可导致部分河段岸坡不稳,出现裂缝、坍塌、滑坡,甚至出现负比降等不良现象。

2. 库岸失稳

由于水库蓄水或其他人为因素导致库岸滑坡、崩塌、塌岸等现象,使库岸失稳。

3. 水库浸没

水库蓄水后水位抬高,引起水库周围地下水水位壅高。当库岸低平,地面高程与水库正常高水位相差不大时，地下水位可能接近甚至高出地面，产生种种不良后果，这种现象称为水库浸没。

水库浸没主要发生在水库的周边和下游地区，对库周的工农业生产和居民生活危害很大，能够使农田沼泽化和盐渍化，使建筑物的地基强度降低甚至破坏，还能造成附近矿坑渗水，使采矿条件恶化。

4. 水库诱发地震

水库蓄水可以诱发地震，通常最大震级不超过6.5级，震源深度多在3～5km，强度不大，烈度偏高。然而，水库诱发地震所引起的灾害有时是很严重的。

5. 水库对下游的影响

有些河流的泥沙中夹带肥料和营养物较多，建坝后泥沙被截留库中，当上游大量取水引起水库下泄水量减少时，下游将发生许多新问题。

6. 水库对水质的影响

从地球化学和生物地球化学的观点，水库蓄水对原来的水生系统会产生显著的改变。上游冲刷下来的泥沙淤积后会增加库区水体氮磷含量，容易诱发水库富营养化，使水体中细菌和水藻大量繁殖，导致水中氧的含量降低，对库区水质产生影响。

另外，水库上游的工矿企业或土壤本底中会含有有毒物质，由于“三废”的排入或暴雨的侵蚀作用，致使含有大量有毒物质的水和泥沙流入库内，使水库水质和底质受到显著影响。

7. 大坝事故

在筑坝期间或建成之后，若大坝的安全没有保证，就可能出现大坝崩塌的事件。大坝选址，就像大坝的结构和所用的材料同样重要。

8. 对区域水平衡的扰动

20世纪50年代后期，由于急切希望改善农业生产面貌，我国华北平原除修建了地表引水工程外，还修建了不少拦蓄降水的“平原水库”，有人甚至提出了实现华北平原河网化的口号，以期“水不出田”，保证旱季灌溉用水。但这样做的结果是干扰和破坏了正常的水量平衡。由于排水途径不畅，又恰逢丰水年，使地下水位急剧上升，土壤次生盐渍化普遍存在，反而使农业生产受到了损失。随后取消了“平原水库”，并停止了全部引水工程，地下水位便逐步下降，土壤次生盐渍化也基本消除。

9. 对其他方面的影响

建坝会导致许多其他环境和社会问题。比如，坝区的移民和水量蒸发问题。

（二）水资源枯竭

1. 过量引用地表水导致河湖干涸

在世界上，由于无计划、无限度地使用水资源，已使许多河流断流并消失，许多湖泊的面积也日益缩小以致消没。这种情况对水生生态系统的破坏性影响是不言而喻的。

2. 过量汲取地下水引起区域性水位下降

我国地下水资源的分布特征，具有明显的时空分布的不均匀性。在我国已有供水系统的城市中，地下水已成为城市主要的供水水源，这在北方城市中尤为突出。

在任何地区，地下水在大量开发之前，其收支基本上处于天然的动平衡状态，但在开采之后，地下水的动态平衡又要受人为的开采状态所支配。如果开采地下水总量不大于开采区补给总量（天然补给量及开采补充量），它的动水位只是在某个深度之内变动，这是属于均衡开采的地下水位下降。相反，总开采量大于总补给量，再加上开采的持久性，势必会造成疏干开采的区域性水位下降，这种过程就是地下水超采。开采地下水会引起地下水位下降，形成漏斗状凹面，人们称之为地下水降落漏斗。

（三）水质恶化

水质恶化是水体在自然因素或人为因素影响下，水质量不断下降的现象。由于各种原因，经过利用的水常常被污染，如生活污水、生产废水等。如果未经处理或处理不合格时排放会引起地表水体或地下水污染；而由于环境地质条件的改变引起水文地球化学条件的改变，进一步导致水体污染的情况也是很普遍的。

1. 地表水水质恶化

水资源经过利用后，不同程度地混入了有毒有害的物质，形成污、废水。污染水被排放到水体，反过来导致水体污染。地表水污染分为点源污染和非点源（面源）污染。点源是指呈点状分布的污染源，通常不连续且范围狭窄，例如工业或城镇污水、废水入河排污口。非点源与点源相对，呈面状，看不见排放口，具有较大的分布面积，是散布、间歇性的。比如，常见的城市非点源包括街道空地的径流，常含有重金属、化学物质、沉积物等污染物；在广大农村地区，不合理地使用化肥、农药等农用化学物质，导致它们随农田水排放或随水土流失而对地表水造成日趋严重的影响。

2. 地下水水质恶化

在天然条件下，地下水动态（包括水位、水量、水质及水温）处于动平衡状态，比如水分与盐分的动平衡。在人为因素的支配下，不仅水量平衡会被打破，水盐平衡也会被打破，前者表现为地下水位的变化，后者表现为水质的变化。在很多地下水开发利用地区，区域性地下水位下降不仅能够引起水量平衡的破坏,也是水盐平衡破坏的主要因素。地下水水质恶化具体表现如下：

(1)地球化学环境的改变引起水质恶化

由于过量开采地下水使地下水位大幅度降低,原来的含水层空间被空气充填,包气带厚度加大。其结果使得原来的还原缺氧环境被趋向于氧化环境,一些金属不溶物被氧化成游离的金属离子,淋渗到开采层中。比如原含水介质中含有黄铁矿,因为地下水位下降而暴露在气相中,容易被氧化,导致三价铁、硫酸盐含量增大。当水位上升或在雨水淋滤下,地下水中铁、硫酸盐浓度提高,矿化度提高。

(2)沿海地区海水入侵引起水质恶化

在近海地区大量开采地下水,使得陆域地下水位低于海平面,从而导致海水向内陆含水层侧渗的现象,通常称为海水入侵。这种现象可导致地下水水质变咸、盐度提高,在国内外都有实例。

(3)含水层连通导致水质恶化

在内陆地区开采深部地下水时,由于区域性水位降低,上部高矿化度水通过弱透水层越流及隔水层尖灭处的绕流补给,使开采层地下水水质恶化。

过量施肥、地下储藏罐泄漏导致地下水遭受无机、有机化学物质的污染问题已越来越突出。如重金属、硝酸盐、石油烃等污染事件在全球普遍存在,尤其是发展中国家,严重影响到人类饮用水源的质量。近年来,欧美等国家在有机类污染含水层修复方面已经形成产业化。

(四)地面变形

1. 地面沉降

地面沉降又称为地面下沉或地陷,它是在人类工程经济活动影响下,由于地下松散地层固结压缩,导致地面标高降低的一种地表下降。抽汲地下水是引起地面沉降的主要因素,另外采掘固体矿产、开采石油与天然气等人类工程经济活动也能够导致地面沉降。

近半个世纪以来,世界上许多国家的工业城市发生了地面沉降现象,特别是沿海工业城市的地面沉降最为严重。

地面沉降可在相当大的范围内使地面高程累积损失,可使水准测量高程基准网失效。其直接威胁体现在方方面面,例如建筑物下沉开裂破坏、地下管网断裂、在沿海地区加大海水入侵及内涝积水、使河道淤积、降低河流的泄洪与抗洪能力、桥基下沉失稳、桥梁净空减小、降低通航能力、影响交通运输等等,对人民生命财产造成严重威胁,在土地资源可持续利用等方面,都有相当不利的影响。

过量地抽汲地下水是导致地面沉降的主要原因,这种事实已被国内外学者所公认。因此,减轻地面沉降灾害的措施中最主要的是人为控制地下水的开采量。

2. 地面塌陷

地面塌陷通常是指岩溶发育地区在人为活动或天然因素作用下,特别是在水动力条件改变引起的环境效应作用下,上覆土层或隐伏岩层顶板失去平衡发生的下沉或突然坍塌现象。

地面塌陷主要发生在岩溶水分布地区,根据形成塌陷的主要原因分为自然塌陷和人为塌陷两大类。前者是地表岩、土体由于自然因素作用,如地震、降雨、自重等,向下陷落而成;后者是由于人为作用导致的地面塌落,特别是城市地下水集中开采局部地段较为多见。

地面塌陷带来了财产的损失、地形地貌和生态环境的影响,能够使大量的建筑物变形甚至倒塌、道路坍陷、土地毁坏、水井干枯或报废、风景点破坏等,给工农业生产和人民生活造成了很大损失。

3. 地面裂缝

地面裂缝是地表岩、土体在自然或人为因素作用下,产生开裂,并在地面形成一定长度和宽度的裂缝的一种地质现象。当这种现象发生在有人类活动的地区时,便可成为一种地质灾害。

地面裂缝的形成原因复杂多样。地壳活动、水的作用和部分人类活动是导致地面开裂的主要原因,而过量开采地下水则能够诱发和加剧地面裂缝。

水是人类生存和人类文明的命脉。随着社会人口的急剧膨胀以及社会经济的快速发展,人类对水资源的需求量越来越大,由此引发的社会矛盾、资源供需矛盾、开发与环境矛盾也越来越突出。

水资源开发利用尚不止于供需问题,在水资源开发利用过程中,还常常出现区域性水资源枯竭、海水入侵、地面变形、水质恶化等环境地质问题;人类构筑水坝、建筑异地调水工程也将引起上下游或周围水陆生态环境的改变。

在世界上,由于无计划、无限度地使用水资源,已使许多河流断流甚至消失,许多湖泊的面积也日益缩小乃至消亡。这种现象带来了更多的荒漠化、植被枯萎、水生生物难于生息、水资源缺乏以及水体咸化等问题。过量汲取地下水,引起持久性区域水位下降,不仅导致供水工程报废,而且供需矛盾加剧,水资源枯竭成为遏制地区社会经济发展的瓶颈。

过多污秽和有害的物质流入水体,超出自然生态系统本身的环境容量时,就会形成地表水污染。一般来源于工业与城镇的点源污染相对容易管理与治理,而面源污染尤其是农业污染则更为复杂且难以防治。区域性地下水水位下降,同时会打破水盐平衡,如沿海海水入侵将导致地下水质恶化。

过量开采地下水,会导致地下松散层地面沉降、岩溶地区地面塌陷、诱发地面裂缝等灾害,并引起其他一系列次生危害,如建筑物开裂、地下管网损坏、河道淤积、泄洪能力降低、抗洪费用提高、地表水倒灌等问题,减少地下水开采量是控制这些灾害的有效措施。

水库大坝是典型的水利水电工程,能够发挥拦洪、灌溉、航运以及发电、旅游效益,在国家经济建设中发挥了巨大作用。然而,库区淤积、库岸失稳、库区渗漏、水库浸没、诱发地震、大坝事故、水质恶化等环境地质问题却也时常出现。

第二节 土壤与环境

土壤是陆地环境的重要组成部分,是人类生存发展和环境友好的物质基础,陆地环境的各方面都与土壤有着不同程度的联系。比如,我们利用土壤种植农作物来供应粮食,管理部门根据土壤性质规划土地是作为农业用地还是作为建筑用地,等等。如果缺乏土壤,农作物生长、植被生长将面临极其严重的根基问题,直接威胁到粮食安全和生态安全。另外,由于人类活动的影响,土壤越来越多地丧失其应有的资源作用,比如遭受污染,或被不合理征用。所以,土壤作为资源并加以保护是一个重要的议题。

一、概述

土壤学家认为土壤是能够维持植物生长的容易流失的岩石风化产物,而工程上则认为土壤是地面以下所有的松散沉积物。

土壤最大的作用是用来耕种农作物以养活不断增长的社会人口,保障粮食需求安全。然而,土壤最大的问题也在于怎样才能维持并增长土壤的肥力,并最大限度地减少土壤侵蚀。在我们身边,土壤侵蚀极其普遍,而且侵蚀速率远远大于成土速率,土壤资源正在减少与退化。土壤侵蚀不仅引起土壤的流失,还会引起河流、湖泊水质下降和淤塞。

土壤性质,尤其是对土地利用有约束的性质,在一些环境工作中显得越来越重要。在土地利用规划中,评价某种特殊用途的土地性质非常重要,比如城市用地、农业用地,以及林业用地。

(一)土壤剖面

地球上大部分陆地面积被土壤覆盖,另外10%为冰川、15%为沙漠、7%为山地。在亚热带和热带环境中,表土厚度常不足1m,但下面土层及风化层厚度有时可大于100m。

具有开发前景的土壤则有一系列明显的成层性,这种平行于地表的层状体系叫土壤剖面。通常,发育成熟的土壤可分为如下四层:

一层：主要由有机物质组成，包括分解的和正在分解的树叶、树枝等；该层的颜色呈深褐色或黑色。

二层：该层由矿物质和有机质组成，颜色经常呈浅黑色到棕色，为淋溶层；在水分或其他液体的渗透作用下，该层的一些物质被溶解、淋滤或流失，进入下伏层位，比如黏土、钙、镁、铁等物质。

三层：淀积层，通常沉积上覆层位淋滤下来的黏粒、铁、钙、镁等，富含黏粒、铁氧化物、硅土、碳酸盐。

四层：由一部分母岩风化物组成，也可能含有河流冲积成因的砾石等。该层的下伏层位是未风化的母岩。

要了解土壤的形态特征及物理化学性质，一定要观察是否有四层次，且要特别注意其母岩为何种岩石。

（二）土壤性质

1. 土壤颜色

当我们观察土壤时，首先看到的是它的颜色，或者是剖面的颜色分层。由于富含有机质，一层和二层总是呈现黑色。三层颜色变化大，从棕黄色到棕红色到红褐色都有变化，这与黏土矿物和铁氧化物含量有关。

土壤颜色或许是土壤通透性好坏的一个指标，通透性好的土壤含氧量高，常具有氧化条件，比如含铁高的土壤呈现红色；对于通透性差的土壤，湿度大，多呈黄色，且多与环境问题联系在一起。比如，这种土壤的稳定性较差。

2. 土壤质地

土壤质地是土壤物理性质之一，指土壤中不同直径的矿物颗粒的组合状况。土壤质地与土壤通气、保肥、保水状况及耕作的难易有密切关系，是土壤利用、管理和改良措施的重要依据。土壤质地的划分取决于其中砂粒、粉砂和黏粒占有的比例。按照分级，黏粒直径<0.004mm，粉砂直径为0.004～0.063mm，砂粒的直径为0.063～2.0mm，而大于2.0mm的称为砾石、卵石和漂石等。根据这些组成的比例可以给土壤质地命名。比如，某土壤样品中，砂粒比例43%，粉粒比例37%，黏粒比例20%，通过作图在图上汇聚一个点，该点落在壤土范围，即表明该样品为壤土，是一种黏粒、粉粒、砂粒含量适中的土壤。土壤质地的命名有砂土、砂壤土、轻壤土、中壤土、重壤土、黏土等。

土壤质地可以在实验室通过筛分测量颗粒体积和比例来鉴定，也可以在野外用经验鉴定。比如砂粒有砂感，咬在牙齿间有响声，粉砂类似于面粉，而黏粒有黏性；当潮湿的手与土壤颗粒接触时，有脏感，当手干燥后，黏粒不会容易去除，但粉砂和砂粒则不然。

3. 构造

土壤颗粒常常黏结在一起，形成形状不同的几种类型，包括粒状、块状、柱状和扁状聚合体。在不同的土层中，聚合体的形成也常有差别。比如，粒状聚合体更多地出现于二层，而块状和柱状的聚合体常出现在三层。在评价土壤剖面形成年代时，土壤构造的鉴别具有重要作用。一般地，在剖面形成过程中，构造会趋于复杂，可以由粒状向块状和柱状过渡。

3. 土壤肥力

土壤肥力是指土壤向植物提供合适营养物比如氮、磷、钾等元素的能力。洪水沉积和冰川沉积的土壤富含营养物和有机质，具有天然的肥力。然而，在淋滤能力强的土壤层，以及有机质贫瘠的松散沉积物层，营养物含量和肥力通常较低。

土壤是一个复杂的生态系统，一个立方的土壤体内可包括上百万的生物体，包括啮齿动物、昆虫、蚯蚓、藻类、真菌和细菌，它们在土壤的聚合和通透性方面起到了重要作用，有助于营养物释放和转化到植物需求的形态。

然而，土壤也会因为被侵蚀或被淋滤、流失营养物而丧失肥力。一些自然作用如洪水可以提供营养物，但农药的施用又会改变或毁坏土壤生物，从而改变土壤的质地。

4. 土壤水分

当你面对一块土壤时，可以发现土壤具有固体矿物和有机物质，还会发现它们之间有不少的空隙。当出现降水时，土壤通常会接受降水的入渗，导致土壤不同程度地储蓄一些水分。当土壤空隙充满水分时，可称为饱和土壤，否则可称为不饱和土壤。在湿地，土壤可常年处于饱和状态，而在干旱地带，土壤又常常是不饱和的。土壤水分含量没有固定的比例。

土壤中水分含量和水分迁移是非常重要的研究课题，它们都与水污染有关。比如，地表燃油储藏罐的泄漏、小区化粪池的泄漏、污水管网的泄漏以及垃圾填埋场渗滤液等，污染物都是在水的运动中迁移的。

5. 土壤分类

从环境地质学视域，我们不仅要关心土壤本身的作用，还要关心人类对土壤的利用。土壤学家根据土壤的性质对土壤进行了详细分类，工程学家根据土壤的组成和含水性以及工程性质对土壤做了分类，两者有明显的差别。因此，环境地质学工作者需要分别熟悉这样的分类。

(1)土壤分类系统

土壤学家建立的综合性土壤分类系统强调了土壤剖面的物理和化学性质，它根据土壤的形态、营养状态、有机物组成、颜色以及气候因素(降水量和温度等)分类。比如，美国将土壤分成新成土、变性土、始成土、干旱土、软土、火山灰土、灰土、淋溶土、老成土、氧化土、有机土 11 大类，然后再细分，共 6 个分级。土壤分类系统的主要用途是农业和相关的土地利用，因此土壤学家和第四纪地质学家认为这样的分类是很必要的。然而,由于分类太复杂、缺乏足够的工程信息,在以场地工程评价为目的的工作中该分类的适用性不强。

(2)土壤的工程分类

所有自然土壤都是由粗细不一的粗砂质、细砂质和有机质物质组成,工程实践中对土壤的分类相对土壤学家的分类更为简单而直观,通常按照土壤颗粒大小和有机质含量来分类。比如美国将土壤分为三类:粗粒土、细粒土和有机质土。对于有机质土,很容易根据其颜色(黑色、灰黑色)或发出的气味来鉴别。

6. 土壤的工程性质

在地下环境,地下水位将土壤层分为包气带(也即渗流带)和饱和带,水位以下孔隙被水充填为饱和带,水位以上的则为包气带。在包气带中,土壤呈不饱和状态,固体、水和气体(如空气)组成了三相体系,其三相的比例和结构变化会明显影响土壤的利用。很大程度上,固体物质的类型、颗粒的体积和含水量是影响土壤工程性质的主要因素。这些工程性质包括:强度、灵敏度、压缩性、可侵蚀性、渗透性、收缩—膨胀性能等。

(1)土壤强度

土壤强度是指土壤抵抗变形的能力,这是没有办法去概括或给出建议值的量。由于土壤通常是混合物,在组成上具有地带性和成层性,具有不同的物理和化学性质,因此运用数值平均的方法可能会误导判断。

对于某种类型的土壤,其强度是内聚力和摩擦力的函数。内聚力是细粒土在静电作用下相互黏结的能力量化指标,是判别细粒土强度的重要因素。在含水量大的粗粒土中,颗粒之间会存在水膜,其表面张力会引起颗粒之间的内聚力,这也是微湿砂土在干燥后内聚力消失的原因。比如一些沙滩雕塑,随着水分消失,雕塑上的砂粒慢慢会剥落。除了内聚力,摩擦力也是土壤强度的重要部分。总摩擦力是土壤密度、颗粒体积和形状以及上覆物质重量的函数,在粗砂和砾石中这是一个非常重要的指标。由于摩擦力的作用,当走在沙滩上,你不会下沉得很深。

由于大部分土壤是细粒土和粗粒土的混合物,因此土壤的强度取决于颗粒的内聚力和摩擦力。尽管不容易概括土壤的强度,但是可以比较的。比如,富含黏土矿物和有机质的土壤,其强度通常比粗粒土强度低。

植被在维持和增强土壤强度方面具有重要的作用,它的根能够提供巨大的连接力来固结土壤。

(2)土壤灵敏度

土壤灵敏度是一种衡量土壤受到扰动后(比如挖掘和震动)土壤强度变化的指标。粗粒土黏土含量少,灵敏度差。随着细粒物质含量增加,土壤的灵敏度也逐渐增加。某些黏土受到扰动后,它们的强度会减少75%甚至更多。

(3)土壤压缩性

土壤压缩性是有关土壤固结或体积压缩能力的衡量指标,与土壤弹性有关,直接影响到土壤结构的重构,比如意大利比萨斜塔以及我国苏州虎丘的倾斜都与土体的压缩性有关。土壤结构的过度变化可引起地基基础和墙体开裂。相对于细粒土,粗粒土可压缩性较低,比如粗砂、砾石和卵石。

(4)土壤可侵蚀性

土壤可侵蚀性是指土壤物质被风和水带走的容易程度。大于20%黏性的黏性土壤、混凝土固结的土壤以及富含粗砾的土壤,都不容易被水和风携带,因此具有低的可侵蚀性。

土壤侵蚀速率是一个衡量土壤侵蚀的指标,指单位时间内单位面积上流失的土壤体积或质量。土壤工程性质、利用方式、地形和气候不同,土壤的侵蚀速率也是不同的。

测量土壤侵蚀速率的方法有几种:第一种方法是直接测量法,即在某一个坡面上连续监测至少几年的土壤流失量,来估算更大范围的土壤侵蚀速率,但由于测量坡面的代表性问题,这种方法不常用;第二种方法是通过测量水库蓄水库容的减少,来反映水库泥沙淤积量,从而估测水库流域土壤侵蚀速率;第三种方法是运用数学方程来预测,主要考虑的因素包括降水量、径流量、坡面的体积和形状、土壤覆盖层因子和侵蚀控制系数等。

(5)渗透性

土壤的渗透性通常用渗透系数(或称水力传导系数)来表示,描述水穿过介质的能力,与速度的量纲相同。饱和的洁净的粗粒土具有较高的渗透系数(2~50cm/h),然而当细粒土充填于粗粒土中时,渗透系数会下降;对饱和的黏土,渗透系数很低(<0.025cm/h)。在细粒土、未饱和的土壤中,渗透性会变得复杂,因为存在毛细管作用,水会被颗粒紧紧吸着。在环境问题中,渗透系数是一个非常重要的土壤参数,关系到土壤排水、污染物的迁移、农业用地的可能性、废物处置以及一些岩土建筑的问题。

(6)收缩—膨胀性

土壤收缩—膨胀性是指土壤得到或失去水分引起土壤体积增大或减少的现象。该类土壤也叫膨胀土,通常在吸收大量水分后膨胀,在水分消失后收缩产生裂缝。膨胀土中常见蒙脱石,这是一种黏土矿物,当充分吸水后其体积可以膨胀到原来的15倍。所幸的是,大多数土壤中蒙脱石的含量是有限的,体积膨胀比例通常在20%~50%。但是,当土壤体积膨胀超过3%时就被认为有发生灾害的可能。

膨胀土导致建筑物毁坏的原因归结于土壤中含水量的变化,而影响含水量的因素包括气候、植被、地貌、排水和建筑物设施。在一些干湿季节变化的膨胀土分布地区,建筑物在设计上通常有膨胀土胀缩防治措施。植被能够引起土壤含水量的变化,特别是大型树木在干旱季节抽吸土壤水分更为突出,容易引起土壤干裂,因此在膨胀土地区,建筑物附近不适宜种植大型树木。地形和排水设施也是评价膨胀土的重要因素,一些不利的地形和排水条件能在建筑物周围形成池塘,从而增加土壤的膨胀。对于这样的情形,可以通过改善排水条件来避免灾害的发生。

在土地利用中,规划者如果了解土壤的一些基本属性,对如何利用地质条件避免土壤膨胀灾害是十分有利的。由于黏性土壤具有低强度、高灵敏度、高压缩性、低渗透性以及不同程度的胀缩性,一些大型建筑、对地基变形有严格要求的建筑以及需要良好排水条件的建筑,应尽量避开其分布地带。否则,必须认真对待,在规划、设计和建设过程考虑特殊的建设材料和建设技术,以及较高的建设成本和未来的维护成本。

二、土壤利用与环境

人类活动对土壤的影响主要体现在方式、数量、径流强度、侵蚀和沉积等方面,而最重要的影响是改变自然土壤的功能属性,即不同的土地用途。

土地利用方式的变化对一个流域及其产沙量的影响具有戏剧性。河流和天然的森林覆盖区通常被认为没有明显的侵蚀和沉积,水沙平衡相对稳定,然而当森林覆盖区被改造为农业用地,径流和侵蚀则会增强。这样,河流会变得浑浊,其输送泥沙的能力会下降,从而导致沉积量增加,可能进一步导致洪水洪量增加、洪水频率增大。

(一)森林用地

当土壤被森林覆盖后,降雨会因为森林的拦截而降低了对地面的冲击,从而减少土壤的流失;另外,森林地面的落叶层会增加地下径流量,减少地表径流量,也会有一部分降雨会因为蒸腾而回归大气圈。一旦森林被砍伐后,不仅降雨拦截和蒸腾减少了,而且地下入渗也减少,地表径流会增加。由于拦截的减少和地面径流的增加,更多的土壤会因为受到冲击而松动流失,河床会发生沉积。随着树木根系的腐烂,土体强度也会降低,可能会发生坡地失稳事件。

(二)农业用地

在过去的半个多世纪,世界上大约10%的最肥沃的农业用地由于土壤侵蚀和过度耕作而毁坏。由于人口数量的增加,粮食供给安全成为增加农业用地的主要原因,原有的森林用地被改造成为农业用地。

森林用地被改变为农业用地后,对降水的拦截和蒸腾明显减少,地表径流增加,加上耕作犁田因素,土壤流失量也会增加。但是,相对于森林砍伐后不种植的情形,农业用地对土壤保持更有利。

传统农业的直线式犁田和排水是不利于土壤保持的,一旦农作物被收割,土壤暴露后,风和水都可以带走土壤。虽然土壤是不断形成的,但其形成速率很低,几十年才达到 1mm 厚。因此,控制土壤侵蚀速率并使之低于土壤形成速率是土壤保持的关键。保持土壤的几种实践经验如下:

1. 等高式犁田

这是利用自然地形的一种常用的耕作方式,犁田方向通常与坡地倾斜方向垂直,而不是顺着坡地倾斜方向,这样可有效地减少由于径流导致的侵蚀。

2. 无犁田种植

这是一种没有犁田的耕作农业,大大地减少了土壤侵蚀。这种方式需要综合考虑种植与收割、除草和除虫方法。

3. 坡地台阶化

通过把坡地改造成平坦的台地,可以有效控制土壤侵蚀。运用一些石块或其他材料来形成围墙,稳定坡地,已经成为农业上广泛使用的防治土壤流失的耕作方法。

4. 作物套种

在热带的雨林和其他地区,多种作物套种是一种非常有效的防止土壤流失的方法,在高大植被之间整理出空地,种植上其他作物,过段时间就可以覆盖土壤了,且具有较好的经济效益。这样的方式在人口少的地区行之有效,但在人口多、密度大的地区难以持续。

(三)城市用地

将农业用地、森林用地或农村用地改造成城市用地,会发生一些显著的变化,过程中会伴随着产沙量的大幅增加和径流的增强。相应地,河流同时存在侵蚀和沉积两种作用,河床会变宽和变浅,随着径流的增强洪水灾害也会增多。在建筑物建成地区,地面通常被建筑物、道路和公园占用,混凝土硬化程度高,土壤流失大大减少。在这样的条件下,径流增加的河流会进一步侵蚀河床,使河床变深;但是,大面积土地不透水、暴雨时径流增加、下水道不畅,洪水的风险又会增加。

城市化直接影响土壤的途径包括:

一是一旦灵敏度高的土壤被扰动,强度会变低,即使是较轻的扰动,也容易导致其流失。

二是建筑用地常常需要从外地运来一些材料作为填土,比如其他地方的建筑垃圾或废弃土壤,从而导致土壤性质的差异。

三是排水可以导致土壤失水,从而改变土壤性质。

四是城市土壤容易受到化学物质的污染，在一些化学危险品工厂附近尤其严重。

（四）土壤污染

一些化学物质包括有机化合物（如碳氢化合物、农药）和重金属（如硒、镉、镣、铅）对人体和其他生物体是有毒害的，当这些物质侵入到土壤中时，会导致土壤污染。污染物侵入土壤的途径很多，包括固体废弃物和化学危险品的不合理处置、农业施肥与除虫、污水排放与浇灌、有毒物质泄漏、有毒有机体的掩埋等。而土壤污染物影响生态系统和人体的途径，则包括水源、农作物和空气。

土壤污染能引起很大程度的社会反响，一是土壤利用功能因为遭受污染而终止，二是发现一直利用的土壤具有较长的污染历史。尤其后者，生态系统和人体健康是在不知不觉中受到了难以康复的侵害。由于废弃物的处置或者化学物质的随意倾倒，以及地下储藏罐泄漏，土壤遭受污染十分普遍。然而，土壤的修复是极其困难的，成本昂贵，周期长。常用的修复方法有挖掘后异位焚烧和生物修复，后者是一种利用自然界微生物降解作用或增强微生物修复作用去除污染物的方法。比如，对生物可降解的某些石油类或溶剂类化学物质，通过生物修复可以转化为无害的二氧化碳和水。对于土壤修复，通常倡导原位修复，不鼓励挖掘大量土壤进行异位修复。

（五）沙漠化

“沙漠化”这一术语，最早被用来描述位于阿尔及利亚和突尼斯的撒哈拉大沙漠的演变，其形成原因包括过度放牧、森林砍伐、严重的土壤侵蚀、灌溉农田的排水不畅以及过度消耗水资源等。

在环境问题频现的近几十年来，“沙漠化”一词常常与干旱缺水一起被提及。比如在印度和非洲干旱缺水地区，提到人民的贫苦、饥饿和疾病，会与沙漠化联系到一起。在人口高密度地区，不断向外围扩张，会导致过度放牧和外围植被被大量砍伐，从而出现人为诱发沙漠的现象。

全球沙漠化灾害主要分布在地球上的干旱地区，包括我国的西北部。我们可能会联想到某些环境问题是与沙漠化效应相关的，尤其是干旱。事实上，沙漠化过程不是一个连续和连片推进的过程，更类似于“拼凑、拼接”的过程，这与当地的水文、地质、土壤和土地利用方式有关。

沙漠化的主要症状包括：地下水位下降；浅层水土盐渍化；地表水分布面积包括河流、池塘和湖泊面积减少；土壤侵蚀速率明显加大；本土植被被破坏。经历沙漠化过程的地区，或多或少出现上述一些症状，可能是小面积的，也可能是大面积的。而且，这些症状之间也是相互关联的，比如：浅层土壤的盐渍化，可能会导致地表植被不能生长，进一步加速土壤的侵蚀。

沙漠化的防治有以下措施：

一是保护或改良高质量的土地，没有必要把大量的时间和资金花在贫瘠的土地上。

二是通过简单而有效的措施避免过度放牧。

三是发展农业种植技术，保护土壤资源。

四是通过科学技术提高农作物产量，避免贫瘠土地被过度耕作。

五是通过植被恢复、固沙固土等措施，促进土地修复。

三、土壤调查和土地利用规划

土地的最佳用途受土壤质量的影响，因此土壤的调查也应该是几乎所有工程项目的重要部分。土壤调查应该包括土壤描述、土壤水平和垂直分布的图件，以及土壤粒级、含水量、胀缩性和强度的测试，其目的是为探查场地潜在问题提供施工前的必要信息。

详细的土壤图件对土地利用规划很有帮助，比如可根据土壤的约束性将土地利用类型划分为：住宅用地、工业用地、污水处理系统用地、道路用地、娱乐用地、农业用地和森林用地。相关的土地信息包括坡度、含水量、可渗透性、岩石埋藏深度、可侵蚀性、胀缩性、承重强度和崩坍可能性。

对于某个特定的地区，土地利用的限制性可以根据详细的土壤调查图和相应的土壤类型描述来确定。

第三节 矿产资源与环境

一、矿产资源分类

（一）金属类

人们常常用“矿石”一词来描述那些包括有用金属且具有经济开发价值的岩石，通过挖掘、炼制提取出金属。自然环境中，这些金属类矿产的形成与富集具有多样性和复杂性，与板块构造、生物地球化学循环和水循环等因素影响下的岩石循环有很密切的关系。按照金属类矿产的形成过程，具有火成、变质、沉积等成因。

1. 火成作用

世界上大多数金属矿床是在岩浆岩形成过程中富集产生的，比如铜矿、镍矿和金矿等。在岩浆成因的矿床中，热液沉积也许是最为常见的成因类型。火山岩浆上升时，压力温度下降，挥发组分强烈析出，通过分馏形成火山热液，也可以与地下水形成混合热液。由于热液的温度很高，富有不同化学成分，以及流动性等，热液可以沿构造带上升，或充填于裂隙带中，形成热液沉积矿脉。这类火山热液矿床主要出现于陆相火山活动地带。

2. 变质作用

高温岩浆与周围岩石接触，常常导致围岩在高温与高压作用下发生物理与化学上的变化，即变质作用。变质作用影响范围可以从几平方米到几百平方米，有时能出现几千平方千米的区域性变质作用。在这样的接触变质中，不仅能够产生金属类矿床，而且能产生非金属矿床，比如石棉和化石矿床。

变质矿床多产于年代古老的变质岩区，具有矿种多、矿床规模大等特点，经济价值巨大。世界上铁矿储量的2/3以上来自变质铁矿。金、铜、铅、锌、磷、锰、菱铁矿等也占有较大比重，如中国辽宁大石桥菱镁矿矿床、山西垣曲铜矿峪铜矿、山东莱西市南墅石墨矿等。

3. 沉积作用

地表和近地表条件同样可产生很多重要的金属矿床，这里包括在低温和常压或近于常压条件下生成的次生矿物，也包括火成岩和变质岩的风化产物在水环境中富集成矿。沉积作用形成的矿体多呈层状，层位稳定，矿层与周围沉积岩层产状一致。在沉积成因的金属矿产中，铁、铝、锰矿较为常见，属于化学沉积矿床，成矿物质在流水等介质中被搬运到盆地中，在化学作用和生物作用下沉积形成矿床。

（二）非金属类

非金属矿产的形成，与变质作用、沉积作用具有非常密切的关系，尤其在沉积作用中，可形成河流机械搬运成因的矿砂、封闭盆地蒸发沉积成因的盐类矿产以及生物沉积成因的煤、石油和油页岩等资源。非金属类矿产资源中，主要有两类用途的矿产：一类被称为“工业矿物”，它们有一些共同点，就是可以整体利用，无须进一步加工就可用；另一类被当作建筑材料使用，如水泥、熟石膏等。

我国的非金属材料在节能、电子工程、环境保护、密封、耐火保温、生物工程及填料、涂料方面，得到了快速发展。利用低廉的矿物原料，开发附加值高的深加工非金属矿物材料以及高精尖技术功能材料，将是未来我国非金属矿物工业的主要发展方向。

1. 工业矿物

(1)矿石肥料

矿石肥料已成为土壤增肥和喷施农田的最主要物质。由于能增肥,被施加于土壤中最多的元素为钙、氮、磷、钾和硫。除氮以外,其他元素都是用人工方法从矿石中提炼出来的。

钙大多是从灰岩中提出,它是最丰富和最便宜的添加剂;氮是从大气中提出的,也有从非海相蒸发沉积硝酸盐物质中提出。

磷矿石(磷灰石)就是典型的矿石肥料,世界上磷矿石的消费结构中约80%用于农业。钾盐矿也是常见的矿石肥料,用于制造钾肥。主要产品有氯化钾和硫酸钾,是农业不可缺少的三大肥料之一。世界上95%的钾盐产品用作肥料,5%用于工业。它是一种蒸发沉积矿物,由含盐溶液沉积而成,因而常见于干涸盐湖中,比如我国柴达木盐湖中产有钾盐。

(2)化学矿石

这些矿石的重要性在于它们的化学特征和无机性能的应用。但是,它们的用途广泛而难于分类,食盐、黏土、硼酸盐、碳酸盐、硫酸盐、氟化物等都是重要的物质。

(3)其他矿物

社会上对其他的一些矿物也有多种需求,特别是一些坚硬矿物常被用作磨料,水晶、石榴石、刚玉、金刚石等常用作切割材料,精美而稀少的矿物常常被用作珠宝和装饰品。

2. 建筑材料

建筑材料可以分成两大类:简单加工的建筑石料;通过添加、煅烧、高压铸造成新的材料。

(1)建筑石料

原料分类中的建筑石料是一些具备无须化学加工而直接用于建筑工业和结构工艺中的石块组,有规格石料和碎石之分。前者是按照建筑需要将基岩分割成一定形状和体积的石块;后者由基岩碾压成的碎块和砂、砾石等未固结沉积物组成,用于道路铺设和其他建筑填料。各种类型的岩石都可用于建筑,但是由于其运输费用很高,一般仅在当地开采。

(2)加工的矿石产品

建筑业上普遍使用的、由矿物组成的五种加工产品,即水泥、熟石膏、黏土、玻璃和石棉,都是与其他配料混合制成的建筑材料。另外,不少矿物产品也越来越多地应用于颜料制造、纸张制造、水体净化、糖品提炼等。

(三)能源类

煤、石油、核能、天然气、地热是人类生活和经济建设的五大能源,其中煤、石油、天然气又占有十分重要的地位,人们在日常生活中离不开它们,是典型的化石燃料,是由生物遗体在地下高压作用下经过长期埋藏而形成的可燃物质。

1. 煤

煤主要由碳、氢、氧、氮、硫和磷等元素组成，而碳、氢、氧三个元素总和约占有机质的95%以上，是非常重要的能源，也是冶金、化学工业的重要原料。有褐煤、烟煤、无烟煤、半无烟煤这几种分类。

(1)煤的形成

在地表常温、常压下，堆积在停滞水体中的植物遗体经泥炭化作用或腐泥化作用，转变成泥炭或腐泥。泥炭或腐泥被埋藏后，由于盆地基底下降至地下深部，经成岩作用而转变成褐煤；当温度和压力逐渐增高，再经变质作用转变成烟煤至无烟煤。其中，泥炭化作用是指高等植物遗体在沼泽中堆积、经生物化学变化转变成泥炭的过程。腐泥化作用是指低等生物遗体在沼泽中经生物化学变化转变成腐泥的过程。腐泥是一种富含水和沥青质的淤泥状物质。然而，煤的形成一般需要几千万到几亿年的漫长时间。

(2)煤的用途

煤主要用于燃烧、炼焦、气化、低温干馆、加氢液化等。首先，任何煤都可作为工业和民用燃料；其次，通过置于干馏炉中隔绝空气加热的炼焦过程，可形成焦炉煤气、煤焦油和焦炭；通过气化可转变成煤气；通过低温干馏可制取高级液体燃料；通过加氢液化，加工可得到汽油、柴油等液体燃料。

当前，综合、合理、有效开发利用煤炭资源，并着重把煤炭转变为洁净燃料，是人们努力的方向。

(3)煤的伴生元素

煤的伴生元素是指以有机或无机形态富集于煤层及其围岩中的元素。有些元素在煤中富集程度很高，可以形成工业性矿床，如富铀煤、富锗煤等，其价值远高于煤本身，锗、镓、铀等都是有益的伴生元素。相对地，也存在有害伴生元素，主要有硫、磷、氟、氯、砷、铍、铅、硼、镉、汞、硒等。

硫是煤燃烧过程中常产生的有害成分，是造成城镇环境污染的主要污染物来源。其他有害元素在煤中含量一般不高，但危害极大。当然，对有害元素如果收集、处理得当也可变成对人有用的财富。

另外，成煤过程中的一种伴生气体，也称“瓦斯”，是煤矿井下以甲烷(CH_4)为主的有害气体的总称。瓦斯的危害主要是令人窒息，甲烷等气体聚集到一定浓度，可引起爆炸。

2. 石油

石油又称原油，是从地下深处开采的棕黑色可燃黏稠液体，是各种烷烃、环烷烃、芳香烃的混合物。它是古代海洋或湖泊中的生物经过漫长的演化形成的混合物，与煤一样属于化石燃料。石油主要被用来生成燃油和汽油,是目前世界上最重要的一次性能源之一。石油也是许多化学工业产品如溶剂、化肥、杀虫剂和塑料等的原料。

(1)石油的形成

大多数地质学家认为石油像煤和天然气一样,是古代有机物通过漫长的压缩和加热后逐渐形成的。经过漫长的地质年代,这些有机物与沉积物在地下的高温和高压下逐渐转化,形成蜡状的油页岩,并转化成液态和气态的碳氢化合物。温度太低石油无法形成,温度太高则会形成天然气。然而形成油田还需要三个条件:丰富的生油岩、渗透通道和一个可以聚集石油的岩层构造。生成的石油与天然气经过生油岩层中的一次运移和在储集层中的二次运移,遇到地质构造等阻挡场所(在石油地质中称为"圈闭"),聚集起来,便形成油田。

(2)石油产品

石油经过加工提炼,可以得到的产品大致可分为四大类:

一是石油燃料,是用量最大的油品,按用途和使用范围包括点燃式发动机燃料(航空汽油、车用汽油等)、喷气式发动机燃料(航空煤油)、压燃式发动机燃料(柴油)、液化石油气燃料(液态烃)、锅炉燃料(炉用燃料油和船舶用燃料油)。

二是润滑油和润滑脂,被用来减少机件之间的摩擦,保护机件以延长它们的使用寿命并节省动力,它们的数量只占全部石油产品的5%左右,但品种繁多。

三是蜡、沥青和石油焦,它们是从生产燃料和润滑油时进一步加工得来的,产量为所加工原油的百分之几。

四是溶剂和石油化工产品。

3. 核能

核能是当今社会提倡使用的一次性能源,是通过重核裂变和轻核聚变释放出的巨大能量。通常所说的核裂变,主要指铀235核分裂;而核聚变是两个较轻原子核聚合成一个较重原子核同时放出巨大能量的过程。

核电站核电反应堆也是利用这一原理获取能量,是可以控制的。核电站只须消耗很少的核燃料,就可以产生大量的电能,每千瓦时电能的成本比火电站要低20%以上。核电站还可以大大减少燃料的运输量。例如,一座100万kW的火电站每年耗煤三四百万吨,而相同功率的核电站每年仅需铀燃料三四十吨。核电的另一个优势是干净、无污染,几乎是零排放,与火电站相比,更有利于保护环境。

4. 天然气

天然气和石油是一对孪生兄弟,在进行石油资源的勘探和开发时,往往会同时采到丰富的天然气。

天然气是一种多组分的混合气体,主要成分是烷烃,其中甲烷占绝大多数,另有少量的乙烷、丙烷和丁烷，此外一般还含有硫化氢、二氧化碳、氮和水汽，以及微量的惰性气体，如氦和氩等。在标准状况下，甲烷至丁烷以气体状态存在，戊烷以上为液体。

天然气在燃烧过程中产生的能影响人类呼吸系统健康的物质极少，产生的二氧化碳仅为煤的40%左右，产生的二氧化硫也很少。天然气燃烧后无废渣、废水产生，相较于煤炭、石油等能源，具有使用安全、热值高、洁净等优势。

5. 地热

地热能是指储存在地球内部的可再生热能。一般集中分布在构造板块边缘一带，起源于地球的熔融岩浆和放射性物质的衰变。

(1)分类

地热按温度可分为高温、中温和低温三类。温度大于150℃的地热以蒸汽形式存在，叫高温地热；90～150℃的地热以水和蒸汽的混合物等形式存在，叫中温地热；温度大于25℃、小于90℃的地热以温水(25～40℃)、温热水(40～60℃)、热水(60～90℃)等形式存在，叫低温地热。

(2)成因

一般认为，地热主要来源于地球内部放射性元素蜕变放热能，其次是地球自转产生的旋转能以及重力分异、化学反应，矿物结晶释放的热能等。在地球形成过程中，这些热能的总量超过地球散逸的热能，形成巨大的热储量，使地壳局部熔化形成岩浆作用、变质作用。

(3)用途

对于地热能的利用，包括将低温地热能用于浴池和空间供热以及用于温室、热力泵和某些热处理过程的供热，同时还可以利用干燥的过热蒸汽和高温水进行发电，利用中等温度水通过双流体循环发电设备发电等。

二、矿产资源开发

矿产资源的开采方法与矿产类型有关，同时也因矿床所在地的自然条件而异。固体矿产、液体矿产和气体矿产的开采方法都存在差别。

(一)固体矿产开采

固体矿产包括金属矿产、非金属矿产和煤，它们的开采通常分为地下开采和露天开采。

1. 地下开采

地下开采是在地面以下用地下坑道进行矿产开采工作的总称，包括挖掘地下矿物后运输到地面，提供工人、设备、动力、通风设备和供水以保持开采进行等环节。一般适用于矿体埋藏较深，在经济上和技术上不适合于露天开采的矿床。

地下开采通过矿床开拓、矿块的采准、切割和回采四个步骤实现：

(1)矿床开拓

矿床开拓根据矿床的赋存条件与矿体的产状选用不同的矿床开拓方式以便于运输、行人、通风排水。

(2)矿块的采准

矿块的采准工作是指按照预定的计划和图纸，掘进一系列巷道，从而为矿块的切割和回采工作创造必要的条件。

(3)切割矿块

切割工在采准工作的基础上，为回采矿石开辟自由面和落矿空间，从而为矿块回采创造必要的工作条件。

(4)回采

回采是从矿块里采出矿石的过程，是采矿的核心。回采通常包括三种作业：一是落矿，将矿石以合适的块度从矿体上采落下来的作业；二是出矿，将采下的矿石从落矿工作面运到阶段运输水平的作业；三是地压管理，包括用矿柱、充填体和各种支架维护采空区。

在实施开采过程中，长壁开采法是一种适用于开采相对平缓、脉状或层状岩体矿床的方法，整个矿区沿着开采面移动，不支护上覆岩体，所以经常导致塌方和地面塌陷。另外，广泛应用于煤矿和盐矿的替代方法是房柱式开采方法。在矿体中以地窖方式挖取并留一些矿柱顶住上覆岩体，大量矿物被遗弃在矿洞中，发掘硐室的最终沉陷引起地表麻点状的塌陷。

2. 露天开采

露天开采是指先将覆盖在矿体上面的土石剥离，自上而下把矿体分为若干梯段，直接在露天进行采矿的方法。适用于高储量、高纯度、上覆岩层薄的矿，是一种经济的开采方法。石灰石、大理石、花岗石的采石场就是露天开采；砾石开采也是一样。

与地下开采相比，优点是资源利用充分、回采率高、贫化率低，适于用大型机械施工，建矿快，产量大，劳动生产率高，成本低，劳动条件好，生产安全。但需要剥离表层物质，排弃大量的岩土，尤其较深的露天矿，往往占用较多的农田，设备购置费用较高，故初期投资较大。此外，露天开采，受气候影响较大，对设备效率及劳动生产率都有一定影响。随着开采技术的发展，适于露天采矿的范围越来越大，可用于开采低品位矿床和某些地下开采过的残矿。对平缓矿床(一般矿层倾角小于12°)采用倒堆、横运或纵运采矿法。对于倾斜矿床采用组合台阶、横采掘带或分区分期开采的方法。

(二)液体矿产开采

这类矿产开采典型的是石油开采。与一般的固体矿藏相比，石油开采有三个显著特点：

一是石油在整个开采过程中不断地流动，油藏情况不断地变化，因此油气田开采的整个过程是一个不断了解、不断改进的过程；二是开采者一般不与矿体直接接触，对油气藏的了解与采取的措施都要通过专门的测井来进行；三是油藏的某些特点必须在生产过程中，甚至必须在井数较多后才能认识到。

在石油开采过程中，需要通过生产井、注入井和观察井对油气藏进行开采、观察和控制。石油的开采有三个互相连接的过程：一是从油层中流入井底；二是从井底上升到井口；三是从井口流入集油站，经过分离脱水处理后，流入输油气总站，转输出矿区。

开采过程中常常需要向油气藏注入某些物质，来干扰其分布，或降低其黏度，或将石油从岩石中分离出来，注入物有高温水蒸气、氮气、二氧化碳以及某些能改善水油表面张力的水溶液。然而，尽管如此仍然有大量的石油无法开采。

（三）气体矿产开采

天然气是典型的气藏资源，其开采不同于固体矿产，与石油开采也有差别。

天然气也同原油一样埋藏在地下封闭的地质构造之中，有些和原油储藏在同一层位，有些单独存在。对于和原油储藏在同一层位的天然气，会伴随原油一起开采出来。对于只有单相气存在的，开采方法既与原油的开采方法十分相似，又有其特殊的地方。

由于天然气密度小，为0.75～0.8kg/m^3，黏度小，膨胀系数大，开采时一般采用自喷方式，这和自喷采油方式基本一样。然而，由于气井压力一般较高，加上天然气属于易燃易爆气体，对采气井口装置的承压能力和密封性能比对采油井口装置的要求要高得多。

三、矿产资源开发引起的环境问题

矿产资源的开发与利用，构成了国家与地方社会经济建设的支柱产业。然而，不合理地开发、利用，已经对矿山及其周围环境造成了严重的污染，并诱发了多种地质灾害，破坏了生态环境，威胁到人民的生命安全，从而也制约社会、经济与环境的和谐发展。

（一）矿山废气、废水与废渣

1.矿山废气

矿山废气包括爆破产生的炮烟和粉尘，硫化矿石氧化、自燃、水解产生的气体，以及含铀矿床放射性元素蜕变过程中转化成的有害气体等。这些气体中含有一氧化碳、氮氧化物、二氧化碳、硫化氢、氮气等，有的本身就是剧毒的，有的则与其他媒介发生作用而生成各种毒液，直接侵袭人体和其他生物内部器官，导致发生病变直至危及生命。矿山废气、粉尘排放，会引起大气污染和酸雨，其中以硫化矿床和煤矿最为严重。通常提炼硫黄须排放有害气体，包括二氧化硫、硫化氢,并产生大量废水及汞、砷、镉等有害物质;煤炭采矿行业中工业废气常见有烟尘、二氧化硫、氮氧化物和一氧化碳。

矿山废气治理主要是针对窑炉的烟尘治理、各种生产工艺废气中物料回收和污染的处理。废气处理的原理有活性炭吸附法、催化燃烧法、催化氧化法、酸碱中和法、等离子法等多种原理。

2. 矿山废水

矿山废水主要来自矿山建设和生产过程中的矿坑排水,洗矿过程中加入有机和无机药剂而形成的尾矿水,露天矿、矿石堆、尾矿砂在雨水淋滤下溶解矿物中可溶成分形成的废水,矿区其他工业和医疗、生活废水等。其中煤矿、各种金属、非金属矿业的废水以酸性为主,并多含大量重金属及有毒、有害元素(如铜、铅、锌、砷、镉、汞、氰化物),有机质含量高。矿山酸性废水排放又直接或间接地污染了地表水、地下水和周围农田、土地,并进一步污染农作物和空气。

矿山废水的处理比其他工业废水的处理要复杂、困难,但也通常包括物理处理法、化学处理法和生物处理法。为防止对环境的污染,目前主要从改革工艺、更新设备、减少废水和污染物排放;提高水的重复利用率;以废治废、将废水作为一种资源综合利用三方面进行治理,发展较为迅速。然而,矿山废水的处理仍存在不少问题:一是废水处理装置能力不足;二是废水处理技术开发水平还不高;三是节约用水和废水治理的管理制度还不够完善。

3. 矿山废渣

矿山废渣包括矿山生产过程产生的固体残留物,如煤矸石、废石、尾矿等。随着矿产开发,矿山废渣在地面的堆存量也不断增加,不仅占用越来越多的地表面积,也带来了越来越多的安全问题。比如,尾矿库的溃坝导致周围与下游水体、土地污染,甚至造成下游人群的生命和财产损失。

矿山废渣的处理主要是综合利用,即废渣减量化、资源化、无害化,这是一项保护环境、保护一次性原材料、促进增产节约的有效措施。

(二)岩溶塌陷及采空区塌陷

1. 岩溶塌陷

在可溶岩地区的地下矿产开采中,由于矿坑的强疏排水及矿坑的突水、涌水等,使许多矿区产生了地面塌陷,从而造成建筑物裂缝倒塌、农田毁坏、道路中断、采矿滞产,甚至停产、矿井报废等,其经济损失和社会影响巨大。塌陷不仅出现在煤炭矿山,而且也出现在有色金属、黑色金属、化工及核工业矿山当中。

我国对岩溶塌陷的防治工作开始于20世纪60年代,目前已有一套比较完整和成熟的

防治方法,具体如下:

(1)塌陷前的预防措施

合理安排矿山建设总体布局;河流改道引流,避开塌陷区;修筑防洪堤;控制地下水位下降速度和防止突然涌水,以减少塌陷的发生;建造防渗帷幕,避免或减少预测塌陷区的地下水位下降,防止产生地面塌陷;建立地面塌陷监测网。

(2)塌陷后的治理措施

回填塌洞;河流局部改道与河槽防渗;综合治理。

2. 采空区塌陷

采空区是由人为挖掘或者天然地质运动在地表下面产生的“空洞”。采空区的存在,不仅使得地面矿山生产面临很大的安全问题,而且会导致地面其他生产(如农田耕作)受到影响,甚至无法进行,还会导致地面建筑物严重受损。

随着矿山向深部开采,地压增大,地下采空区在强大的地压下,容易发生坍塌事故。如果存在非法乱采滥挖、无序开采的混乱现象,地下采空区隐蔽性增强,空间分布规律性差,采空区塌陷将成为制约矿山发展的一个重要难题。

为解决上述问题,首先要明确采空区位置与规模,采用高密度电法等地球物理方法,加上数字化和可视化技术,科学探测采空区;然后对采空区实施处理,一般方法包括垮落法、充填法、支撑法、缓慢下沉法。

3. 水均衡系统破坏

通常,矿山地质和水文地质条件都很复杂,采矿时对地下水必须进行疏干排水,甚至要深降强排(即地下水水位降深大,集中时间疏干),由此会诱发一系列的地质环境问题。

一是矿井突水事故不断发生。许多矿床的围岩是含水丰富的石灰岩,在矿坑地下水被强排后,将产生巨大的水头差,导致一些构造破碎带和层位薄的地段经常发生突水事故。矿井突水在我国产煤矿区是常见的现象,且随着向深部开采,水压不断增加,突水灾害威胁日趋严重。

二是由于疏干排水,在许多岩溶充水矿区,引起地面塌陷,不仅严重影响地面建筑、交通运输以及农田耕作与灌溉,而且使得大气降水、地表水入渗能力加强,增加了矿井突水的可能性。

三是在沿海地区的矿区,因疏干排水导致海水入侵。随着海水入侵范围不断扩大,将会破坏当地淡水资源,影响土地利用与植物生长。

四是由于矿山排水,附近的地表水被疏干,浅层地下水也长期得不到补充恢复。其结果容易导致附近生活、生产用水困难,生态受到影响,如影响植物生长,形成土地石化和沙化等生态环境恶化现象。

为防治矿区水均衡破坏，保护地下水资源，并消除或减轻因疏排地下水引起的地面塌陷等环境问题，一些矿山采用了防渗帷幕、防渗墙等工程，堵截外围地下水补给，取得了显著的环境效益和经济效益。如淄博黑旺铁矿采用防渗帷幕工程后，淄河水补给大部分被截住，堵水效果达61%。

4. 坡地失稳

采矿活动及堆放的废渣因受地形、气候条件及人为因素的影响，也会发生坡地失稳。

许多露天矿山在开采过程中，经常发生边坡滑塌和崩塌等灾害。如我国抚顺西露天矿、辽宁大孤山铁矿、湖北盐池河磷矿，都发生过较严重的滑坡和崩塌，少则几百立方米，多则几十万、几百万立方米。除造成运输和生产中断、附近建筑物遭受破坏外，也严重地影响人民群众的生命安全。

矿山排出的大量矿渣及尾矿的堆放，除了占用大量土地、严重污染水土资源及大气外，还经常发生塌方、滑坡、泥石流。尤其是一些规模小、开采无序的采矿场，在河床、公路、铁路两侧开山采矿，乱采滥挖，乱堆乱放，经常把矸石甚至矿石堆放在河床、河口、公(铁)路边等处，一遇暴雨就会造成产生滑坡、泥石流，壅塞河流湖泊，洪水排泄不畅，甚至冲毁公路铁路，使交通中断。矿山排放的废渣常堆积在山坡或沟谷内，这些松散物质在暴雨的诱发下，极易发生泥石流。

参考文献

[1]李淑一,魏琦,谢思明.工程地质[M].北京:航空工业出版社,2019.

[2]吴雪琴.江山地质[M].武汉:中国地质大学出版社,2019.

[3]黄磊.工程地质实习指导书[M].郑州:黄河水利出版社,2019.

[4]许伟林.青海湖流域生态地质[M].武汉:中国地质大学出版社,2019.

[5]柴贺军.山区公路工程地质勘察[M].重庆:重庆大学出版社,2019.

[6]杜子图,罗晓玲,姚震.地质调查标准化理论与实践[M].北京:地质出版社,2019.

[7]黄麒,韩凤清.地质时期气候波动与生物演化概论[M].北京:地质出版社,2019.

[8]王义忠.地质勘察工作高新技术研究[M].北京:北京工业大学出版社,2019.

[9]韩健.实物地质资料典型矿床成因分类展示[M].北京:地质出版社,2019.

[10]刘延明,梁忠,徐红燕.新时代地质工作者核心价值观读本[M].北京:地质出版社,2019.

[11]刘新荣,杨忠平.工程地质[M].武汉:武汉大学出版社,2018.

[12]齐文艳,包晓英.工程地质[M].北京:北京理工大学出版社,2018.

[13]何宏斌.工程地质[M].成都:西南交通大学出版社,2018.

[14]翟世奎.海洋地质学[M].青岛:中国海洋大学出版社,2018.

[15]张恩祥,冯震.工程地质学[M].科瀚伟业教育科技有限公司,2018.

[16]贾洪彪,邓清禄,马淑芝.水利水电工程地质[M].武汉:中国地质大学出版社,2018.

[17]范存辉,王喜华,杨西燕.普通地质学[M].东营:中国石油大学出版社,2018.

[18]李晓军.工程地质数值法[M].徐州:中国矿业大学出版社,2018.

[19]彭翼等编.中国矿产地质志[M].北京:地质出版社,2018.

[20]杨晓杰,郭志飚.矿山工程地质学[M].徐州:中国矿业大学出版社,2018.

[21]何升,胡世春.地质灾害治理工程施工技术[M].成都:西南交通大学出版社,2018.

[22]曾华杰,张红军,李俊生,等.多金属矿产野外地质观察与研究[M].郑州:黄河水利

出版社,2018.

[23]马传明,周爱国,王东.城市地质环境安全评价理论与实践[M].武汉:中国地质大学出版社,2018.

[24]白建光.工程地质[M].北京:北京理工大学出版社,2017.

[25]尹琼,刘伟.普通地质学[M].北京:冶金工业出版社,2017.

[26]张训华.海洋地质调查技术[M].北京:海洋出版社,2017.

[27]刘建民,赵越,孟刚.北极地质与油气资源[M].北京:地质出版社,2017.

[28]刘延明.地质文化建设研究[M].北京:地质出版社,2017.

[29]胡坤,夏雄.土木工程地质[M].北京:北京理工大学出版社,2017.

[30]刘全稳.理论地质学概论[M].武汉:中国地质大学出版社,2017.

[31]朱耀琪.中国地质灾害与防治[M].北京:地质出版社,2017.

[32]蒋辉.水文地质勘察[M].北京:地质出版社,2019.

[33]杨国华.水文地质计算方法[M].北京:地质出版社,2019.

[34]方樟.水文与水文地质教学实习指导[M].北京:中国水利水电出版社,2019.